파동 물리학의 기초

Wave Physics

김무준 · 손진영 지음

북스힐

머리말

파동 현상은 역학에서는 단진동이나 감쇠 및 강제 진동과 같은 형태로, 전기회로학에서는 공진회로로서의 LC 회로나 RLC 회로의 형태로, 또한 전기장과 자기장의 파동이라는 형태로 나타나는 전자기파 등으로 나타납니다. 그리고 양자역학에서는 입자의 파동성을 파동함수라는 형태로 표현합니다. 수학적으로는 각종 파동 방정식을 풀기 위해서 푸리에 급수나 푸리에 변환과 같은 수단도 필요합니다. 이와 같이 물리학에서는 역학이나 전자기학 혹은 양자역학, 또 수학에서는 미분 방정식(파동 방정식)이나 푸리에 해석이라고 하는 각각의 학문 분야를 서로 연결하고, 이들 중에서 '파동 물리'에 관한 부분만을 따로 떼어내어서 정리하는 것이 본서의 목적입니다.

따라서 '파동 물리학'을 가급적 이해하기 쉽게 서술하려고 노력했으며 이 책을 토대로 하여 물리학의 여러 파동현상에 의문이나 흥미를 가지기를 희망합니다.

이 '파동 물리학의 기초'는 전체가 7장으로 구성되어 있으며, 각 장을 다시 각각 10~20 페이지 정도의 테마로 나누어 읽기 쉽게 하였습니다. **단진동(조화진동)의 파동 방정식, 감쇠 진동, 강제 진동, 공진, 맥놀이, 자유도 3 이상의 연성 진동, 푸리에 급수, 복소 푸리에급수, 1차원 파동 방정식, 변수 분리법, 진행파와 후퇴파, 분산 관계, 고정단·자유단에서의 반사, 푸리에 변환·푸리에역변환, 구면파, 평면파, 맥스웰 방정식, 전자파, 전자의 파동성과 파동함수** 등으로 구성되어 있으며 이를 통해 '파동 물리학'의 전반적인 내용을 파악하길 희망합니다.

이 '파동 물리학의 기초'를 통하여 여러분들이 심오하고 재미있는 여러 물리학과 수학의 세계를 새롭게 인식할 수 있는 계기가 되기를 진심으로 바랍니다.

끝으로 이 책이 출판되기까지 큰 노력과 지원을 해주신 북스힐 출판사의 조승식 대표님 이하 여러분께 감사를 드립니다.

차 례

1장

단진동(조화 진동)

\- 테마 -

◆ 단진동의 기본 공식

$$x = A\sin(\omega t + \phi)$$

◆ 단진동의 미분방정식과 해

$$\ddot{x} = -\omega^2 x,\ x = C_1 \sin\omega t + C_2 \cos\omega t$$

◆ 단진동의 응용

단진자 : $\ddot{\theta} = -\omega^2$, LC 회로: $\ddot{Q} = -\omega^2 Q$

1.1 단진동의 기본

이 장에서는 단진자나 발진 회로 등 물리 현상에서 나타나는 다양한 진동이나 파동의 문제를 묶어서 설명한다. 여기에서는 우선, 모든 진동 현상의 기본인 **"단진동"**(또는 "**조화 진동**")에 대해 설명한다. 단진동 방정식 $x = A\sin(\omega t + \phi)$ 에 대해서는 이미 고등학교 물리에서도 공부하였다고 생각하지만, 여기에서는 수평 용수철 진자의 운동 방정식(2계 선형 미분방정식 $\ddot{x} = -\omega^2 x$)을 기본으로 단진동 방정식의 해를 구하여 본다. 이때 "론스키안 (Wronskian)"도 포함하여, 해법 패턴을 알아 볼 예정이다. 또한 단진동에 있어서 작용하고 있는 힘(복원력)은 보존력이므로 그 퍼텐셜 U를 구하고, 단진동의 역학적 에너지의 보존 법칙에 대해서도 알아본다.

§ 단진동의 방정식

"단진동"(simple oscillation)은 **"조화 진동"**(harmonic oscillation)이라고도 하며 그 변위(위치) x의 방정식은 시간 t의 함수로서

$$x = A\sin(\omega t + \phi)\ (A\text{: 진폭, } \omega\text{: 각진동수, } \phi\text{: 초기위상}) \tag{1}$$

로 표시한다. 여기서 주기 T와 각진동수 ω에 대하여 $\omega T = 2\pi$의 관계가 있고, 또한 진동수 ν는 $\nu = \dfrac{1}{T}$로 정의되기 때문에 $\omega = 2\pi\nu$ 가 된다.

다음 예제로 실제 단진동 방정식의 그래프를 그려 보도록 한다.

예제 1. 진폭 $A = \sqrt{2}$, 각진동수 $\omega = \pi$, 초기위상 $\phi = \dfrac{\pi}{4}$일 경우, 단진동의 방정식 $x = A\sin(\omega t + \phi)$ $(t \geqq 0)$의 그래프를 tx 평면 위에 나타내시오.

해답: $A = \sqrt{2}$, $\omega = \pi$, $\phi = \dfrac{\pi}{4}$로부터, 단진동의 방정식은 다음과 같이 된다.

$x = \sqrt{2}\sin\left(\pi t + \frac{\pi}{4}\right)$이므로, $x = \sqrt{2}\sin\pi\left(t + \frac{1}{4}\right)$이 된다.

두 번째 식은 $x = \sqrt{2}\sin\pi t$의 그래프를 $(-\frac{1}{4}, 0)$만큼 평행 이동한 것이다. 또한, $\omega = \pi$로부터 $\pi T = 2\pi$ 이므로 주기는 $T = 2$ 가 된다. 이 그래프의 형태는 아래와 같이 나타난다.

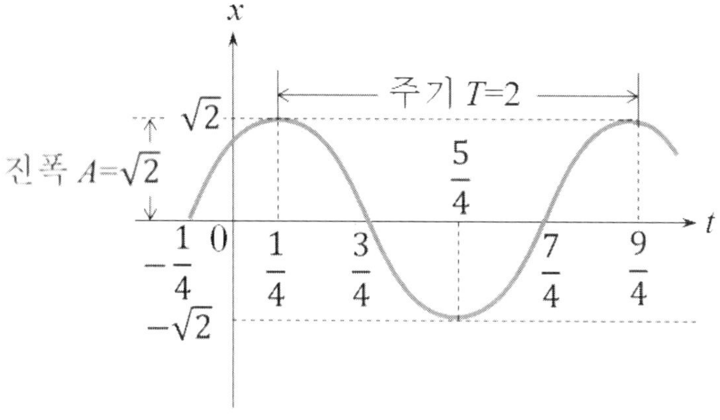

이 그래프로부터 변위 x가, 주기 $T = 2$로 반복 진동하고 있는 모습을 잘 알 수 있을 것이다.

§ 단진동의 미분방정식

그림 1에 나타내듯이, 일반적으로 x축 위를 운동하는 점 P의 위치(변위) x는 시간 t의 함수가 되므로 $x = x(t)$로 표현된다. 그리고 x를 t로 1계 미분한 것을 속도 v, 2계 미분한 것을 가속도 a라고 둔다. 따라서 다음과 같이 된다.

$$\text{속도} \quad v = \dot{x} = \frac{dx}{dt} \tag{2}$$

$$\text{가속도} \quad a = \ddot{x} = \frac{d^2x}{dt^2} \tag{3}$$

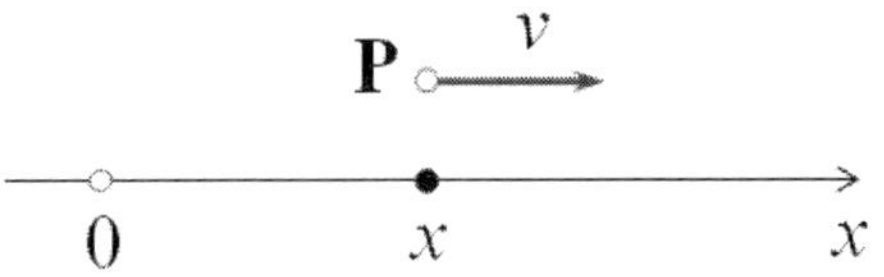

그림 1. 1차원의 동점 P의 운동

물리학에서는 시간 t에 의한 미분은 “ ′ ” (대쉬)가 아니고 “ • ” (도트)로 나타내기도 한다. 따라서 가속도 a는 $a = \dot{v}$라고 표현해도 좋다. 또한 v의 절대치 $|v|$ 를 **“속력”(speed)** 이라고 부른다. 여기서, 질량 m의 물체에 힘 f가 작용할 때, f와 같은 방향으로 가속도 a가 생긴다. 이것을 수식으로 나타낸 것이 다음에 나타내는 **“뉴턴의 운동 방정식”**이며, 고전 역학에서 가장 중요한 기초 방정식이다.

$$f = ma = m\ddot{x} \tag{4}$$

이제 수평 용수철 진자에 대한 단진동의 운동 방정식(2계의 선형 미분방정식)을 풀어 보도록 하자. 수평 용수철 진자란, 그림 2와 같이 매끄러운(마찰이 없는) 바닥면에서 용수철에 연결한 질량 m인 추(질점) P가 공기 저항을 받지 않고 좌우로 진동을 계속하는 진동자를 말한다.

그림 2와 같이, 평형 위치를 원점 0으로 하는 x축을 설정한다. 이때, 질점 P는 그 위치 x에 대하여 $-kx$의 힘을 받는다. 예를 들어 $x > 0$의 경우 “-” 쪽으로, $x < 0$의 경우 “+” 쪽으로 움직인다. 이 힘은 용수철이 원래의 길이로 돌아가려는 복원력으로, 이를 f라고 하면

$$f = -kx \quad (k\text{: 용수철 상수 (N/m)}) \tag{5}$$

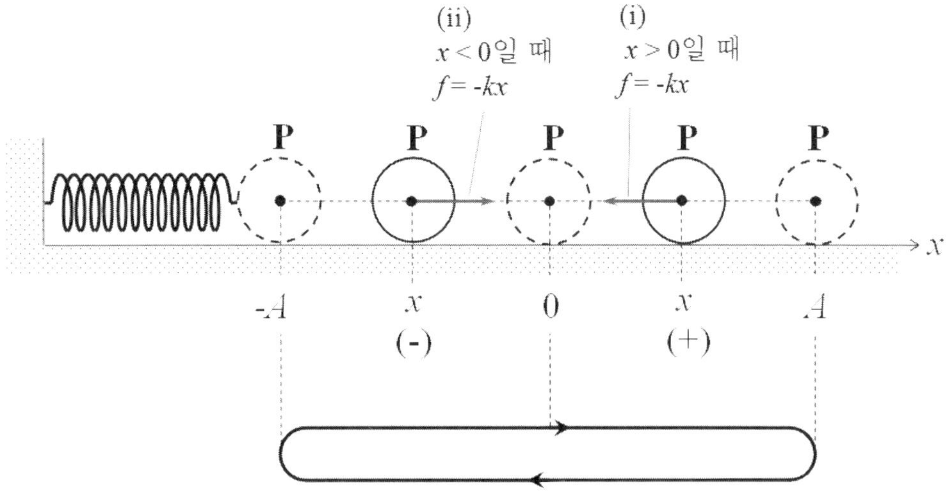

그림 2. 수평 용수철 진자의 단진동

로 표현된다. 이 (5)를 **"후크의 법칙"**이라고 한다. 질점 P의 질량은 m이므로 다음과 같이 된다.

$$f = ma = m\frac{d^2x}{dt^2} = m\ddot{x} \tag{6}$$

(6)을 (5)에 대입하면 다음의 운동 방정식이 도출된다.

$$m\ddot{x} = -kx \quad (m > 0,\ k > 0) \tag{7}$$

(7)의 양변을 $m(>0)$으로 나누고, $\dfrac{k}{m} = \omega^2$이라고 두면 단진동의 미분방정식은 다음과 같이 도출된다.

$$\ddot{x} = -\omega^2 x \tag{8}$$

이것은 $-\omega^2$이 상수이고, 2계 도함수 $\ddot{x}$을 포함하는 미분방정식이기 때문에, **"2계 상수 계수 선형 미분방정식"**이라고 부른다. 이 미분방정식의 해는 다음과 같다.

$$x = A\sin(\omega t + \phi) \tag{1}$$

여기서 (1)을 변형시키면 다음과 같다.

$$x = A\cos\phi\sin\omega t + A\sin\phi\cos\omega t$$

여기서 가법 정리 $\sin(\alpha+\beta) = \sin\alpha\cos\beta + \cos\alpha\sin\beta$ 를 사용하였다.
또한 $A\cos\phi = C_1$, $A\sin\phi = C_2$로 두면 위치 x, 즉 미분방정식 (8)의 해는 다음과 같이 표현할 수 있다.

$$x = C_1\sin\omega t + C_2\cos\omega t \quad (C_1,\ C_2 : \text{상수}) \tag{9}$$

역으로 (10)에 삼각함수의 합성을 적용하면 다음과 같다.

$$\begin{aligned} x &= \sqrt{C_1^2 + C_2^2}\left(\frac{C_1}{\sqrt{C_1^2+C_2^2}}\sin\omega t + \frac{C_2}{\sqrt{C_1^2+C_2^2}}\cos\omega t\right) \\ &= A(\sin\omega t\cos\phi + \cos\omega t\sin\phi) \\ &= A\sin(\omega t + \phi) \end{aligned} \tag{1}$$

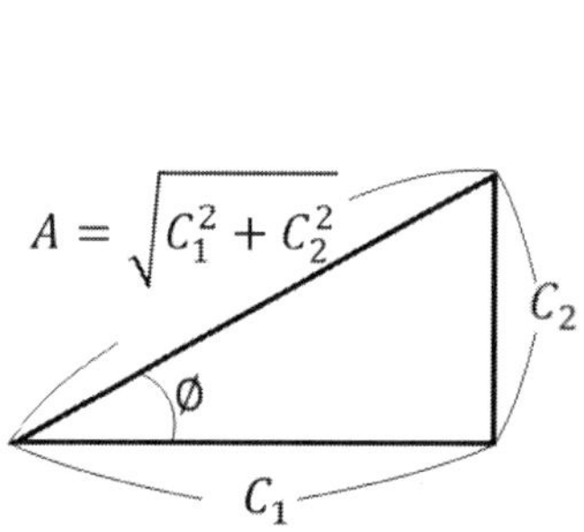

또한, (9)의 C_1을 $C_1 = -C_1'$으로 두면 다음과 같이 되고

$$x = C_2 \cos\omega t - C_1' \sin\omega t$$
$$= \sqrt{C_2^2 + C_1'^2}\left(\frac{C_2}{\sqrt{C_2^2 + C_1'^2}}\cos\omega t - \frac{C_1'}{\sqrt{C_2^2 + C_1'^2}}\sin\omega t\right)$$

여기서 $A = \sqrt{C_2^2 + C_1'^2}$, $\cos\phi' = \dfrac{C_2}{\sqrt{C_2^2 + C_1'^2}}$, $\sin\phi' = \dfrac{C_1'}{\sqrt{C_2^2 + C_1'^2}}$로 두면 다음과 같이 cos으로 표현할 수도 있다.

$$x = A(\cos\omega t \cos\phi' - \sin\omega t \sin\phi')$$
$$= A\cos(\omega t + \phi') \qquad (10)$$

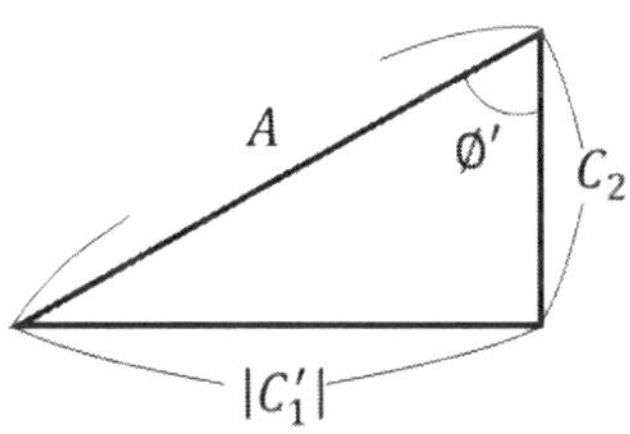

이상으로부터 단진동 방정식을 나타내는 방법으로는 다음의 3가지가 있음을 알 수 있다.

$$x = C_1 \sin\omega t + C_2 \cos\omega t \quad (C_1,\ C_2\text{: 미정 상수}) \qquad (9)$$
$$x = A\sin(\omega t + \phi) \ (A,\ \phi\text{: 미정 상수}) \qquad (1)$$
$$x = A\cos(\omega t + \phi') \ (A,\ \phi'\text{: 미정 상수}) \qquad (10)$$

여기서

(i) $x_1 = \sin\omega t$로 두고, x_1을 t로 2번 미분하면 다음과 같이 되고

$$\ddot{x}_1 = (\sin\omega t)'' = (\omega\cos\omega t)' = -\omega^2\sin\omega t = -\omega^2 x_1$$

(ii) $x_2 = \cos\omega t$로 두고, x_2을 t로 2번 미분하면 다음과 같이 되므로

$$\ddot{x}_2 = (\cos\omega t)'' = (-\omega\sin\omega t)' = -\omega^2\cos\omega t = -\omega^2 x_2$$

$x_1 = \sin\omega t$와 $x_2 = \cos\omega t$는 모두 (8)의 해임을 알 수 있다. 일반적으로 2계 선형 미분방정식의 일반해를 X로 두면, X는 2개의 1차 독립적인 해 x_1과 x_2의 1차 결합으로 표현되는 것을 알 수 있다.

$$X = C_1 x_1 + C_2 x_2 \quad (C_1,\ C_2: \text{임의 상수}) \tag{11}$$

실제로 (11)을 (8)의 좌변에 대입하면 다음과 같이 (11)이 (8)의 해임을 알 수 있다.

$$\begin{aligned} \ddot{X} + \omega^2 X &= \left(C_1 x_1 + C_2 x_2\right)'' + \omega^2\left(C_1 x_1 + C_2 x_2\right) \\ &= C_1\ddot{x}_1 + C_2\ddot{x}_2 + \omega^2 C_1 x_1 + \omega^2 C_2 x_2 \\ &= C_1\left(\ddot{x}_1 + \omega^2 x_1\right) + C_2\left(\ddot{x}_2 + \omega^2 x_2\right) = 0 \end{aligned}$$

다음으로 x_1과 x_2가 1차 독립적인 해와 그렇지 않을 경우의 정의를 제시한다. 다음 식에 대하여

$$C_1 x_1 + C_2 x_2 = 0 \tag{12}$$

(i) $C_1 = C_2 = 0$의 경우에만 (12)가 성립할 때, x_1과 x_2를 1차 독립적인 해라고 한다.
(ii) C_1, C_2의 적어도 하나가 0이 아닐 때, x_1과 x_2를 1차 종속적인 해로 간주한다.
여기서, x_1과 x_2가 1차 독립적인 해임을 판정하는 것으로써, "론스키안“ $W(x_1, x_2)$가 있다. 론스키안 $W(x_1, x_2)$의 정의는 다음과 같다.

$$W(x_1, x_2) = \begin{vmatrix} x_1 & x_2 \\ \dot{x}_1 & \dot{x}_2 \end{vmatrix} = x_1\dot{x}_2 - \dot{x}_1 x_2$$

그리고 「이 론스키안 $W(x_1, x_2) \neq 0$의 경우, x_1과 x_2는 1차 독립적인 해」라고 말할 수 있다. 이 증명은 명제「x_1과 x_2가 1차 종속 $\Rightarrow$ $W(x_1, x_2) = 0$」을 보여주면 된다. x_1과 x_2가 1차 종속적인 해라면,

$$C_1 x_1 + C_2 x_2 = 0 \tag{12}$$

을 만족하는 C_1, C_2에는 $\begin{bmatrix} C_1 \\ C_2 \end{bmatrix} \neq \begin{bmatrix} 0 \\ 0 \end{bmatrix}$이 되는 것이 존재한다. (12)의 양변을 t로 미분하면 다음과 같다.

$$C_1 \dot{x}_1 + C_2 \dot{x}_2 = 0 \tag{13}$$

(12), (13)을 정리하면 다음과 같다.

$$\begin{bmatrix} C_1 x_1 + C_2 x_2 \\ C_1 \dot{x}_1 + C_2 \dot{x}_2 \end{bmatrix} = \begin{bmatrix} 0 \\ 0 \end{bmatrix} \quad \begin{bmatrix} x_1 & x_2 \\ \dot{x}_1 & \dot{x}_2 \end{bmatrix} \begin{bmatrix} C_1 \\ C_2 \end{bmatrix} = \begin{bmatrix} 0 \\ 0 \end{bmatrix} \tag{14}$$

여기서 $\begin{bmatrix} C_1 \\ C_2 \end{bmatrix} \neq \begin{bmatrix} 0 \\ 0 \end{bmatrix}$로부터, $W(x_1, x_2) = \begin{vmatrix} x_1 & x_2 \\ \dot{x}_1 & \dot{x}_2 \end{vmatrix} = 0$ 이 된다.

이렇게 명제가 증명되었기 때문에, 원래의 명제「$W(x_1, x_2) \neq 0 \Rightarrow x_1$과 x_2는 1차 독립적인 해」도 증명되었다.

다음으로 $x_1 = \sin\omega t$, $x_2 = \cos\omega t$가 1차 독립적인 해인 것을 확인해 보자. 이 론스키안 $W(x_1, x_2)$는 다음과 같이 계산된다.

$$W(x_1, x_2)=\begin{vmatrix} x_1 & x_2 \\ \dot{x}_1 & \dot{x}_2 \end{vmatrix}$$

$$=\begin{vmatrix} \sin\omega t & \cos\omega t \\ (\sin\omega t)' & (\cos\omega t)' \end{vmatrix}$$

$$=\begin{vmatrix} \sin\omega t & \cos\omega t \\ \omega\cos\omega t & -\omega\sin\omega t \end{vmatrix}$$

$$=-\omega\sin^2\omega t-\omega\cos^2\omega t$$

$$=-\omega(\sin^2\omega t+\cos^2\omega t)$$

$$=-\omega\neq 0$$

따라서 $x_1=\sin\omega t$와 $x_2=\cos\omega t$는 1차 독립적인 해이기 때문에, 미분방정식 (8)의 일반해 X는 (9)가 된다.

여기서 $\dfrac{k}{m}=\omega^2$으로부터 각진동수 $\omega=\sqrt{\dfrac{k}{m}}$ 이고, $\omega T=2\pi$로부터

주기 $T=\dfrac{2\pi}{\omega}=2\pi\sqrt{\dfrac{m}{k}}$ 이고, 진동수 $\nu=\dfrac{1}{T}=\dfrac{1}{2\pi}\sqrt{\dfrac{k}{m}}$ 가 되는 것도 기억해 두자.

지금부터는 단진동의 운동 방정식 $\ddot{x}+\omega^2x=0$의 해법 패턴에 대하여 구체적으로 공부해 본다. 먼저 복소 지수 함수의 정의와 "오일러의 공식"의 설명부터 시작한다.

§ 복소 지수 함수의 정의로부터의 오일러 공식

복소수 $z=x+iy(x,\ y$: 실수, i: 허수 단위$(i^2=-1))$에 대하여, 복소 지수 함수 e^z를 다음과 같이 정의한다.

$$e^z=e^{x+iy}=e^x(\cos y+i\sin y)\ \ (x,\ y\text{: 실수},\ i\text{: 허수 단위}) \tag{15}$$

(15)의 x에 0, y에 θ를 각각 대입하면, $e^{0+i\theta}=e^0(\cos\theta+i\sin\theta)$ $(e^0=1)$이 되어 다음과 같이 된다.

$$e^{i\theta}=\cos\theta+i\sin\theta \ (\theta\text{: 실수, } i\text{: 허수단위}) \tag{16}$$

이것은 "오일러의 공식"으로 불리며, 지수 함수와 삼각 함수의 관계를 간단하게 정리한 공식이다. 오일러의 공식으로부터 $e^{i\theta}$의 절대치를 구하면 다음과 같이 된다.

$$|e^{i\theta}|=|\cos\theta+i\sin\theta|=\sqrt{\cos^2\theta+\sin^2\theta}=\sqrt{1}=1$$

예제 2. 다음의 값을 구해 보시오.

(1) $e^{\frac{\pi}{2}i}$　　(2) $e^{\frac{6+\pi i}{3}}$　　(3) $e^{1-\frac{\pi}{4}i}$

해답: 복소 지수 함수의 정의와 오일러 공식을 이용하여,

(1) $e^{\frac{\pi}{2}i}=\cos\frac{\pi}{2}+i\sin\frac{\pi}{2}=i$

$$\left(e^{i\theta}=\cos\theta+i\sin\theta,\ \cos\frac{\pi}{2}=0,\ \sin\frac{\pi}{2}=1\right)$$

(2) $e^{\frac{6+\pi i}{3}}=e^{2+\frac{\pi}{3}i}=e^2\left(\cos\frac{\pi}{3}+i\sin\frac{\pi}{3}\right)=\frac{e^2}{2}(1+\sqrt{3}i)$

$$\left(e^{x+iy}=e^x(\cos y+i\sin y),\quad \cos\frac{\pi}{3}=\frac{1}{2},\quad \sin\frac{\pi}{3}=\frac{\sqrt{3}}{2}\right)$$

(3) $e^{1-\frac{\pi}{4}i}=e\times e^{-\frac{\pi}{4}i}$

$$=e\left\{\cos\left(-\frac{\pi}{4}\right)+i\sin\left(-\frac{\pi}{4}\right)\right\}\quad \left(\cos\frac{\pi}{4}=\frac{\sqrt{2}}{2},\ -\sin\frac{\pi}{4}=-\frac{\sqrt{2}}{2}\right)$$

$$=\frac{\sqrt{2}}{2}e(1-i)$$

오일러 공식 (16)의 θ에 $-\theta$를 대입하면 다음과 같이 된다.

$$e^{-i\theta}=\cos(-\theta)+i\sin(-\theta)=\cos\theta-i\sin\theta$$

따라서 다음의 관계로부터

$$e^{i\theta} = \cos\theta + i\sin\theta \tag{17}$$

$$e^{-i\theta} = \cos\theta - i\sin\theta \tag{18}$$

다음의 공식이 나온다.

$$\frac{(17)+(18)}{2} \text{로부터, } \cos\theta = \frac{1}{2}\left(e^{i\theta} + e^{-i\theta}\right) \tag{19}$$

$$\frac{(17)-(18)}{2i} \text{로부터, } \sin\theta = \frac{1}{2i}\left(e^{i\theta} - e^{-i\theta}\right) \tag{20}$$

§ 단진동의 운동 방정식

다음과 같은 단진동의 미분방정식

$$\ddot{x} + \omega^2 x = 0 \ \left(\omega = \sqrt{\frac{k}{m}},\ m\text{: 질량, } k\text{: 용수철 상수}\right) \tag{8}$$

의 해는 2개의 1차 독립적인 해 $\sin\omega t$와 $\cos\omega t$로 구해진다.

그 일반해로서 $x = C_1\sin\omega t + C_2\cos\omega t$ (C_1, C_2: 상수)가 되는 것을 알 수 있다. (8)의 방정식은 구체적으로는 $\ddot{x} + 4x = 0$ (4는 $\omega = 2$의 경우)과 $\ddot{x} + 25x = 0$ (25는 $\omega = 5$의 경우), …와 같이 2계의 선형 미분방정식으로 그 계수가 전부 상수이다. 이와 같은 상수계수 선형 미분방정식 (8)의 해가

$$x = e^{\lambda t} \ (\lambda\text{: 미정 상수}) \tag{21}$$

의 형식이 되는 것은 쉽게 추측될 것으로 생각한다. 실제로 (21)을 t로 2계 미분하면 다음과 같다.

$$\ddot{x} = \left(e^{\lambda t}\right)'' = \left(\lambda e^{\lambda t}\right)' = \lambda^2 e^{\lambda t} \tag{22}$$

따라서 (22)와 (21)을 (8)에 대입하면 다음과 같다.

$$\lambda^2 e^{\lambda t} + \omega^2 e^{\lambda t} = 0 \ \ (\lambda^2 e^{\lambda t} = \ddot{x},\ e^{\lambda t} = x),$$
$$\rightarrow \ (\lambda^2 + \omega^2) e^{\lambda t} = 0 \ \ (e^{\lambda t} \neq 0)$$

여기서 양변을 $e^{\lambda t}$ $(\neq 0)$로 나누면

$$\lambda^2 + \omega^2 = 0 \tag{23}$$

이 되고, λ의 2차 방정식이 풀린다. 이 2차 방정식을 λ의 "특성 방정식"이라고 한다. 여기서 $\omega^2 > 0$으로부터, (21)의 해는 $\lambda^2 = -\omega^2$, $\lambda = \pm\sqrt{-\omega^2} = \pm i\omega$가 되기 때문에 미분 방정식 (8)의 기본해는 다음과 같이 2개가 된다.

$$x_1 = e^{i\omega t} \tag{24}$$
$$x_2 = e^{-i\omega t} \tag{25}$$

이것들이 독립인지 아닌지를 조사하기 위해서 론스키안 $W(x_1, x_2)$을 조사해 보자. (24), (25)로부터 $\dot{x}_1 = i\omega e^{i\omega t}$, $\dot{x}_2 = -i\omega e^{-i\omega t}$가 되고 다음과 같이 계산된다.

$$W(x_1, x_2) = \begin{vmatrix} x_1 & x_2 \\ \dot{x}_1 & \dot{x}_2 \end{vmatrix}$$
$$= \begin{vmatrix} e^{i\omega t} & e^{-i\omega t} \\ i\omega e^{i\omega t} & -i\omega e^{-i\omega t} \end{vmatrix}$$
$$= -i\omega e^{i\omega t - i\omega t} - i\omega e^{-i\omega t + i\omega t}$$
$$\left(e^{i\omega t - i\omega t} = e^0 = 1, \quad e^{-i\omega t + i\omega t} = e^0 = 1\right)$$

$$=-2i\omega \quad (\neq 0) \quad (\because \omega > 0)$$

따라서 $W(x_1, x_2) \neq 0$으로부터, (24), (25)는 1차 독립적인 해임을 알 수 있다. 그러므로 (8)의 일반해는 이들의 1차 결합이므로 다음과 같이 나타난다.

$$x = B_1 e^{i\omega t} + B_2 e^{-i\omega t} \quad (B_1,\ B_2:\ \text{상수}) \tag{26}$$

여기서, 오일러의 공식, $e^{i\omega t} = \cos\omega t + i\sin\omega t,\ e^{-i\omega t} = \cos\omega t - i\sin\omega t$을 (26)에 적용하여 정리하면 다음과 같다.

$$\begin{aligned} x &= B_1(\cos\omega t + i\sin\omega t) + B_2(\cos\omega t - i\sin\omega t) \\ &= i(B_1 - B_2)\sin\omega t + (B_1 + B_2)\cos\omega t \end{aligned}$$

여기서, $i(B_1 - B_2) = C_1,\ B_1 + B_2 = C_2$ 로 두면, 앞에서 기술한 바와 같이, 미분방정식 (8)의 일반해는 $x = C_1\sin\omega t + C_2\cos\omega t$가 된다. 이것이 단진동 미분방정식의 해법이다. 다시 한 번 정리하면 다음과 같다.

▶ 단진동의 미분방정식과 해

단진동의 미분방정식 $\ddot{x} = -\omega^2 x$의 일반해는 $x = C_1\sin\omega t + C_2\cos\omega t$가 된다. 이것은 $x = C_1\cos\omega t + C_2\sin\omega t,\ x = A\sin(\omega t + \phi),\ x = A\cos(\omega t + \phi)$라도 된다.

예제 3. (1) 질점의 질량 $m = 0.1$(kg), 용수철 상수 $k = 0.4$(N/m)일 때, 단진동의 운동 방정식과 그 일반해를 구하라. 또한 이 단진동의 주기 T와 진동수 ν를 구하라.
(2) 질점의 질량 $m = 5.0$(kg), 용수철 상수 $k = 0.2$(N/m)일 때, 단진동의 운동 방정식과 그 일반해를 구하라. 또한 이 단진동의 주기 T와 진동수 ν를 구하라.

해답: (1) $\omega^2 = \dfrac{k}{m} = \dfrac{0.4}{0.1} = 4$로부터, 각진동수 $\omega = \sqrt{4} = 2$(rad/s)가 된다. 따라서 진동

의 미분방정식은 $\ddot{x}=-4x$ $\ddot{x}=-\omega^2 x$이고, 일반해는

$$x = C_1 \sin 2t + C_2 \cos 2t,$$

혹은

$$x = A\sin(2t+\phi) \ (A,\ \phi\text{: 상수}),$$

혹은

$$x = A\cos(2t+\phi) \ (A,\ \phi\text{: 상수})$$

의 어느 것이라도 상관없다. 일반적으로 2계 선형 미분방정식의 일반해는, 2개의 1차 독립적인 해와 2개의 미정 계수로 나타난다. 이러한 상수는 초기 조건(시각 $t=0$의 경우 x와 ν의 값 등)으로 결정된다. 또한, $\omega T = 2\pi$로부터, 주기 $T = \frac{2\pi}{\omega} = \frac{2\pi}{2} = \pi$(s)이고, 진동수 $\nu = \frac{1}{T} = \frac{1}{\pi}$(Hz)이다.

(2) $\omega^2 = \frac{k}{m} = \frac{0.2}{5} = \frac{1}{25}$로부터, $\omega = \sqrt{\frac{1}{25}} = \frac{1}{5}$(rad/s)이 된다. 따라서 이 단진동의 미분방정식은 $\ddot{x}=-\frac{1}{25}x$가 되고, 일반해는 $x = C_1 \sin\frac{1}{5}t + C_2\cos\frac{1}{5}t$ (C_1, C_2: 상수)이다. 또한, $\omega T = 2\pi$로부터 주기 $T = \frac{2\pi}{\omega} = \frac{2\pi}{\frac{1}{5}} = 10\pi$(s)이고, 진동수 $\nu = \frac{1}{T} = \frac{1}{10\pi}$ (rad/s)이다.

§ 단진동의 역학적 에너지 보존 법칙

단진동하고 있는 물체에 작용하는 복원력 f는 $f=-kx$이고, 이것은 위치 x만의 함수이기 때문에 다음과 같은 포텐셜 U로 나타낼 수 있다. 이것은 수학적으로는 “스칼라 포텐셜” (scalar potential)로 불리고, 물리적으로는 “위치 에너지” (potential energy)라고 부른다.

$$f = -\frac{dU}{dx} \tag{27}$$

(27)에 복원력 f의 식을 대입하여 $-kx = -\frac{dU}{dx}$로부터 $\dot{U} = kx$가 된다. 이 양변을 x로 적분하여, U를 구하면 다음과 같다.

$$U = \int kx dx = \frac{1}{2}kx^2 \quad (-A \leqq x \leqq A) \tag{28}$$

여기서 진폭을 A라고 하고, $x=0$을 기준점 $U=0$으로 하였다.

이 단진동의 위치 에너지 U는 특히 "용수철의 탄성 에너지" 혹은 "용수철의 위치 에너지"라고 불리기도 한다. 단진동의 진폭을 A로 하여, 그 방정식을 다음과 같이 두면

$$x = A\sin(\omega t + \phi) \quad (\omega = \sqrt{\frac{k}{m}}, \ \phi\text{: 초기 위상}) \tag{29}$$

$-A \leqq x \leqq A$의 범위에 대한 위치 에너지 U의 그래프는 (28)로부터 그림 3과 같이 된다.

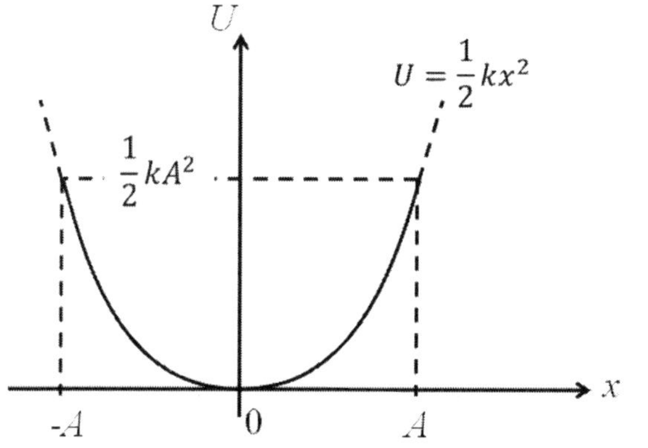

그림 3. 용수철의 위치 에너지 U

여기서 $x=0$일 때 $U=0$으로 최소가 되고, $x=\pm A$일 때 $U=\frac{1}{2}kA^2$이 되어 최대치를 가진다. 여기서 역학적 에너지 E의 보존 법칙이란, 이 진동자의 운동 에너지 $K=\frac{1}{2}mv^2$과 위치 에너지 $U=\frac{1}{2}kx^2$의 합, 즉 역학적 에너지 $E(=K+U)$가 x의 값에 관계없이 일정하다는 것이다. 이 역학적 에너지 E의 보존 법칙이 성립됨을 증명해 보자. (29)를 t로 미분하여 속도 v를 구하면 다음과 같이 된다.

$$v=\dot{x}=\frac{d}{dt}\{A\sin(\omega t+\phi)\}=A\omega\cos(\omega t+\phi) \tag{30}$$

따라서 이 단진동자(조화 진동자)의 전체 역학적 에너지 E는 다음과 같다.

$$\begin{aligned}E=K+U&=\frac{1}{2}mv^2+\frac{1}{2}kx^2\\&=\frac{1}{2}m\frac{k}{m}A^2\cos^2(\omega t+\phi)+\frac{1}{2}kA^2\sin^2(\omega t+\phi)\\&=\frac{1}{2}kA^2\{\cos^2(\omega t+\phi)+\sin^2(\omega t+\phi)\}\\&=\frac{1}{2}kA^2\ \ (kA^2\text{: 상수, 일정})\end{aligned}$$

여기서 $\omega^2=\frac{k}{m}$를 사용하였다.

위치 변수 x의 값에 관계없이 항상 일정해야 한다(상수)는 것, 즉, 단진동에 있어서의 역학적 에너지의 보존 법칙이 성립하는 것이 증명되었다. 그림 4에 $E=K+U$ (=일정)의 그래프를 나타낸다. 이것으로부터 다음을 알 수 있다.

(i) $x=0$의 경우, K는 최대값 $\frac{1}{2}kA^2$을 가지고, U는 최소값 0을 가진다.

(ii) $x=\pm A$의 경우, K는 최소값 0을 가지고, U는 최대값 $\frac{1}{2}kA^2$을 가진다.

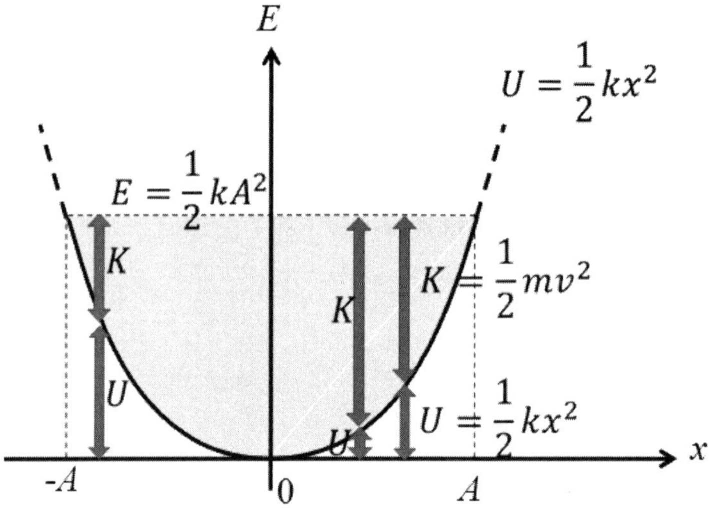

그림 4. 단진동에 대한 역학적 에너지 E의 보존법칙

■ 연습 문제 1 ◎ 단진동 ◎

원래 길이가 l_1, l_2 용수철 상수가 k_1, k_2인 2개의 용수철이 있다. 질량 m인 질점 P의 양쪽에 용수철을 각각 연결시켜 매끄러운 수평면상에 놓고, 각 용수철의 다른 쪽을 벽에 고정했다. 평형 상태일 때 P의 위치를 원점 0으로 둔다. 이 상태에서 P를 오른쪽 방향으로 A만큼 당겨서 가만히 손을 떼어 단진동을 시켰다. 이때, 다음의 질문에 대답하라. (단, 공기 저항은 생각하지 않는다.)

◇ 힌트

(1) 평형 상태에서 x만큼 이동하였을 때의 운동 방정식을 구하면 $m\ddot{x} = -(k_1 + k_2)x$가 되기 때문에 단진동의 미분방정식 $\ddot{x} = -\omega^2 x$의 형태가 된다.

(2) 따라서 공식 $\omega T = 2\pi$와 $\nu = \frac{1}{T}$을 이용하라.

□ 해답 및 설명

(1) 그림 (i)의 평형 상태로부터 x만큼 당겼을 때, P에 작용하는 복원력은 그림 (ii)로부터

$-k_1x-k_2x=-(k_1+k_2)x$가 된다. 따라서 수평 방향의 운동 방정식은 다음과 같다.

$$m\ddot{x}=-(k_1+k_2)x \rightarrow \ddot{x}=-\omega^2x,\ (\omega=\sqrt{\frac{k_1+k_2}{m}}\ )\ (\text{단진동의 미분방정식})$$

그림 (i) 평형상태

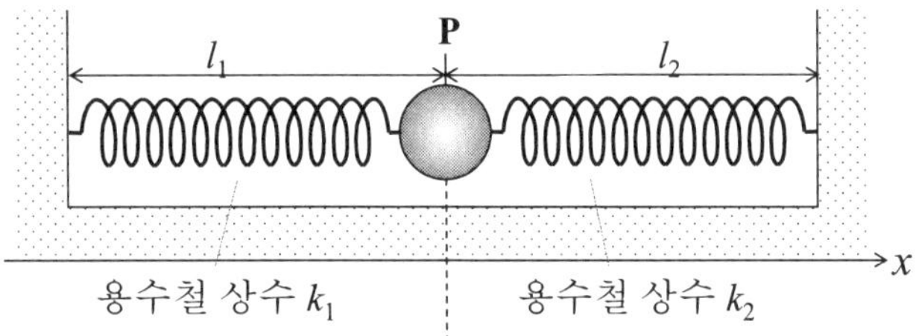

그림 (ii) x만큼의 변위

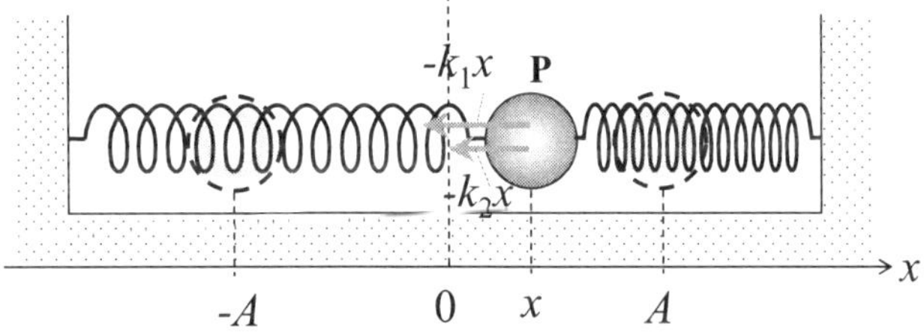

이 단진동의 일반해는 다음과 같다.

$$x=C_1\sin\omega t+C_2\cos\omega t \tag{31}$$

이제 2개의 초기 조건으로부터 C_1과 C_2의 값을 결정한다.

(31)을 t로 미분하면 다음과 같다.

$$v=\dot{x}=C_1\omega\cos\omega t-C_2\omega\sin\omega t \tag{32}$$

여기서 시각 $t=0$인 처음에 P를 $x=A$만큼 움직여 가만히 손을 놓기 때문에 당연히 초속도는 $v=0$이 된다. 다시 말해서 $t=0$의 경우, $x=A$와 $v=0$이라는 2개의 초기 조건이 주어지므로, 이것들을 (31)과 (32)에 대입하면 다음과 같다.

$$A=C_1\sin 0+C_2\cos 0=C_2 \ (\sin 0=0,\ \cos 0=1) \tag{33}$$

$$0=C_1\omega\cos 0-C_2\omega\sin 0=C_1\omega \tag{34}$$

따라서 $C_1=0$이면서 $C_2=A$가 된다. 이것들을 (31)에 대입하면 특이해 x는 다음과 같다.

$$x=A\cos\omega t \ (\text{단, } \omega=\sqrt{\frac{k_1+k_2}{m}}) \qquad (\text{답})$$

(2) $m=0.1(\text{kg})$, $k_1=0.4(\text{N/m})$, $k_2=0.5(\text{N/m})$이므로 각진동수는 다음과 같다.

$$\omega=\sqrt{\frac{0.4+0.5}{0.1}}=\sqrt{9}=3\,(\text{rad/s}) \qquad (\text{답})$$

$\omega T=2\pi$로부터, 주기는 다음과 같고

$$T=\frac{2\pi}{\omega}=\frac{2}{3}\pi(\text{s}) \qquad (\text{답})$$

이것으로부터 진동수는 다음과 같다.

$$\nu=\frac{1}{T}=\frac{3}{2\pi}(\text{rad/s}) \qquad (\text{답})$$

◈ 〈참고〉

단진동의 미분방정식 $\ddot{x}=-\omega^2 x$의 일반해로서, (31) 대신에 다음 식으로도 같은 결과가 얻어진다.

$$x = C_1\cos\omega t + C_2\sin\omega t \tag{35}$$

$$x = A\sin(\omega t + \phi) \tag{36}$$

$$x = A\cos(\omega t + \phi') \tag{37}$$

1.2 단진동의 응용

앞 절에서 단진동의 미분방정식 $\ddot{x}=-\omega^2 x$와 그 일반해가 $x = C_1\sin\omega t + C_2\cos\omega t = A\sin(\omega t + \phi_1) = A\cos(\omega t + \phi_2)$가 되는 것을 배웠다. 그러나 이 단진동의 미분방정식은 수평 용수철 진자뿐만 아니라 여러 가지 물리 현상의 방정식으로도 나온다.

이번에는 연직 용수철 진자, 단진자, 그리고 LC 진동 회로에 대하여 구체적인 예제를 풀어 가면서 연습해 본다.

§ 연직 용수철 진자의 미분방정식

연직 용수철 진자에 대해서 다음 예제로 연습한다. 수평 용수철 진자에서는 고려할 필요가 없었던 질점 P에 작용하는 중력 mg가 연직 용수철 진자에서는 운동 방향으로 작용하는 힘으로서 운동 방정식 안에 들어오는 것에 주의하자.

예제 4. 질량 m인 질점 P를 원래 길이 l_0, 용수철 상수 k인 가벼운 용수철의 한쪽에 붙이고, 다른 쪽을 천장에 고정하여 매달면, 용수철은 d만큼 늘어나서 정지했다. 그 위치로부터 질점 P를 아래로 A만큼 끌어내리고, 가만히 손을 떼어 단진동을 행하게 했다. 천장의 고정점에 원점 O을 잡고 연직 방향을 x축으로 한다. 이때, 다음 질문에 대답하라. (단, 공기 저항은 생각하지 않는다.)

(1) 움직이는 점 P의 위치 x가 미분방정식 $m\ddot{x}=-k\left(x-l_0-\dfrac{mg}{k}\right)$로 표현됨을 보여라.

또한 새로운 변수 ζ를 $\zeta=x-l_0-\dfrac{mg}{k}$로 두고 이 미분방정식을 풀어라.

(2) $m=0.4(\text{kg})$, $k=1.6(\text{N/m})$일 때, 이 단진동의 각진동수 ω, 주기 T, 진동수 ν를 구하라.

해답: (1) 그림 (i)에 나타내듯이 정지 위치에서 질량 m인 질점 P에 작용하는 중력 mg와 용수철의 탄성력 $-kd$는 평형을 이룬다. 따라서 $mg-kd=0$이므로

$$d=\frac{mg}{k} \tag{1}$$

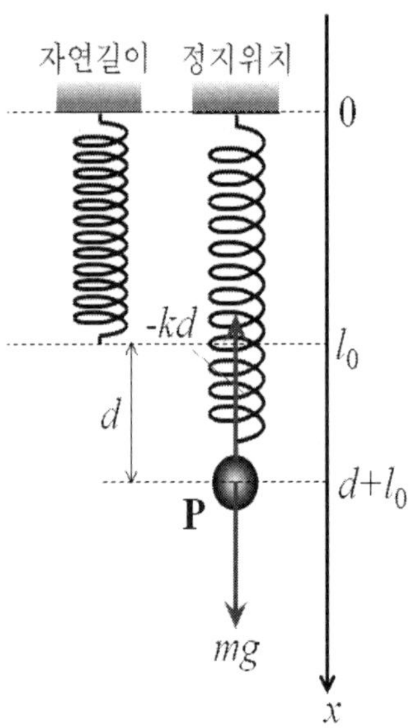

그림(i)

이 된다.

다음으로, 질점 P를 정지 위치에서 A만큼 아래로 내리고 가만히 손을 떼면 질점 P는 단진동을 시작한다. 이때 그림 (ii)에 나타내는 것과 같이 질점 P에는 아래쪽으로 중력

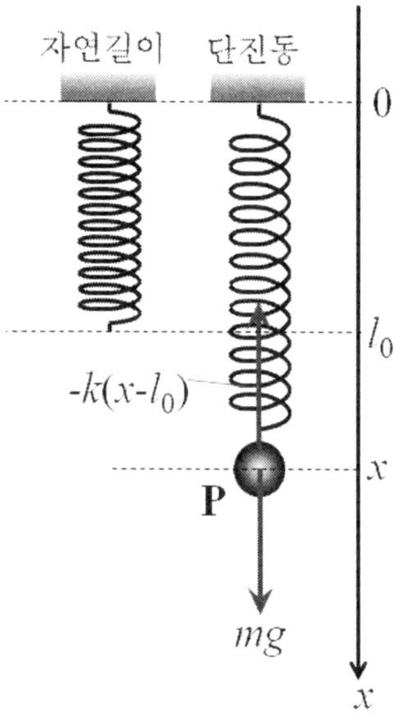

그림 (ii)

mg가 작용하고, 또 위쪽으로는 용수철의 탄성력 $-k(x-l_0)dl$이 작용한다. 이 합력을 $f=m\ddot{x}$로 둘 수 있기 때문에, $f=m\ddot{x}=mg-k(x-l_0)dl$이 된다. 이 우변을 변형하면, 위치 x의 미분방정식이 된다.

$$m\ddot{x}=-k\left(x-l_0-\frac{mg}{k}\right) \tag{2}$$

이것은 $x-(l_0+d)$가 되기 때문에 정지 위치로부터의 변위를 나타내고 있다. 따라서 이것을 ζ라고 두고, 미분방정식을 세워 보자.
여기서 새로운 변수로서 ζ를 다음과 같이 두자.

$$\zeta=x-l_0-\frac{mg}{k}\ (\text{상수 } -l_0-\frac{mg}{k}) \tag{3}$$

이것을 시간 t로 2계 미분하면 다음과 같다.

$$\ddot{\zeta}=\frac{d^2\zeta}{dt^2}=\frac{d}{dt}\left\{\frac{d}{dt}\left(x-l_0-\frac{mg}{k}\right)\right\}=\frac{d}{dt}\left(\frac{dx}{dt}\right)=\frac{d^2x}{dt^2}=\ddot{x},$$

즉

$$\ddot{x}=\ddot{\zeta} \tag{4}$$

따라서 (3)과 (4)를 (2)에 대입하면 $m\ddot{\zeta}=-k\zeta$이 되어 다음과 같은 단진동의 미분방정식이 나온다.

$$\ddot{\zeta}=-\omega^2\zeta \ \left(\omega=\sqrt{\frac{k}{m}}\right) \tag{5}$$

(5)의 일반해는 다음과 같다.

$$\zeta=C_1\sin\omega t+C_2\cos\omega t \ \ (C_1,\ C_2\text{: 상수}) \tag{6}$$

(6)의 양변을 t로 미분하면 다음과 같이 된다.

$$\dot{\zeta}=C_1\omega\cos\omega t-C_2\omega\sin\omega t \tag{7}$$

여기서 ζ는 정지 위치에서의 변위이기 때문에, 시각 $t=0$일 때 $\zeta=A$이고, 또한 가만히 손을 놓기 때문에 $t=0$일 때 초속도 $v=\dot{\zeta}=0$이다. 이제 2개의 초기 조건 $\zeta(0)=A$와 $v(0)=0$으로부터 상수 C_1과 C_2를 결정한다.

(6), (7)로부터 다음과 같이 상수 C_1과 C_2를 구할 수 있다.

$$\zeta(0) = C_1\sin 0 + C_2\cos 0 = C_2 = A \ \ (\sin 0 = 0,\ \cos 0 = 1)$$

$$C_2 = A \tag{8}$$

$$v(0) = \dot{\zeta}(0) = C_1\omega\cos 0 - C_2\omega\sin 0 = C_1\omega = 0$$

$$C_1 = 0 \tag{9}$$

따라서 (8), (9)를 (6)에 대입하면 $\zeta = A\cos\omega t$가 된다. 여기서 (3)으로부터 구하고자 하는 질점 P의 위치 x는 다음과 같다.

$$x = A\cos\omega t + l_0 + \frac{mg}{k} \left(\omega = \sqrt{\frac{k}{m}}\right)$$

(2) $m = 0.4(\text{kg})$, $k = 1.6(\text{N/m})$일 경우, 각진동수 $\omega = \sqrt{\frac{k}{m}} = \sqrt{\frac{1.6}{0.4}} = \sqrt{4} = 2$

(rad/s)이고, $\omega T = 2\pi$로부터, 주기 $T = \frac{2\pi}{\omega} = \frac{2\pi}{2} = \pi(\text{s})$이고, 또한 진동수

$\nu = \frac{1}{T} = \frac{1}{\pi}(\text{rad/s})$가 된다.

§ 단진자의 미분방정식

다음으로 단진자의 문제를 풀어 보자. 이번에는 진동각 θ가 아주 작을 경우, 즉 $\theta \fallingdotseq 0$으로 두고, 근사식 $\sin\theta \fallingdotseq \theta$, $\cos\theta \fallingdotseq 1$을 이용하게 된다.

예제 5. 질량을 무시할 수 있는 길이 l인 가벼운 실의 윗부분 O를 천장에 고정하고, 아래 부분에 질량 m인 질점(추) P를 붙여 단진자를 만든다. 이 단진자의 진동각 θ가 충분히 작아 $\theta \fallingdotseq 0$일 경우, 다음 질문에 대답하라. (단, 공기 저항은 생각하지 않는다)

(1) $\theta \fallingdotseq 0$일 때, 근사식 $\sin\theta \fallingdotseq \theta$와 $\cos\theta \fallingdotseq 1$이 성립하는 것을 보여라.

(2) θ에 대하여, 미분방정식 $\ddot{\theta} = -\omega^2\theta \left(\omega = \sqrt{\frac{g}{l}}\right)$가 성립하는 것을 보이고, θ의 일반해를 구하라.

(3) $l=0.2$(m), $g=9.8$(m/s^2)일 경우, 이 단진자의 각진동수 ω, 주기 T, 진동수 ν를 구하라.

해답: (1) 함수의 극한의 공식을 이용하자.

$$\sin\theta=\theta-\frac{\theta^3}{3!}+\frac{\theta^5}{5!}+\frac{\theta^7}{7!}+\cdots\cdots\ (\theta\ll 1)\ \rightarrow\ (\sin\theta\cong\theta) \tag{10}$$

$$\cos\theta=1-\frac{\theta^2}{2!}+\frac{\theta^4}{4!}-\frac{\theta^6}{6!}+\cdots\cdots\ (\theta\ll 1)\ \rightarrow\ (\cos\theta\cong 1) \tag{11}$$

이상으로부터, $\theta\fallingdotseq 0$일 때 근사적으로 $\sin\theta\fallingdotseq\theta$, $\cos\theta\fallingdotseq 1$이 성립한다.

(2) 그림 (i)에 나타나듯이, xy 평면상에 길이 l인 실에 질량 m인 질점(추) P를 매달은 단진자를 생각하자. 움직이는 점 P의 좌표를 $P(x, y)$로 두면, 점 P의 좌표는 진동각 θ에 의하여 다음과 같이 나타난다.

$$x=l\sin\theta \tag{12}$$

$$y=-l\cos\theta \tag{13}$$

여기서, 질점 P에는 중력 $-mg$와 실의 장력 S가 작용한다. 따라서 이 x축과 y축 방향의 운동 방정식을 세워보면 다음과 같이 된다.

$$x\text{축 방향: } m\ddot{x}=-S\sin\theta \tag{14}$$

$$y\text{축 방향: } m\ddot{y}=S\cos\theta-mg \tag{15}$$

(14)$\times\cos\theta+$(15)$\times\sin\theta$ 로부터, 장력 S를 소거하면 다음과 같다.

$$m\ddot{x}\cos\theta+m\ddot{y}\sin\theta=-mg\sin\theta \tag{16}$$

따라서 (16)은 다음과 같이 된다.

$$m\ddot{x}+m\ddot{y}\theta=-mg\theta$$
$$\ddot{x}+\ddot{y}\theta=-g\theta \tag{17}$$

여기서 $\cos\theta\fallingdotseq 1$, $\sin\theta\fallingdotseq\theta$를 사용하였다.
같은 방법으로 (12), (13)으로부터 $\theta\fallingdotseq 0$을 적용하면 다음과 같다.

$$x=l\sin\theta\fallingdotseq l\theta \tag{18}$$
$$y=-l\cos\theta=-l \tag{19}$$

(18)과 (19)를 t로 2계 미분하면 다음과 같이 된다.

$$\ddot{x}\fallingdotseq\frac{d^2}{dt^2}(l\theta)=l\frac{d^2\theta}{dt^2}=l\ddot{\theta}\ \ (l\text{: 상수}) \tag{20}$$
$$\ddot{y}\fallingdotseq\frac{d^2}{dt^2}(-l)=0\ \ (-l\text{: 상수}) \tag{21}$$

(20)과 (21)을 (17)에 대입하면, $l\ddot{\theta}+0\times\theta=-g\theta$가 되기 때문에 진동각 θ에 대한 단진동 미분방정식은 다음과 같다.

$$\ddot{\theta}=-\omega^2\theta\ \ (\omega=\sqrt{\frac{g}{l}}) \tag{22}$$

(22)의 일반해는 다음과 같이 된다.

$$\theta=A\sin(\omega t+\phi)$$

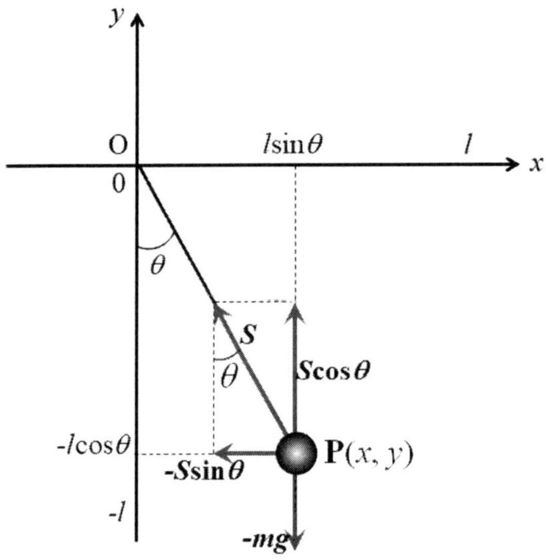

그림 (i)

(3) 실의 길이 $l=0.2$(m), 중력 가속도 $g=9.8$(m/s^2)일 때, 각진동수 $\omega=\sqrt{\dfrac{g}{l}}=\sqrt{\dfrac{9.8}{0.2}}=\sqrt{49}=7$ (rad/s)이고, $\omega T=2\pi$로부터, 주기 $T=\dfrac{2\pi}{\omega}=\dfrac{2}{7}\pi$(s)이고, 진동수 $\nu=\dfrac{1}{T}=\dfrac{7}{2\pi}$(rad/s)가 된다.

이와 같이 변위(위치) x에 대한 식이든, 진동각 θ에 대한 식이든, 같은 단진동의 미분방정식이 나오면 같은 형태의 해를 얻을 수 있다. 이와 같이 물리 현상으로서는 전혀 다른 것이라도 같은 형태의 미분방정식을 얻는 경우가 종종 있다. 이것을 우리는 유사성이라고 부르고 있다. 이 단진동 미분방정식의 유사성은 다음에 설명할 LC 회로에서도 나타나게 된다.

§ LC 회로의 미분방정식

전기 회로에는 여러 가지가 있는데 여기에서는 발진 회로로서 LC 회로에 대해 설명한다. LC 회로의 L은 코일을 나타내고, C는 콘덴서를 나타낸다. 콘덴서 C를 미리 $\pm Q_0$(C: Coulomb)으로 충전해 놓고, 그 콘덴서 C와 코일 L로 폐회로(회로)를 만들어 그 회로를 닫으면 진동 전류가 발생한다. 이 발진 회로에서도 단진동의 미분방정식 $\ddot{Q}=-\omega^2 Q$가 나타난다.

예제 6. 아래 그림과 같이 전기용량 C(F)의 콘덴서에 미리 $\pm Q_0$(C)의 전하가 주어져 있다고 하자.

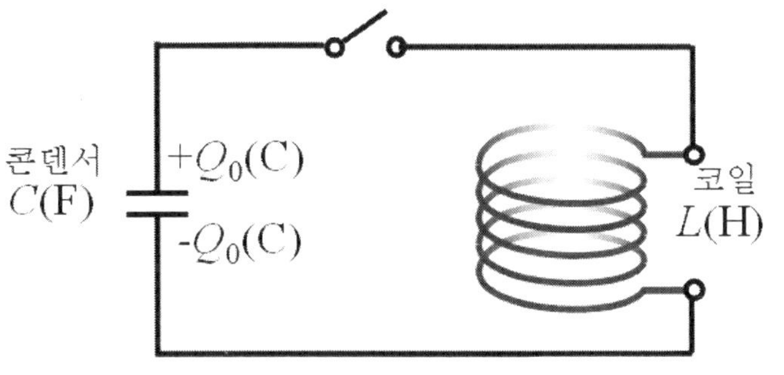

이것과 자기 인덕턴스 L(H)인 코일을 연결한 회로의 스위치를 시각 $t=0$일 때 닫는다고 하자. 이때, 다음 질문에 답하라.

(1) 콘덴서의 전하 Q(C)가 미분방정식 $\ddot{Q}=-\omega^2 Q$ $(\omega=\dfrac{1}{\sqrt{LC}})$을 만족함을 나타내고, 이 미분방정식을 풀어라.

(2) $C=1$(μF), $L=4$(H)일 때, 이 진동 회로의 각진동수 ω, 주기 T, 진동수 ν를 구하라.

해답: (1) 콘덴서의 전하를 Q(C)로 두면, 이 시각 t에 의한 도함수가 LC 회로에 흐르는 전류 I(A: Ampere)가 된다. 따라서 다음과 같다.

$$I=\frac{dQ}{dt}=\dot{Q} \tag{23}$$

여기서 L(H: Henry)의 코일에는 전류 I의 시간적 변화를 방해하도록 역기전력 $-L\dfrac{dI}{dt}$가 생긴다. 또한 C(F: Farad)의 콘덴서에 의한 전압 강하는 $\frac{Q}{C}$이다. 따라서 이 LC 회로의 (기전력)=(전압 강하)의 방정식을 세워 보면 다음과 같다.

$$-L\frac{dI}{dt}=\frac{Q}{C} \tag{24}$$

(24)를 (23)에 대입하면, $-L\frac{d}{dt}\left(\frac{dQ}{dt}\right)=\frac{Q}{C}$가 되고 $-L\ddot{Q}=\frac{1}{C}Q$로부터 Q에 대한 단진동의 미분방정식은 다음과 같다.

$$\ddot{Q}=-\omega^2 Q \ (\omega=\frac{1}{\sqrt{LC}}) \tag{25}$$

따라서 (25)의 일반해는 다음과 같다.

$$Q=C_1\sin\omega t+C_2\cos\omega t \ (C_1,\ C_2:\ \text{상수}) \tag{26}$$

(26)의 양변을 t로 미분하면 다음과 같다.

$$\dot{Q}=C_1\omega\cos\omega t-C_2\omega\sin\omega t \tag{27}$$

여기서 스위치를 넣은 시각 $t=0$에서는 콘덴서의 전하 $Q=Q_0$이며, 그 순간에는 전류 I는 아직 $I=\dot{Q}=0$일 것이다. 이러한 초기 조건들을 (26), (27)에 적용하면, $Q_0=C_1\sin0+C_2\cos0=C_2$로부터 다음과 같이 구해진다.

$$C_2=Q_0 \tag{28}$$

또한 $0=C_1\omega\cos0-C_2\omega\sin0=C_1\omega$로부터 C_1이 구해진다.

$$C_1 = 0 \tag{29}$$

(28), (29)를 (26)에 대입하면 구하는 전하 Q는 다음과 같다.

$$Q = Q_0 \cos\omega t \ \left(\omega = \frac{1}{\sqrt{LC}}\right)$$

$I = \dot{Q}$으로부터, 전류 I는 $I = Q_0(-\omega)\sin\omega t = -Q_0\omega\sin\omega t$가 된다.

(2) $C = 1(\mu F) = 10^{-6}(F)$, $L = 4(H)$일 때, 각진동수는

$\omega = \dfrac{1}{\sqrt{LC}} = \dfrac{1}{\sqrt{10^{-6} \times 4}} = \dfrac{1}{2 \times 10^{-3}} = \dfrac{10^3}{2} = 500$ (rad/s)이고,

$\omega T = 2\pi$로부터, 주기 $T = \dfrac{2\pi}{\omega} = \dfrac{2\pi}{500} = \dfrac{\pi}{250}$(s)가 되고, 진동수 $\nu = \dfrac{1}{T} = \dfrac{250}{\pi}$(Hz)가 된다. 여기서 헤르츠(Hz)는 1/s와 같은 것이다.

제 1 장 ▲ 단진동 (조화 진동)

1. 단진동의 변위 x의 방정식

$x = A\sin(\omega t + \phi)$ (ω: 각진동수, t: 시각, ϕ: 초기위상)

(혹은, $x = A\cos(\omega t + \phi)$, 혹은 $x = C_1 \sin\omega t + C_2 \cos\omega t$)

2. 복소 지수 함수의 정의와 오일러 공식

(1) $z = x + iy$ (x, y: 실수, i: 허수 단위)에 대하여, e^z를 다음과 같이 정의한다.

$$e^z = e^{x+iy} = e^x(\cos y + i\sin y) \qquad \text{(A)}$$

(2) 오일러 공식

$$e^{i\theta} = \cos\theta + i\sin\theta$$

3. 단진동의 운동 방정식과 그 해법

단진동의 미분방정식

$$\ddot{x} + \omega^2 x = 0 \qquad \text{(B)}$$

의 해를 $x = e^{\lambda t}$ (λ: 상수)로 두면, $\ddot{x} = \lambda^2 e^{\lambda t}$로부터, (B)는 $(\lambda^2 + \omega^2)e^{\lambda t} = 0$, 여기서 $e^{\lambda t} \neq 0$으로부터 특성 방정식 $\lambda^2 + \omega^2 = 0$이 된다. 이것으로 $\lambda = \pm i\omega$로부터 (B)의 1차 독립적인 기본해는 $x_1 = e^{i\omega t}$, $x_2 = e^{-i\omega t}$가 된다. (이 론스키안 $W(x_1, x_2) \neq 0$) 따라서 (A)의 일반해는 다음과 같다.

$$x = B_1 e^{i\omega t} + B_2 e^{-i\omega t} \quad (B_1,\ B_2\text{: 상수})$$

이것을 변형시켜 (B)의 일반해는 다음과 같이 나타낸다.

$$x = A\sin(\omega t + \phi)$$

$$(\text{혹은, } x = A\cos(\omega t + \phi), \text{ 혹은 } x = C_1\sin\omega t + C_2\cos\omega t)$$

4. 단진동의 역학적 에너지 E의 보존 법칙

$$x = A\sin(\omega t + \phi)\text{일 때, } v = \dot{x} = A\omega\cos(\omega t + \phi) \ (\omega = \sqrt{\frac{k}{m}})$$

여기서 위치 에너지 $U = \frac{1}{2}kx^2 = \frac{1}{2}kA^2\sin^2(\omega t + \phi)$이고,

운동 에너지 $K = \frac{1}{2}mv^2 = \frac{1}{2}kA^2\cos^2(\omega t + \phi)$가 된다.

따라서 $E = U + K = \frac{1}{2}kA^2$ (일정)이 된다.

2장

감쇠 진동과 강제 진동

— 테 마 —

◆ 감쇠 진동의 미분방정식

$$\ddot{x}+a\dot{x}+bx=0\ \left(a=\frac{B}{m},\ b=\frac{k}{m}\right)$$

◆ 강제 진동의 미분방정식

$$\ddot{x}+a\dot{x}+bx=\gamma\cos\omega t$$

◆ 공진(공명)

2.1 감쇠 진동

앞에서 공부한 단진동의 응용으로서 이번에는, "**감쇠 진동**"에 대해 설명한다. 용수철에 붙인 추(질점)에 공기 저항이나 마찰 등 속도에 비례하는 저항이 작용하는 경우, 진동은 서서히 감쇠해 가고 마침내 정지하게 된다. 이것이 감쇠 진동이라고 불리는 현상인데 저항의 크기에 따라 "미흡 감쇠", "지나친 감쇠", "임계 감쇠"가 생기게 된다.

감쇠 진동이 생기면 분명히 역학적 에너지는 감소해 간다. 이것은 저항에 의해 에너지가 열로 상실되어 버리기 때문으로 이것을 "**에너지 소멸**"이라고 한다. 이 에너지의 소멸에 대해서도 자세히 알아보자.

§ 감쇠 진동 미분방정식의 해

수평 진자의 질점 P에, 공기 저항 등 속도에 비례하는 저항력 $-Bv$가 작용할 경우, 질점 P에 작용하는 힘은 복원력 $-kx$와 이 저항력 $-Bv$를 합쳐서 $-kx-Bx$가 된다. 여기서 저항력은 속도와 반대 방향으로 작용하기 때문에 "-" 를 붙인다. 따라서 이와 같이 저항력도 고려한 질점 P의 운동을 나타내는 운동 방정식은 다음과 같다.

$$m\ddot{x} = -kx - B\dot{x} \tag{1}$$

여기서 m: 질량, k: 용수철 상수, B: 양의 상수, $\ddot{x}=a$, $\dot{x}=v$.

(1)로부터 $m\ddot{x}+B\dot{x}+kx=0$이 되고, 이 양변을 $m(>0)$으로 나누면 다음과 같다.

$$\ddot{x}+a\dot{x}+bx=0 \tag{2}$$

단, $a=\dfrac{B}{m}$, $b=\dfrac{k}{m}$

(2)는 상수 계수의 **2계 선형 미분방정식**이기 때문에 단진동의 경우와 같이 이것의 해를 $x=e^{\lambda t}$ (λ: 상수)라고 두고, 상수 λ의 값을 구하면 된다. 이것을 t로 2계 미분하면 $\dot{x}=\lambda e^{\lambda t}$, $\ddot{x}=\lambda^2 e^{\lambda t}$가 된다. 이것들을 (2)에 대입하면

$\lambda^2 e^{\lambda t} + a\lambda e^{\lambda t} + be^{\lambda t} = 0 \rightarrow (\lambda^2 + a\lambda + b)e^{\lambda t} = 0$이 되고 이 양변을 $e^{\lambda t}(\neq 0)$로 나누면 λ의 2차 방정식 즉 **특성 방정식**을 도출할 수 있다.

$$\lambda^2 + a\lambda + b = 0 \tag{3}$$

여기서 λ의 2차 방정식의 해는 판별식 D를 $D = a^2 - 4b$로 두면, (i) $D < 0$일 때, (ii) $D > 0$일 때, (iii) $D = 0$일 때의 3 가지의 경우를 생각할 수 있다. 그리고 이 각각의 경우에 대하여 다음과 같이 서로 다른 물리 현상이 나타난다.

(i) $D < 0$일 때, (3)은 서로 다른 2개의 복소수 해를 가지는 **"미흡 감쇠 진동"** (damped oscillation)이 생긴다. 이 개념을 아래 그림에 나타낸다.

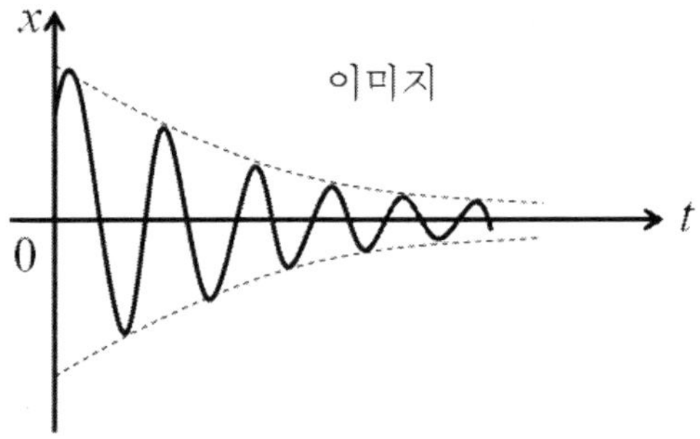

(ii) $D > 0$일 때, (3)은 서로 다른 2개의 실수해를 가지는 **"지나친 감쇠"** (over oscillation)가 생긴다. 이 개념을 다음 그림에 나타낸다.

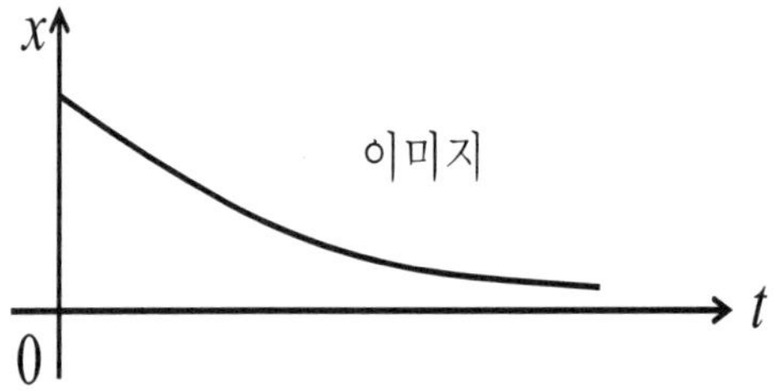

(iii) $D=0$일 때, (3)은 중근을 가지는 **"임계 감쇠"** (critical dampang)가 생긴다. 이 개념을 다음 그림에 나타낸다.

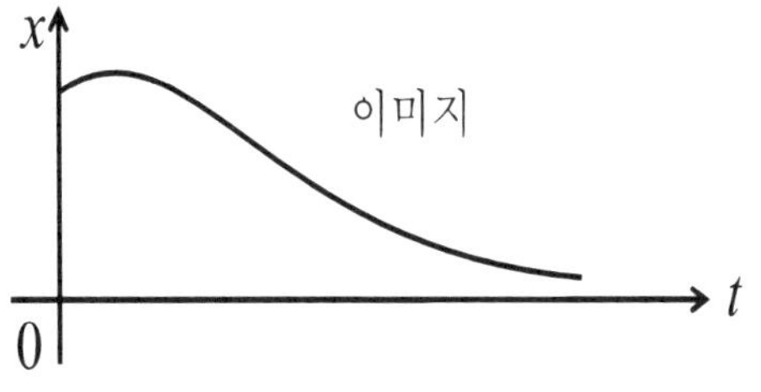

여기서 (i) $D<0$, (ii) $D>0$의 경우, (3)의 특성 방정식은 서로 다른 2개의 해 $\lambda=\lambda_1$과 λ_2를 가지기 때문에, (2)의 미분방정식은 2개의 1차 독립적인 해 $x_1=e^{\lambda_1 t}$와 $x_2=e^{\lambda_2 t}$를 가진다. 따라서 (2)의 미분방정식에 대한 일반해는 $x=C_1e^{\lambda_1 t}+C_2e^{\lambda_2 t}$ (C_1, C_2: 상수)가 된다. 이것에 대하여, (iii) $D=0$일 때, (3)의 특성 방정식의 해는 $\lambda=\lambda_1$ (중근)인 한 개 뿐이므로, (2)의 미분방정식의 해로서 구해지는 것은 $e^{\lambda_1 t}$뿐이다. 그러나 이 경우 $e^{\lambda_1 t}$와 1차 독립적인 다른 한 개의 해로서 $te^{\lambda_1 t}$도 존재한다는 것을 기억해 두자. 따라서 (iii) $D=0$일 때의 일반해는 다음과 같다.

$$x=C_1e^{\lambda_1 t}+C_2te^{\lambda_1 t}=(C_1+C_2t)e^{\lambda_1 t}$$

§ 감쇠 진동의 문제

예제 7. 속도에 비례하는 저항을 받으면서 진동하는 수평 용수철 진자의 추 P의 위치(변위) x가 다음 미분방정식으로 나타날 때 이것을 풀어 보자.

$$\ddot{x}+2\dot{x}+10x=0 \tag{4}$$

여기서 $t=0$일 때, $x=0$, $v=6$이라고 하며, $2=a=\dfrac{B}{m}$, $10=b=\dfrac{k}{m}$이다.

해답: 초기 조건 $t=0$일 때, $x(0)=0$, $v(0)=\dot{x}(0)=6$이 주어져 있기 때문에, 이 미분방정식 (4)의 일반해에서 2개의 상수 C_1, C_2가 결정될 수 있다. $x=e^{\lambda t}$ (λ: 상수)로 두자. 이것을 t에 대해 순차적으로 2계 미분하면, $\dot{x}=\lambda e^{\lambda t}$, $\ddot{x}=\lambda^2 e^{\lambda t}$가 되기 때문에 이것들을 (4)에 대입하여 다음을 얻는다.

$$\lambda^2 e^{\lambda t}+2\lambda e^{\lambda t}+10e^{\lambda t}=0,\ \left(\lambda^2+2\lambda+10\right)e^{\lambda t}=0$$

이 양변을 $e^{\lambda t}(\fallingdotseq 0)$로 나누면, 특성 방정식을 도출할 수 있다.

$$\lambda^2+2\lambda+10=0 \tag{5}$$

여기서 (5)의 판별식을 D로 두면, $\dfrac{D}{4}=1^2-(1\times 10)=-9<0$에서, 이것은 미흡 감쇠 진동이 된다. (5)를 풀어서, λ의 해를 구하면 다음과 같다.

$$\lambda=\frac{-1\pm\sqrt{1^2-10\times 1}}{1}=-1\pm\sqrt{-9}=-1\pm 3i$$

$\lambda_1=-1+3i$, $\lambda_2=-1-3i$가 되기 때문에, (4)의 미분방정식의 1차 독립적인 해는 $x_1=e^{\lambda_1 t}=e^{(-1+3i)t}$, $x_2=e^{\lambda_2 t}=e^{(-1-3i)t}$가 된다. 따라서 (4)의 일반해는 다음과 같다.

$$\begin{aligned}x&=B_1e^{-t+3ti}+B_2e^{-t-3ti}\ (B_1,\ B_2\text{: 상수})\\&=e^{-t}\left(B_1e^{3ti}+B_2e^{-3ti}\right)\\&=e^{-t}\left\{B_1(\cos 3t+i\sin 3t)+B_2(\cos 3t-i\sin 3t)\right\}\\&=e^{-t}\left\{\left(B_1i-B_2i\right)\sin 3t+\left(B_1+B_2\right)\cos 3t\right\}\end{aligned}$$

여기서 $(B_1i-B_2i)=C_1$, $(B_1+B_2)=C_2$로 두면

$$x(t) = e^{-t}\left(C_1 \sin 3t + C_2 \cos 3t\right) \quad (C_1,\ C_2\text{: 상수}) \tag{6}$$

또한 초기 조건 $x(0) = 0$으로부터

$$x(0) = e^0\left(C_1 \sin 0 + C_2 \cos 0\right) = C_2 = 0, \quad C_2 = 0$$

이것을 (6)에 대입하면 다음과 같다.

$$x(t) = C_1 e^{-t} \sin 3t \tag{7}$$

(7)을 t로 미분하면

$$\dot{x}(t) = C_1\left(-e^{-t}\sin 3t + e^{-t} 3\cos 3t\right)$$

$$v(t) = \dot{x}(t) = C_1 e^{-t}(-\sin 3t + 3\cos 3t) \tag{8}$$

여기서 초기조건 $v(0) = 6$으로부터

$$v(0) = C_1 e^0(-\sin 0 + 3\cos 0)$$

$$= C_1 \times 3 = 6 \qquad C_1 = 2$$

이것을 (7)에 대입하여 지수 항과 sin항을 각각 그려보면 다음과 같다.

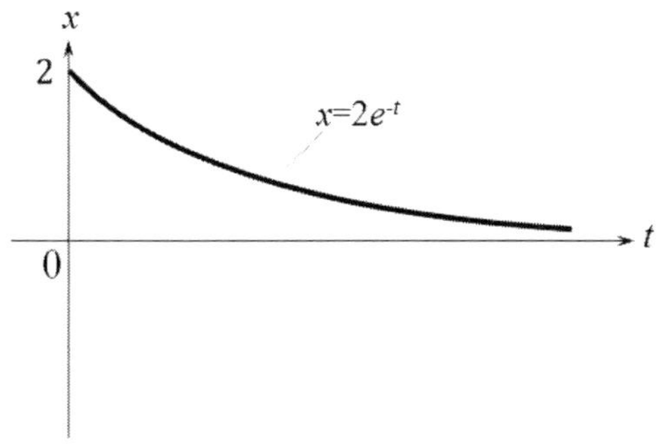

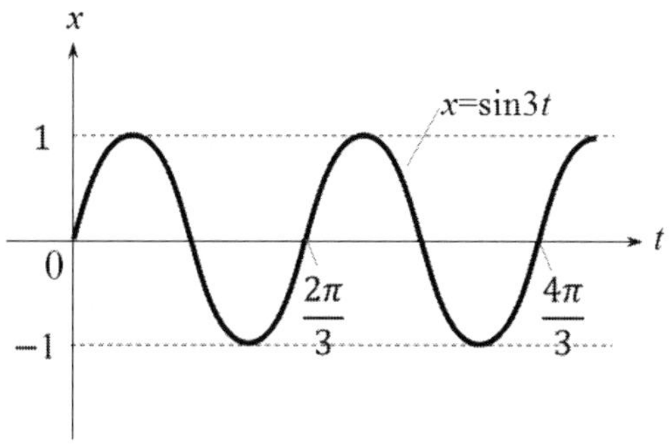

이 두 그래프의 곱이 식 (4)의 특이해가 되므로, 다음과 같은 식과 그래프를 얻을 수 있다.

$$x(t) = 2e^{-t}\sin 3t$$

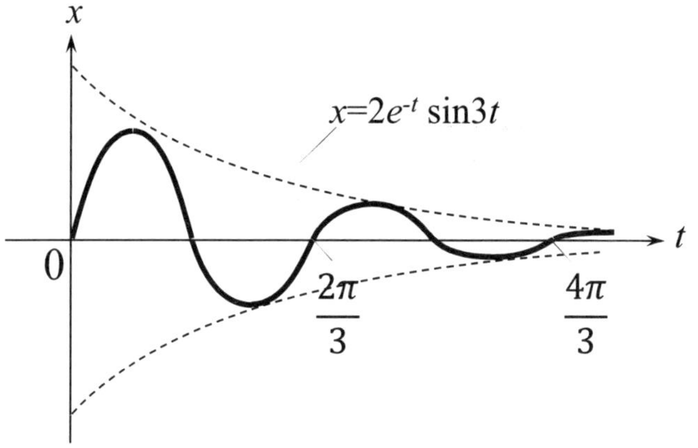

이와 같이 진동을 반복하면서 그 진폭이 0에 수렴되어 가는 현상이 미흡 감쇠 진동이다.

§ 지나친 감쇠의 문제

저항력이 큰 경우, 진동하지 않고 단조롭게 진폭이 0에 접근하는 현상을 지나친 감쇠라고 한다. 이 지나친 감쇠의 경우, λ의 특성 방정식의 판별식 D는 $D>0$이 된다. 다음 예제에서 이 지나친 감쇠의 문제를 풀어 보자.

예제 8. 속도에 비례하는 저항을 받으면서 진동하는 수평 용수철 진자의 추 P의 위치(변위) x가 다음 미분방정식으로 나타날 때 이것을 풀어 보자.

$$\ddot{x}+\frac{5}{6}\dot{x}+\frac{1}{6}x=0 \tag{9}$$

여기서 $t=0$일 때, $x=2$, $v=-1$이라고 하며, $\frac{5}{6}$는 $a=\frac{B}{m}$, $\frac{1}{6}$은 $b=\frac{k}{m}$이다.

해답: 초기 조건 $t=0$의 경우, $x(0)=2$, $v(0)=\dot{x}(0)=-1$이 주어져 있기 때문에 이 미분방정식의 해는 특이해의 형태로 구해진다. (9)의 계수 $a=\frac{B}{m}=\frac{5}{6}$와 $b=\frac{k}{m}=\frac{1}{6}$로부터 추 P에 대한 저항력의 크기 $|-Bv|$ 가 복원력의 크기 $|-kx|$ 와 비교하여 상당히 크다는 것을 알 수 있다. 이때 (9)의 특성 방정식 : $\lambda^2+a\lambda+b=0$의 판별식 D는 $D>0$이 되어, 지나친 감쇠라는 현상이 생긴다. 이제 (9)를 풀어 보자.

미분방정식 $\ddot{x}+\frac{5}{6}\dot{x}+\frac{1}{6}x=0$의 해는 $x=e^{\lambda t}$ (λ: 상수)로 추정되기 때문에 이것을 t에 대해 순차적으로 2계 미분하면, $\dot{x}=\lambda e^{\lambda t}$, $\ddot{x}=\lambda^2 e^{\lambda t}$가 된다. 이것들을 (9)에 대입하여 다음을 얻는다.

$$\lambda^2 e^{\lambda t}+\frac{5}{6}\lambda e^{\lambda t}+\frac{1}{6}e^{\lambda t}=0 \rightarrow \left(\lambda^2+\frac{5}{6}\lambda+\frac{1}{6}\right)e^{\lambda t}=0$$

이 양변을 $e^{\lambda t}(\neq 0)$로 나누면, 특성 방정식을 얻는다.

$$\lambda^2+\frac{5}{6}\lambda+\frac{1}{6}=0 \tag{10}$$

여기서 (10)의 판별식을 D로 두면, $D=\left(\frac{5}{6}\right)^2-4\times1\times\frac{1}{6}=\frac{1}{36}>0$으로부터 지나친

감쇠가 된다.

(10)으로부터 $\left(\lambda+\frac{1}{2}\right)\left(\lambda+\frac{1}{3}\right)=0 \rightarrow \lambda_1=-\frac{1}{2},\ \lambda_2=-\frac{1}{3}$이 되기 때문에 (9)의 미분방정식에 대한 1차 독립적인 해는 $x_1=e^{-\frac{1}{2}t}$, $x_2=e^{-\frac{1}{3}t}$가 된다. 따라서 (9)의 일반해는 다음과 같다.

$$x(t)=B_1e^{-\frac{1}{2}t}+B_2e^{-\frac{1}{3}t}\ (B_1,\ B_2\text{: 상수}) \tag{11}$$

여기서, 초기 조건 $x(0)=2$로부터 (11)은 $x(0)=B_1\times e^0+B_2\times e^0=B_1+B_2=2$가 된다. 따라서 다음의 관계를 얻게 된다.

$$B_1+B_2=2 \tag{12}$$

다음으로 (11)을 t로 미분하여 초기 조건 $v(0)=\dot{x}(0)=-1$을 적용하면 다음과 같다.

$$\dot{x}(t)=-\frac{1}{2}B_1e^{-\frac{1}{2}t}-\frac{1}{3}B_2e^{-\frac{1}{3}t}$$

$$\dot{x}(0)=-\frac{1}{2}B_1\times 1-\frac{1}{3}B_2\times 1=-1$$

$$3B_1+2B_2=6 \tag{13}$$

(12), (13)을 풀면, $B_1=2$, $B_2=0$이 된다. 이것들을 (11)에 대입하여 (9)의 특이해(지나친 감쇠의 식)가 다음과 같이 구해진다. 이 그래프의 개략을 다음 그림에 나타낸다.

$$x(t)=2e^{-\frac{1}{2}t}$$

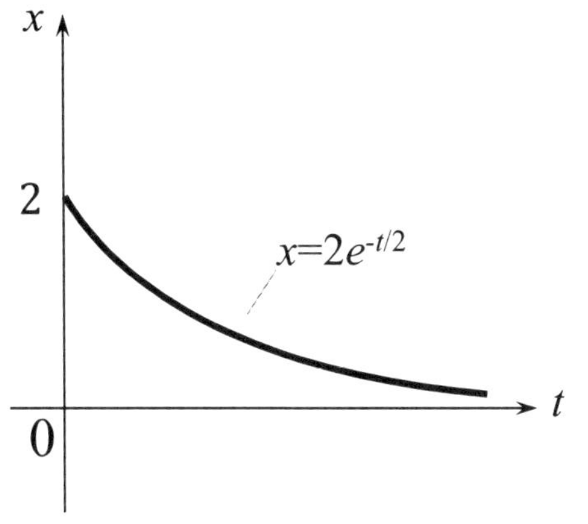

이와 같이 저항력이 크면, 더 이상 진동하지 않고 그 진폭이 단조롭게 0으로 수렴되는 것을 알았다. 이것이 지나친 감쇠라고 하는 현상이다.

저항력이 존재하는 경우의 수평 용수철 진자 미분방정식의 특성 방정식에서 그 판별식 D가 (i) $D<0$일 때 감쇠 진동이 되고, (ii) $D>0$일 때, 지나친 감쇠가 되었다. 그렇다는 것은 (iii) $D=0$일 때가 이들 두 현상의 경계 현상이라는 것이므로 이것을 **"임계 감쇠"**라고 한다. 이 $D=0$의 경우, 특성 방정식의 해가 1개(중근)밖에 없으므로 해법상의 주의가 필요하다.

§ 임계 감쇠의 문제

예제 9. 속도에 비례하는 저항을 받으면서 진동하는 수평 용수철 진자의 추 P의 위치(변위) x가 다음의 미분방정식으로 나타날 경우 이것을 풀어 보자.

$$\ddot{x}+4\dot{x}+4x=0$$

여기서 $t=0$의 경우, $x=0$, $v=3$이 되며, $4\dot{x}$에서 4는 $a=\dfrac{B}{m}$, $4x$에서 4는 $b=\dfrac{k}{m}$이다.

해답: 초기조건 $t=0$의 경우, $x(0)=0$, $v(0)=3$이 주어져 있기 때문에 이 (14)의 미분방정식의 해는 특이해의 형태로 구해진다. 이번에는 (14)의 특성 방정식의 해가 $\lambda=\lambda_1$(중근)의 1개뿐이기 때문에 이것으로부터 얻어지는 (14)의 기본해는 $e^{\lambda_1 t}$의 1개뿐이다. 실은 이것과 1차 독립적인 (14)의 또 하나의 기본해는 $te^{\lambda_1 t}$가 된다. 그럼 실제로 확인하여 보자.

$$\ddot{x}+4\dot{x}+4x=0 \tag{14}$$

의 해는 $x=e^{\lambda t}$ (λ: 상수)로 추정된다. 따라서 이것을 t로 순차적으로 2계 미분하면, $\dot{x}=\lambda e^{\lambda t}$, $\ddot{x}=\lambda^2 e^{\lambda t}$가 되기 때문에 이것들을 (14)에 대입하면 다음과 같다.

$$\lambda^2 e^{\lambda t}+4\lambda e^{\lambda t}+4e^{\lambda t}=0 \rightarrow (\lambda^2+4\lambda+4)e^{\lambda t}=0 \quad (e^{\lambda t}\neq 0)$$

이 양변을 $e^{\lambda t}(\neq 0)$로 나누면, 특성 방정식이 나온다.

$$\lambda^2+4\lambda+4=0 \tag{15}$$

여기서 (15)의 판별식을 D로 두면, $\frac{D}{4}=2^2-1\times 4=0$으로부터 이것은 임계 감쇠가 된다. (15)로부터 $(\lambda+2)^2=0$임으로 (15)의 해는 $\lambda_1=-2$(중근)뿐이다. 따라서 (14)의 기본해로서 $x_1=e^{-2t}$이며 이것과 1차 독립적인 다른 1개의 기본해는 $x_2=te^{-2t}$이다.
$x_2=te^{-2t}$와 $\dot{x}_2=1e^{-2t}+t(-2)e^{-2t}=(1-2t)e^{-2t}$와
$\ddot{x}=-2e^{-2t}+(1-2t)(-2)e^{-2t}=(4t-4)e^{-2t}$를 실제로 (14)의 좌변에 대입하면,
$(4t-4)e^{-2t}+4(1-2t)e^{-2t}+4te^{-2t}=(4t-4+4-8t+4t)e^{-2t}=0$이 되어 (14)를 만족하기 때문에, $x_2=te^{-2t}$도 (14)의 해가 된다. 따라서 (14)의 미분방정식의 일반해는 다음과 같다.

$$x(t) = B_1 e^{-2t} + B_2 te^{-2t} = (B_1 + B_2 t)e^{-2t} \ (B_1,\ B_2\text{: 상수}) \tag{16}$$

여기에서 초기조건 $x(0) = 0$을 적용하면 B_1을 구할 수 있다.

$$x(0) = B_1 \times e^0 + B_2 \times 0 \times e^0 = B_1 = 0$$

$$B_1 = 0$$

따라서 (16)은 다음과 같이 된다.

$$x(t) = B_2 te^{-2t} \tag{17}$$

(17)을 t로 미분하면 다음과 같다.

$$\dot{x}(t) = B_2\{1e^{-2t} + t(-2)e^{-2t}\} = B_2(1-2t)e^{-2t} \tag{18}$$

여기에서 초기조건 $v(0) = 3$으로부터 (18)은 다음과 같이 된다.

$$v(0) = \dot{x}(0) = B_2(1-0)e^0 = B_2 = 3 \ (e^0 = 1)$$

$$B_2 = 3$$

이것을 (17)에 대입하면 (14)의 특이해(임계감쇠의 식)는 다음과 같이 구해진다. 이 그래프의 개략적인 형태를 다음에 나타낸다.

$$x(t) = 3te^{-2t}$$

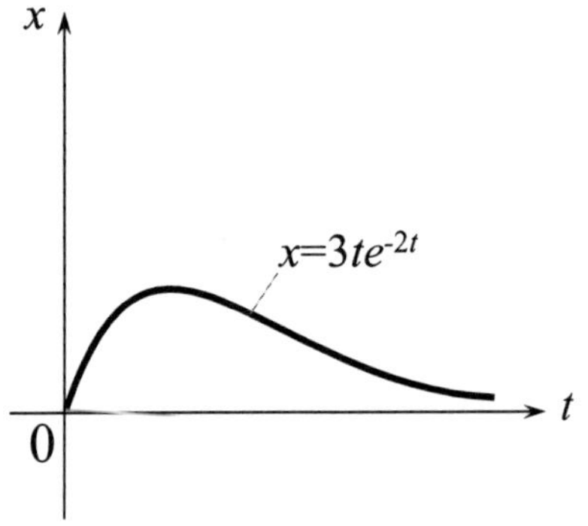

이와 같이 특성 방정식의 판별식 $D=0$일 때, 임계 감쇠라는 현상이 나타난다. 그리고 이것보다도 저항력이 작으면 미흡 감쇠가 되고, 이것보다 저항력이 커지면 지나친 감쇠가 생기게 된다.

이상으로, 속도에 비례하는 저항력이 P에 작용하는 경우의 3가지 현상(미흡 감쇠, 지나친 감쇠, 임계 감쇠)에 대한 예제를 설명하였다.

▶ 미흡 감쇠, 지나친 감쇠, 임계 감쇠

단진동에서 속도에 비례하는 저항이 가해졌을 경우의 운동 방정식은 다음과 같다.

$$m\ddot{x}=-kx-B\dot{x} \ (m\text{: 질량, } k\text{: 용수철 상수, } B\text{: 양의 비례상수})$$

이것을 정리하면 미분방정식

$$\ddot{x}+a\dot{x}+bx=0 \ \left(a=\frac{B}{m}>0,\ b=\frac{k}{m}>0\right) \tag{19}$$

이 얻어진다. (19)의 해를 $x=e^{\lambda t}$로 두면, (19)로부터 특성 방정식

$$\lambda^2+a\lambda+b=0 \tag{20}$$

이 나온다.

(i) (20)이 서로 다른 두 개의 허수해

$\lambda_1 = -\alpha + \beta i$, $\lambda_2 = -\alpha - \beta i$ (α, β : 실수, $\alpha > 0$)를 가질 경우, (19)의 해는,

$x = e^{-at}(C_1 \sin\beta t + C_2 \cos\beta t)$이다. 이것을 "**미흡 감쇠 진동**"이라고 한다.

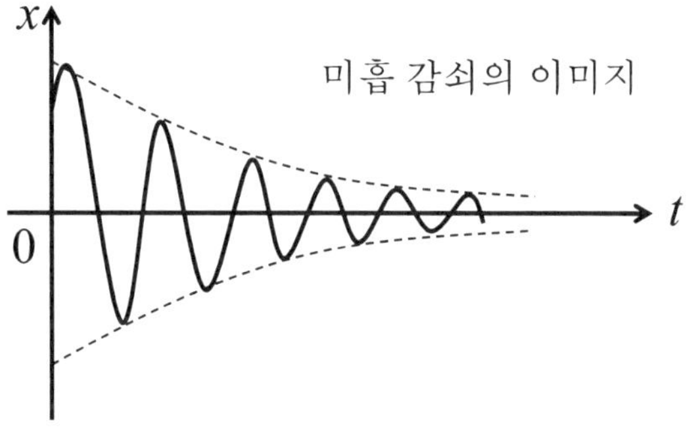

(ii) (20)이 다른 두 개의 실수해

λ_1, λ_2 $(\lambda_1 < 0,\ \lambda_2 < 0)$를 가질 경우, (19)의 해는, $x = C_1 e^{\lambda_1 t} + C_2 e^{\lambda_2 t}$이다. 이것은 "**지나친 감쇠**"를 나타낸다.

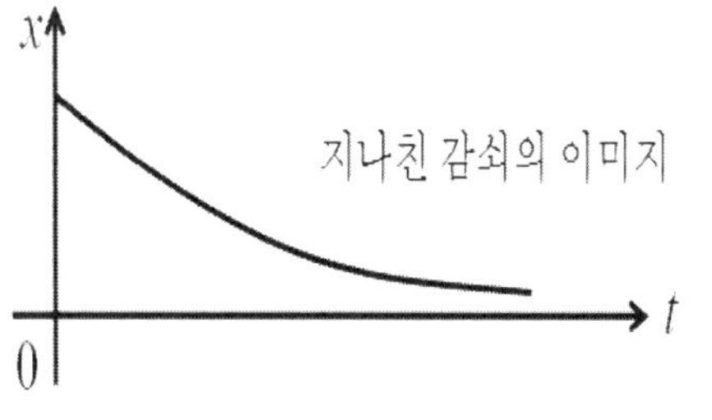

(iii) (20)이 중근

λ_1 $(\lambda_1 < 0)$을 가질 경우, (19)의 해는 $x = (C_1 + C_2 t)e^{\lambda_1 t}$이다. 이것은 "**임계 감쇠**"를 나타낸다.

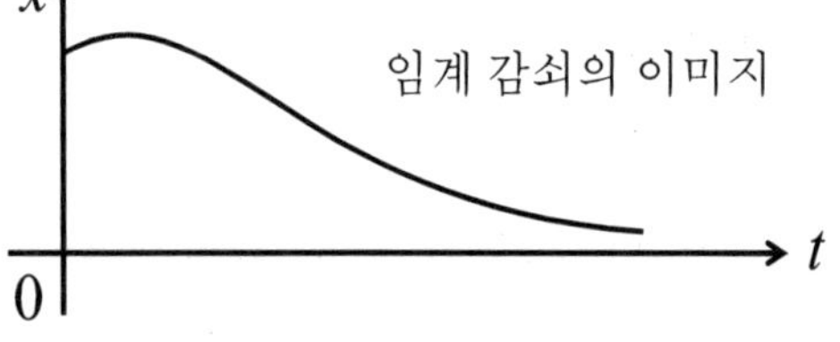

§ 감쇠 진동에 의한 에너지 감쇠

감쇠 진동에 의해서 시간 t의 경과와 함께 진폭이 서서히 작아져 간다. 이것은 역학적 에너지가 열이 되어 잃어 가기 때문이며, 이것을 에너지 감쇠(energy dissipation)라고 한다. 이 에너지의 감쇠를 구체적으로 알아보자.

감쇠 진동의 미분방정식을 다음과 같이 두자.

$$\ddot{x}+a\dot{x}+bx=0 \ \left(a=\frac{B}{m},\ b=\frac{k}{m}=\omega_0^2\right)\ (a\dot{x}\text{: 저항력},\ bx\text{: 복원력})$$

여기서는 저항력이 복원력에 비해 상당히 작은 경우, 즉 $a \ll b$ 인 경우에 한정하여 다룬다. 특성 방정식 $\lambda^2+a\lambda+b=0$의 해는 다음과 같이 되고

$$\lambda=\frac{-a\pm\sqrt{a^2-4b}}{2}=-\frac{a}{2}\pm\sqrt{-b}=-\frac{a}{2}\pm i\omega_0$$

$\sqrt{\ }$ 안의 a^2은 $4b$에 비해 매우 작으므로 무시한다. 또한 $\sqrt{-b}$는 $\sqrt{-\omega_0^2}=i\omega_0$이다.

이 미분방정식의 2개의 1차 독립적인 해는, $x_1=e^{-\frac{a}{2}t+i\omega_0 t}$, $x_2=e^{-\frac{a}{2}t-i\omega_0 t}$가 되어 그 일반해는 다음과 같이 된다.

$$x=B_1x_1+B_2x_2=e^{-\frac{a}{2}t}\left(B_1e^{i\omega_0 t}+B_2e^{-i\omega_0 t}\right)$$

$$= e^{-\frac{a}{2}t}\{B_1(\cos\omega_0 t + i\sin\omega_0 t) + B_2(\cos\omega_0 t - i\sin\omega_0 t)\}$$

$$= e^{-\frac{a}{2}t}(C_1\sin\omega_0 t + C_2\cos\omega_0 t) \tag{21}$$

여기서 $C_1 = (B_1 - B_2)i$, $C_2 = (B_1 + B_2)$이다.

(21)을 t로 미분하여, 속도 v를 구하면 다음과 같다.

$$v = \dot{x} = -\frac{a}{2}e^{-\frac{a}{2}t}(C_1\sin\omega_0 t + C_2\cos\omega_0 t) + e^{-\frac{a}{2}t}(C_1\omega_0\cos\omega_0 t - C_2\omega_0\sin\omega_0 t)$$

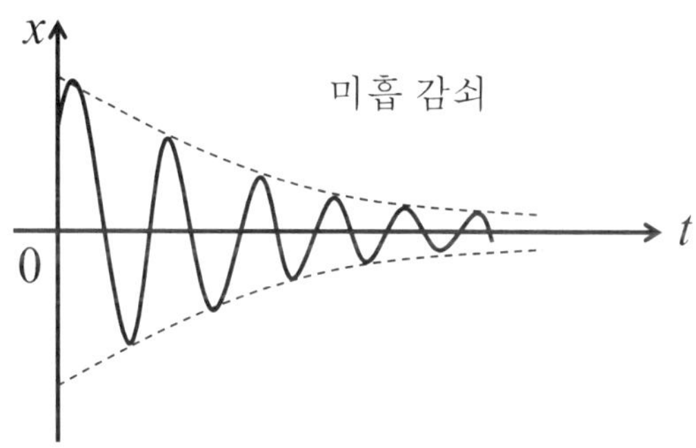

여기서 $-\frac{a}{2}$는 아주 작기 때문에, 제 1항은 제 2항과 비교하여 무시할 수 있다. 따라서 다음의 결과를 얻는다.

$$v \fallingdotseq e^{-\frac{a}{2}t}(C_1\omega_0\cos\omega_0 t - C_2\omega_0\sin\omega_0 t) \ (a \ll b) \tag{22}$$

지금부터, 이 감쇠 진동의 역학적 에너지 $E = K + U$를 공부해 보자.

$$E = K + U = \frac{1}{2}mv^2 + \frac{1}{2}kx^2 \tag{23}$$

(K:운동 에너지, U:위치 에너지)

(23)에 (21), (22)를 대입하면 다음과 같다.

$$\begin{aligned} E &= \frac{1}{2}me^{-at}\left(C_1\omega_0\cos\omega_0 t - C_2\omega_0\sin\omega_0 t\right)^2 + \frac{1}{2}ke^{-at}\left(C_1\sin\omega_0 t + C_2\cos\omega_0 t\right)^2 \\ &= \frac{1}{2}e^{-at}m\omega_0^2\left(C_1\cos\omega_0 t - C_2\sin\omega_0 t\right)^2 + \frac{1}{2}ke^{-at}\left(C_1\sin\omega_0 t + C_2\cos\omega_0 t\right)^2 \end{aligned}$$

여기서, $m\omega_0^2$은 $m\dfrac{k}{m}=k$ ($\because \omega_0^2 = \dfrac{k}{m}$)를 사용하면 다음과 같다.

$$E = \frac{1}{2}ke^{-at}\left\{\left(C_1\cos\omega_0 t - C_2\sin\omega_0 t\right)^2 + \left(C_1\sin\omega_0 t + C_2\cos\omega_0 t\right)^2\right\}$$

{ }안을 정리하면 다음과 같이 된다.

$$\begin{aligned} &C_1^2\cos^2\omega_0 t - 2C_1C_2\sin\omega_0 t\cos\omega_0 t + C_2^2\sin^2\omega_0 t \\ &\qquad + C_1^2\sin^2\omega_0 t + 2C_1C_2\sin\omega_0 t\cos\omega_0 t \\ &\qquad = C_1^2\left(\cos^2\omega_0 t + \sin^2\omega_0 t\right) + C_2^2\left(\sin^2\omega_0 t + \cos^2\omega_0 t\right) \\ &\qquad = C_1^2 + C_2^2 \end{aligned}$$

따라서 역학적 에너지 E는 다음과 같다.

$$\begin{aligned} E &= \frac{1}{2}k\left(C_1^2 + C_2^2\right)e^{-at} \quad (C_1^2 + C_2^2 = A^2(\text{상수})) \\ &= \frac{1}{2}kA^2e^{-at} \end{aligned}$$

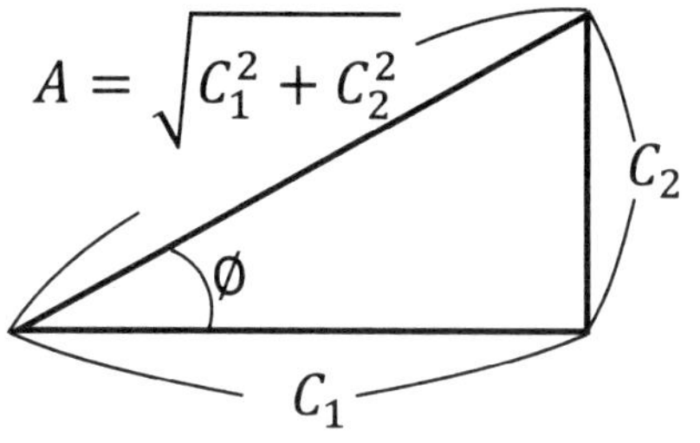

감쇠 진동의 경우 수평 용수철 진동자의 역학적 에너지 E가 시간 t의 경과에 따라 감소해 가는 것을 알았다. 그 감소해 가는 모습을 그림 1에 나타낸다.

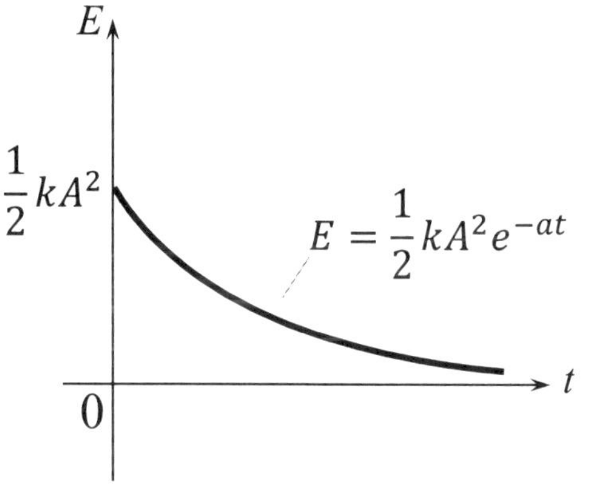

그림 1. 에너지의 소모

§ RLC 회로에서의 미흡 감쇠 진동

지금까지 설명해 온 감쇠 진동은 전기 회로에서도 일어날 수 있다. 그림 2에 나타낸 바와 같이 LC 회로에 저항 R(Ω)을 가한 폐회로를 RLC 회로라고 말한다. 이 회로에는 문자 그대로 저항이 존재하므로 저항력이 작용하는 수평 용수철 진자일 때와 마찬가지로 이 회로 콘덴서의 전하 Q는 감쇠 진동하는 것과 같다.

전기용량 C(F)의 콘덴서에 미리 $\pm Q_0$(C)의 전하가 주어져 있다고 하자. 이것과 자기 인덕턴스가 L(H)인 코일과 R(Ω)의 저항을 연결한 회로의 스위치를 시각 $t=0$일 때 닫는다고 하자. 이때 t초 후의 콘덴서에 저장되어 있는 전하를 $\pm Q(C)$라고 놓으면 이 회로에 흐르는 전류 I는 다음과 같다.

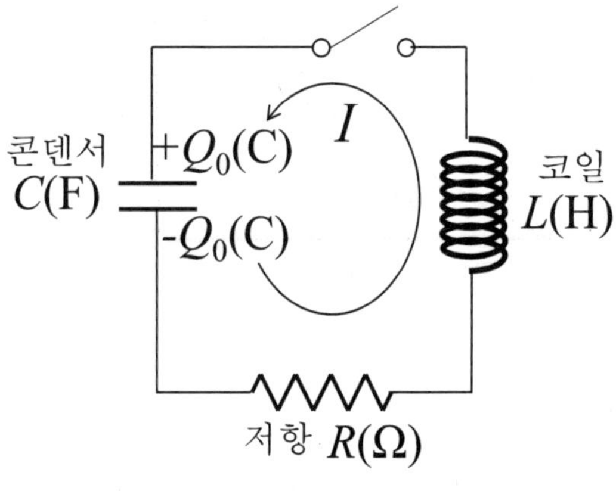

그림 2. RLC 회로

$$I = \frac{dQ}{dt} \tag{24}$$

이 RLC 회로에 대하여 (기전력)=(전압 강하)의 방정식을 세우면 LC 회로의 경우와 비교하여 우변에 저항에 대한 전압 강하 RI가 더해지기 때문에 다음과 같이 된다.

$$-L\frac{dI}{dt} = RI + \frac{Q}{C} \tag{25}$$

여기서 $-L\frac{dI}{dt}$:코일에 의한 역기전력, RI: 저항에 의한 전압 강하,

$\frac{Q}{C}$: 콘덴서에 의한 전압 강하이다.

(24)를 (25)에 대입하면 다음과 같다.

$$-L\frac{d}{dt}\left(\frac{dQ}{dt}\right) = R\frac{dQ}{dt} + \frac{Q}{C} \rightarrow L\ddot{Q} + R\dot{Q} + \frac{Q}{C} = 0$$

이 양변을 $L(>0)$로 나누면, Q의 미분방정식이 얻어진다.

$$\ddot{Q}+a\dot{Q}+bQ=0 \ (a,\ b\text{: 상수},\ a=\frac{R}{L},\ b=\frac{1}{LC}) \tag{26}$$

이 (26)은 수평 용수철 진자가 감쇠 진동할 때의 미분방정식과 완전히 같은 형태를 하고 있다. 따라서 특성 방정식 $\lambda^2+a\lambda+b=0$의 판별식 D가
$D=a^2-4b<0$일 때 λ는 허수해 $\lambda_1=-\alpha+\beta i$와 $\lambda_2=-\alpha-\beta i$ (α, β: 실 상수, $\alpha>0$)를 가지기 때문에, Q는 감쇠 진동의 방정식 $Q=e^{-\alpha t}\left(C_1\sin\beta t+C_2\cos\beta t\right)$로 나타낼 수 있다.

■ 연습 문제 2 　　◎ RLC 회로 ◎

아래 그림과 같이 전기 용량 C(F)의 콘덴서에 이미 $\pm\frac{1}{10}$(C)의 전하가 주어져 있다고 한다. 이것과 자기 인덕턴스가 L(H)인 코일과 R(Ω)의 저항을 연결한 회로의 스위치를 시각 $t=0$일 때에 닫는다고 하자. 이 때, 회로에 흐르는 전류 I(A)를 시각 t의 함수로서 구하라.

단, $\frac{R}{L}=1(1/\mathrm{s})$, $LC=\frac{4}{401}(\mathrm{s}^2)$라고 한다.

◇ 힌트

RLC 회로의 감쇠 진동의 문제에서 콘덴서의 전하를 Q라고 두면 Q는 미분방정식 $\ddot{Q}+\frac{R}{L}\dot{Q}+\frac{1}{LC}Q=0$을 만족한다. 초기 조건은 $Q(0)=\frac{1}{10}$, $\dot{Q}(0)=I(0)=0$으로부터 Q의 특이해를 구하고 $I=\frac{dQ}{dt}$로부터 전류 I를 구하라.

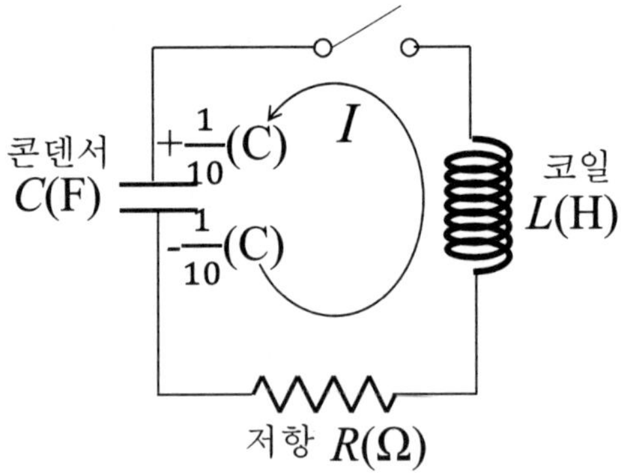

□ 해답 및 설명

콘덴서의 전하를 $Q(t)$라고 두면 이 RLC 회로를 흐르는 전류 I는 다음과 같다.

$$I=\frac{dQ}{dt} \tag{27}$$

이 RLC 회로에 대하여 (기전력)=(전압 강하)의 방정식을 세우면 다음과 같이 된다.

$$-L\frac{dI}{dt}=RI+\frac{Q}{C}\ \left(\frac{dI}{dt}=\frac{d}{dt}\left(\frac{dQ}{dt}\right)=\ddot{Q},\ I=\frac{dQ}{dt}=\dot{Q}\right) \tag{28}$$

$$\rightarrow\ \ddot{Q}+a\dot{Q}+bQ=0\ \left(a,\ b\text{: 상수},\ a=\frac{R}{L},\ b=\frac{1}{LC}\right) \tag{29}$$

여기서, $a=\frac{R}{L}=1(1/\mathrm{s})$, $b=\frac{1}{LC}=\frac{401}{4}$이 주어져 있기 때문에, 이것을 (29)에 대입하면 다음의 미분방정식이 된다.

$$\ddot{Q}+\left(1\times\dot{Q}\right)+\frac{401}{4}Q=0 \tag{30}$$

이것은 2계 상수 계수 선형 미분방정식이기 때문에, 이 해를 $Q=e^{\lambda t}$라고 두면, (30)으로부터 λ의 특성 방정식 $\lambda^2+\lambda+\frac{401}{4}=0$이 나온다. 여기서 λ를 구하면 다음과 같다.

$$\lambda=\frac{-1\pm\sqrt{1^2-\left(4\times1\times\frac{401}{4}\right)}}{2}=\frac{-1\pm\sqrt{-400}}{2}=\frac{-1\pm20i}{2}=-\frac{1}{2}\pm10i$$

따라서 $\lambda_1=-\frac{1}{2}+10i$, $\lambda_2=-\frac{1}{2}-10i$로부터 (30)의 일반해는 다음과 같다.

$$Q(t)=e^{-\frac{1}{2}t}\left(C_1\sin10t+C_2\cos10t\right)\ (C_1,\ C_2:\ 상수) \tag{31}$$

여기에서 초기 조건으로써 $t=0$일 때, $Q(0)=\frac{1}{10}$(처음 콘덴서의 전하), $I(0)=\dot{Q}(0)=0$ (처음에 전류는 흐르지 않는다)이다. 이것을 적용하기 위해서 (31)을 t로 미분하면 다음과 같다.

$$\begin{aligned}\dot{Q}(t)=I(t)=&-\frac{1}{2}e^{-\frac{1}{2}t}\left(C_1\sin10t+C_2\cos10t\right)\\&+e^{-\frac{1}{2}t}\left(10C_1\cos10t-10C_2\sin10t\right)\end{aligned} \tag{32}$$

따라서 초기 조건을 적용하면 다음과 같다.

$$Q(0)=e^0\left(C_1\sin0+C_2\cos0\right)=C_2=\frac{1}{10}$$

$$I(0)=-\frac{1}{2}\times1\times\left(0+C_2\times1\right)+1\times\left(10C_1\times1-0\right)=-\frac{1}{20}+10C_1=0$$

이상으로부터 $C_1 = \dfrac{1}{200}$, $C_2 = \dfrac{1}{10}$이 된다. 이것들을 (32)에 대입하면 이 RLC 회로에 흐르는 전류 $I(t)$는 다음 식과 같이 된다.

$$I(t) = -\frac{1}{2}e^{-\frac{1}{2}t}\left(\frac{1}{200}\sin 10t + \frac{1}{10}\cos 10t\right) + e^{-\frac{1}{2}t}\left(\frac{1}{20}\cos 10t - 1 \times \sin 10t\right)$$

$$= e^{-\frac{1}{2}t}\left(-\frac{1}{400} - 1\right)\sin 10t$$

$$= -\frac{401}{400}e^{-\frac{1}{2}t}\sin 10t \qquad \text{(답)}$$

2.2 강제 진동

감쇠 진동하고 있는 물체에 외부로부터 강제적으로 정현적인 힘이 가해지는 경우, 이 물체의 운동을 **"강제 진동"**이라고 한다. 이 강제 진동의 미분방정식과 그 해를 구하는 방법을 공부한다.

또, 이 외부에서 가하는 강제적인 힘의 각진동수가 특정 값일 때 급격히 진동이 커질 수 있다. 이 현상을 **"공명"** 또는 **"공진"**이라고 한다. 이 공명이 발생하고 있을 때, 진동하고 있는 계에 매우 큰 에너지가 흡수되게 된다. 이 공명에 대해서도 공부하자.

§ 강제 진동

속도에 비례하는 저항을 받으면서 감쇠 진동하고 있는 물체(진동자)에 대하여 외부로부터 강제적인 힘 $f_0 \cos \omega t$가 가해졌을 때, 이것을 **"강제 진동"(forced oscillation)**의 문제라고 한다. 이 운동 방정식은 감쇠 진동의 운동 방정식에 강제적으로 가해지는 힘의 항이 추가되므로 다음과 같다.

$$m\ddot{x} = -kx - B\dot{x} + f_0 \cos \omega t$$

여기서 $-kx$: 복원력, $-B\dot{x}$: 저항, $f_0\cos\omega t$: 외부로부터 가해진 진동하는 힘, f_0, ω: 상수.

이것을 변형하면 다음과 같다.

$$\ddot{x}+a\dot{x}+bx=\gamma\cos\omega t \tag{1}$$

단, $a=\dfrac{B}{m}$, $b=\dfrac{k}{m}(=\omega_0^2)$, $\gamma=\dfrac{f_0}{m}$

(1)의 일반해 x에 대해서는 (i) 먼저

$$\ddot{x}+a\dot{x}+bx=0 \tag{2}$$

의 일반해 $X=C_1e^{\lambda_1 t}+C_2e^{\lambda_2 t}$를 구하고, (ii) $\ddot{x}+a\dot{x}+bx=\gamma\cos\omega t$을 만족하는 특이해 x_0를 구한다.

이상 (i), (ii)로부터 (1)의 방정식의 일반해 x는 다음과 같다.

$$x=X+x_0=C_1e^{\lambda_1 t}+C_2e^{\lambda_2 t}+x_0 \tag{3}$$

실제로 (3)을 (1)의 좌변에 대입해 보면 다음과 같이 미분방정식을 만족하는 것을 알 수 있다.

$$\begin{aligned}((1)\text{의 좌변})&=\frac{d^2}{dt^2}(X+x_0)+a\frac{d}{dt}(X+x_0)+b(X+x_0)\\&=\ddot{X}+\ddot{x}_0+a(\dot{X}+\dot{x}_0)+b(X+x_0)\\&=\ddot{X}+a\dot{X}+bX+\ddot{x}_0+a\dot{x}_0+bx_0\\&=\gamma\cos\omega t=((1)\text{의 우변})\end{aligned}$$

여기서 $\ddot{X}+a\dot{X}+bX=0(\because X$는 $\ddot{x}+a\dot{x}+bx=0$의 해)이고 $\ddot{x}_0+a\dot{x}_0+bx_0=\gamma\cos\omega t(\because x_0$는 $\ddot{x}+a\dot{x}+bx=\gamma\cos\omega t$의 해)이기 때문이다. 여기에서, $\ddot{x}+a\dot{x}+bx=0$의 일반해 X에 대해서는, 이 특성 방정식의 판별식에 의해 (i) 미흡 감쇠, (ii) 지나친 감쇠, (iii) 임계 감쇠가 된다. 그리고 그것들의 각각의 해를 구하는 방법에 대해서도 이미 설명하였다. 따라서 구해야 되는 것은 (1)의 특이해 x_0이다.

특이해 x_0는 미지수 δ와 ψ를 사용하여 다음과 같은 시험해를 생각할 수 있다.

$$x_0=\delta\cos(\omega t-\phi) \tag{4}$$

이것은 (2)의 해 X는 2.1 절의 그래프에 나타나는 것처럼 $t\to\infty$일 때 모든 경우 $X\to 0$으로 수렴하기 때문에 (1)의 해는 외부에서 가해지는 각진동수 ω의 강제 진동에 의한 단진동만이 남는다고 생각된다. 따라서 (4)를 t로 순차 2계 미분하면 $\dot{x}_0=-\delta\omega\sin(\omega t-\phi)$, $\ddot{x}_0=-\delta\omega^2\cos(\omega t-\phi)$가 된다. 이것들을 (1)에 대입하여, δ와 ψ의 값을 결정해 보자.

$$-\delta\omega^2\cos(\omega t-\phi)-a\delta\omega\sin(\omega t-\phi)+b\delta\cos(\omega t-\delta)=\gamma\cos\omega t$$

$$(\text{여기서, } -\delta\omega^2\cos(\omega t-\phi)=\ddot{x}_0,\ -a\delta\omega\sin(\omega t-\phi)=a\dot{x}_0,\ b\delta\cos(\omega t-\delta)=bx_0)$$

$$\to\ \delta\{(b-\omega^2)\cos(\omega t-\phi)-a\omega\sin(\omega t-\phi)\}=\gamma\cos\omega t \tag{5}$$

여기에서 아래 그림과 같이 삼각함수의 합성을 사용하여 $\cos\psi$와 $\sin\psi$를 정한다.

$$l=\sqrt{(b-\omega^2)^2+(a\omega)^2},\ \tan\psi=\frac{a\omega}{b-\omega^2} \tag{6}$$

로 두면, $\cos\psi=\dfrac{b-\omega^2}{l}$, $\sin\psi=\dfrac{a\omega}{l}$이 된다.

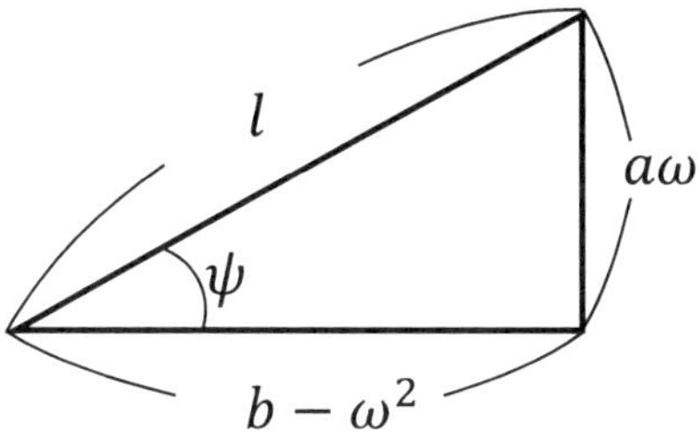

따라서 (5)식의 좌변은 삼각함수의 합성에 의하여 다음과 같이 변형된다.

$$\delta l\left\{\frac{b-\omega^2}{l}\cos(\omega t-\phi)-\frac{a\omega}{l}\sin(\omega t-\phi)\right\}=\gamma\cos\omega t$$

$$\rightarrow\ \delta l\{\cos(\omega t-\phi)\cos\psi-\sin(\omega t-\phi)\sin\psi\}=\gamma\cos\omega t$$

$$\rightarrow\ \delta l\cos(\omega t-\phi+\psi)=\gamma\cos\omega t$$

위 두 식에는 가법 정리$\cos\alpha\cos\beta-\sin\alpha\sin\beta=\cos(\alpha+\beta)$를 적용하였다.
양변을 비교하여

$$\delta l=\gamma \tag{7}$$

이고

$$\omega t-\phi+\psi=\omega t+2n\pi\ (n\text{: 상수}) \tag{8}$$

이다. (8)로부터 다음과 같이 ϕ가 구해진다.

$$\phi=\psi-2n\pi\ \ \therefore \tan\phi=\tan(\psi-2n\pi)=\tan\psi=\frac{a\omega}{b-\omega^2}\ \ (\because(6)) \tag{9}$$

이상 (7), (9)로부터 미지수 δ와 ϕ는 $\delta=\frac{\gamma}{l}$, $\phi=\tan^{-1}\left(\frac{a\omega}{b-\omega^2}\right)$이다.

이와 같이 δ와 ϕ의 값을 취하면, 강제 진동의 미분방정식 $\ddot{x}+a\dot{x}+bx=\gamma\cos\omega t$의 일반해 x는 $x=C_1e^{\lambda_1 t}+C_2e^{\lambda_2 t}+\delta\cos(\omega t-\phi)$가 된다. 여기서, $C_1e^{\lambda_1 t}+C_2e^{\lambda_2 t}=X$((2)의 일반해), $\delta\cos(\omega t-\phi)=x_0$((1)의 특이해)이다.

그러면 강제 진동의 예제를 풀어 보도록 하자.

예제 10. 저항과 강제력이 작용하는 수평 용수철 진자의 미분방정식이 다음과 같이 주어져 있다.

$$\ddot{x}+\frac{1}{\sqrt{3}}\dot{x}+10x=5\cos 3t \tag{10}$$

충분한 시간이 경과한 후, 이 강제 진동의 변위 x의 방정식이 $x=\delta\cos(3t-\phi)$로 나타난다고 하자. δ와 ϕ의 값을 구하라.

해답: 속도에 비례하는 저항과 각진동수 ω의 강제 진동이 작용하는 수평 용수철 진자의 일반 미분방정식은 다음과 같이 주어진다.

$$\ddot{x}+a\dot{x}+bx=\gamma\cos\omega t \tag{11}$$

단, $a=\dfrac{B}{m}(1/\mathrm{s})$, $b=\dfrac{k}{m}(1/\mathrm{s}^2)$, $\gamma=\dfrac{f_0}{m}(\mathrm{m/s^2})$

따라서 (10)과 (11)을 비교하면, $a=\dfrac{1}{\sqrt{3}}$, $b=10$, $\gamma=5$, $\omega=3$이다.

(10)의 미분방정식의 일반해 x는 다음과 같다.

$$x=X+x_0=C_1e^{\lambda_1 t}+C_2e^{\lambda_2 t}+\delta\cos(\omega t-\phi)$$

여기서 $\delta = \frac{\gamma}{l}$ 이고, $C_1 e^{\lambda_1 t} + C_2 e^{\lambda_2 t}$ 는 $\ddot{x} + a\dot{x} + bx = 0$ 의 일반해로 t 가 충분히 큰 경우, 거의 0이 된다. 또한 $\delta\cos(\omega t - \phi)$ 는 강제 진동의 항이다. 여기에서, $t \gg 0$ 일 때, $C_1 e^{\lambda_1 t} + C_2 e^{\lambda_2 t}$ 는 0에 수렴하므로 이 때 x 는 근사적으로 다음과 같이 나타난다.

$$x = \delta\cos(3t - \phi) \tag{12}$$

여기에서, $\delta = \frac{\gamma}{l}$, $\tan\phi = \frac{a\omega}{b - \omega^2}$ 로부터 다음 그림에 나타낸 것과 같이 직각 삼각형을 생각하면 다음과 같다.

$$a\omega = \frac{1}{\sqrt{3}} \times 3 = \sqrt{3}$$

$$b - \omega^2 = 10 - 3^2 = 1$$

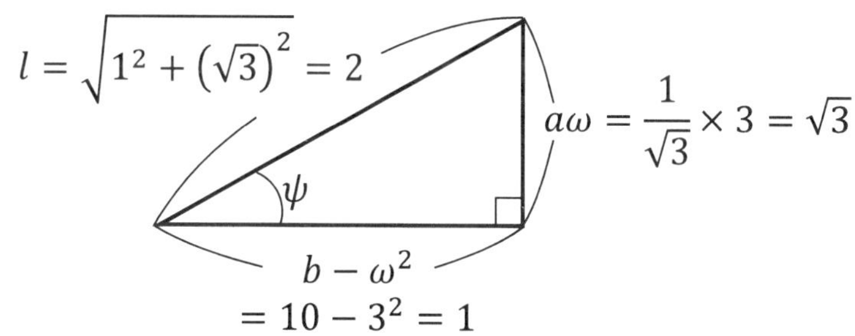

따라서 이 빗변의 길이 l 은 $l = \sqrt{1^2 + (\sqrt{3})^2} = \sqrt{4} = 2$ 이고 $\delta = \frac{\gamma}{l} = \frac{5}{2}$,

$\tan\phi = \frac{\sqrt{3}}{1} = \sqrt{3}$ 으로부터, $\phi = \frac{\pi}{3}$ 이다.

이상으로부터 시각 t 가 충분히 경과한 후의 강제 진동 방정식은 이들을 (12)

에 대입해서 $x=\frac{5}{2}\cos\left(3t-\frac{\pi}{3}\right)$로 나타나는 것을 알 수 있다.

§ 공진(공명)의 조건

강제 진동의 미분방정식

$$\ddot{x}+a\dot{x}+bx=\gamma\cos\omega t \text{ (단, } a=\frac{B}{m},\ b=\frac{k}{m},\ \gamma=\frac{f_0}{m}) \tag{13}$$

의 특이해에 대하여 공부해 보자.

$$x_0=\delta\cos(\omega t-\phi) \tag{14}$$

단, $\delta=\frac{\gamma}{l}$, $\tan\phi=\frac{a\omega}{b-\omega^2}$, δ는 진폭, ϕ는 초기 위상, $\gamma\left(=\frac{f_0}{m}\right)$는 상수

$\delta=\frac{\gamma}{l}=\frac{\gamma}{\sqrt{(b-\omega^2)^2+(a\omega)^2}}=\frac{\gamma}{\sqrt{\omega^4+(a^2-2b)\omega^2+b^2}}$로부터

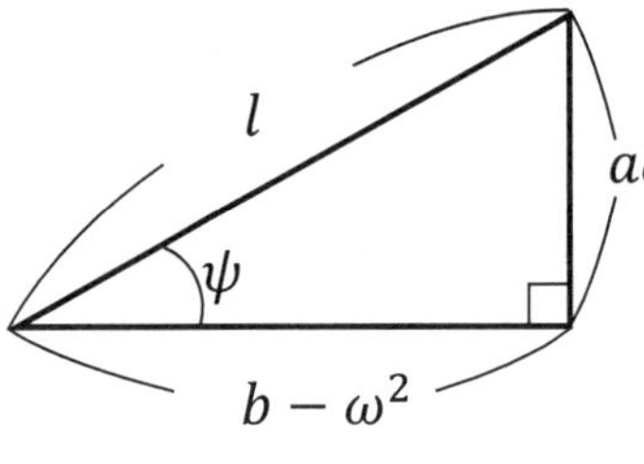

분모의 $\sqrt{\ }$ 안을 ω의 함수 $g(\omega)$로 두면, 이것이 최소일 때 진폭 δ는 최대가 됨을 알 수 있다. 이 $g(\omega)=\omega^4+(a^2-2b)\omega^2+b^2$은 ω의 4차 함수이므로, 이것을 ω로 미분하여 0이 될 때 $g(\omega)$는 최소가 된다.

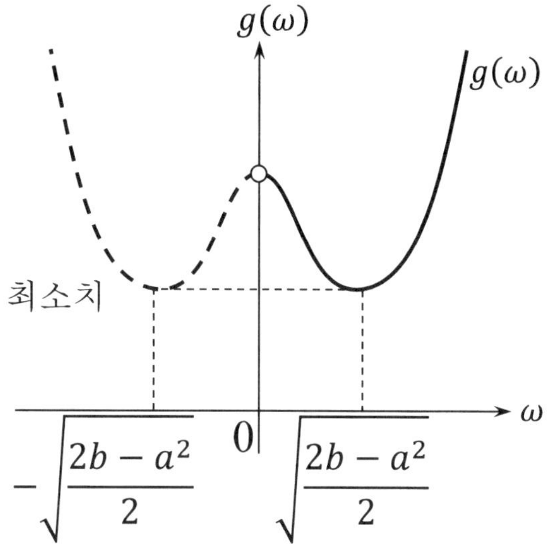

$$g'(\omega) = 4\omega^3 + 2(a^2 - 2b)\omega = 0$$
$$\rightarrow \ \omega\{4\omega^2 + 2(a^2 - 2b)\} = 0$$

$$\therefore \omega = \sqrt{\frac{2b-a^2}{2}} = \sqrt{b - \frac{a^2}{2}} = \sqrt{\frac{k}{m} - \frac{B^2}{2m^2}} \quad \left(b = \frac{k}{m},\ a = \frac{B}{m}\right) \tag{15}$$

이때 $g(\omega)$는 최소가 되기 때문에 진폭 δ는 최대가 된다. 여기에서, 저항이 충분히 작을 경우 $B \fallingdotseq 0$이고, 또한 $\dfrac{k}{m} = \omega_0^2$ (ω_0: 원래의 단진동의 각진동수) 이다. 따라서 이 경우, (15)로부터 $\omega \fallingdotseq \sqrt{\omega_0^2 - 0} = \omega_0$일 때, 즉 강제 진동의 각진동수 ω가 원래 저항이 없는 단진동의 각진동수 ω_0에 가까워질수록 진폭 δ가 커지는 것을 알 수 있다.

이와 같이 강제 진동이 가해진 경우 진폭이 최대가 되는 현상을 **"공명"** 또는 **"공진"**(resonance)이라고 한다.

§ 공명 상태에서 에너지의 흡수율

강제 조화 진동에서는 시간 t가 충분히 클 경우 일반해 X는 0에 가까워지기 때문에 그 방정식은 특이해 $x_0 = \delta\cos(\omega t - \phi)$만으로 나타낼 수 있다. 이것을 변형하여 다음과 같이 나타낼 수 있다.

$$x = x_0 = \delta\cos(\omega t - \phi) \ (t \gg 0)$$
$$= \delta(\cos\omega t\cos\phi + \sin\omega t\sin\phi)$$
$$\left(\delta = \frac{\gamma}{l} = \frac{f_0}{ml},\ \cos\phi = \frac{b-\omega^2}{l},\ \sin\phi = \frac{a\omega}{l}\right)$$
$$= \frac{f_0(b-\omega^2)}{ml^2}\cos\omega t + \frac{f_0 a\omega}{ml^2}\sin\omega t$$

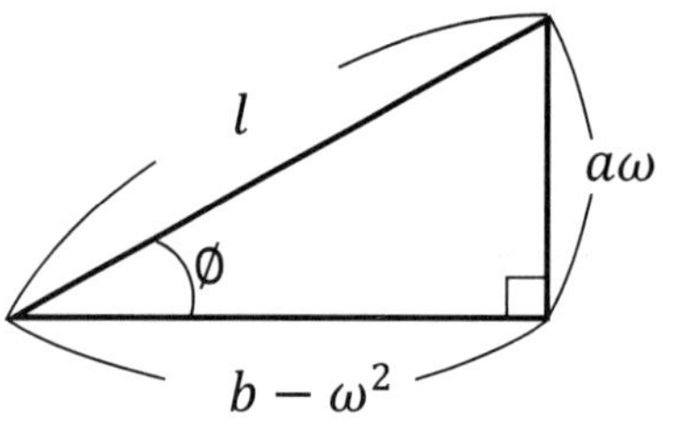

$$\therefore x = C_1'\cos\omega t + C_2'\sin\omega t \tag{16}$$

단, $C_1' = \dfrac{f_0(b-\omega^2)}{ml^2}$, $C_2' = \dfrac{f_0 a\omega}{ml^2}$

여기에서 이 강제 진동계가 1 주기 T 사이에 흡수하는 에너지를 모두 합하고 T로 나누어 평균 $P(\omega)$로 나타내면, $P(\omega)$는 다음과 같이 나타낸다.

$$P(\omega) = \frac{1}{T}\int_0^T f_0\cos\omega t\frac{dx}{dt}dt \tag{17}$$

(17)은 계에 가해지는 외력 $f_0\cos\omega t$ 와 속도 $\frac{dx}{dt}$ 를 곱한 일율 $f_0\cos\omega t\frac{dx}{dt}dt$ 을1 주기 T에 대해서 평균을 취한 것이다. 즉 계가 흡수하는 에너지(Joule)를 계산하고, 그것을 다시 주기 T로 나누고 있으므로 이것은 T(s)사이에 계가 흡수하는 평균 에너지 비율(또는 외력이 계에 미치는 일률)을 나타내고 있다. 따라서, $P(\omega)$의 단위는 (J/s), 즉 (W(와트))가 된다.

그리고 $\omega=\omega_0\left(=\sqrt{\frac{k}{m}}\right)$ (ω_0는 이 진동계의 "고유 각진동수"라고 한다)일 때, $P(\omega)$가 최대값을 가진다.
공명할 때에 계의 에너지 흡수율이 최대가 되는 것도 나타내자.

$$x=C_1'\cos\omega t+C_2'\sin\omega t \tag{16}$$

를 t로 미분하면 다음과 같다.

$$\dot{x}=-C_1'\omega\sin\omega t+C_2'\omega\cos\omega t \tag{18}$$

이것을 (17)에 대입하면 다음과 같다.

$$P(\omega)=\frac{f_0}{T}\int_0^T\cos\omega t\left(-C_1'\omega\sin\omega t+C_2'\omega\cos\omega t\right)dt$$

$$=\frac{f_0}{T}\left(-C_1'\omega\int_0^T\sin\omega t\cos\omega t dt+C_2'\omega\int_0^T\cos^2\omega t dt\right)$$

여기서, $\sin\omega t\cos\omega t=\frac{1}{2}\sin2\omega t$, $\cos^2\omega t=\frac{1}{2}(1+\cos2\omega t)$

$$P(\omega)=\frac{f_0}{T}\left\{-\frac{C_1'\omega}{2}\int_0^T\sin2\omega t dt+\frac{C_2'\omega}{2}\int_0^T(1+\cos2\omega t)dt\right\}$$

여기서, $\int_0^T \sin 2\omega t dt = -\frac{1}{2\omega}[\cos 2\omega t]_0^T$

$$= -\frac{1}{2\omega}(\cos 2\omega T - \cos 0) \leftarrow (2\omega T = 4\pi\ (\because \omega T = 2\pi))$$

$$= -\frac{1}{2\omega}(1-1) = 0$$

$$\int_0^T (1+\cos 2\omega t)dt = \left[t + \frac{1}{2\omega}\sin 2\omega t\right]_0^T$$

$$= T + \frac{1}{2\omega}\sin 2\omega T \leftarrow (\sin 2\omega T = \sin 4\pi = 0)$$

$$\therefore P(\omega) = \frac{f_0}{T} \times \frac{C_2' \omega}{2} \times T = \frac{f_0 \omega}{2} C_2' \tag{19}$$

앞의 그림에서 $C_2' = \frac{f_0 a\omega}{ml^2} = \frac{f_0 a\omega}{m} \times \frac{1}{(b-\omega^2)^2 + a^2\omega^2}$ 이며, 이것을 (19)에 대입하면 다음과 같다.

$$P(\omega) = \frac{f_0^2 a}{2m} \times \frac{\omega^2}{(\omega_0^2 - \omega^2)^2 + a^2\omega^2}\ (\mathrm{W}) \tag{20}$$

$P(\omega)$는 1 주기 T사이에 진동계가 흡수하는 평균 에너지 비율이기 때문에, 이 계가 T(s)사이에 흡수하는 에너지는 $TP(\omega)$(J)이다. 예를 들면, $5T$(s)사이에 흡수하는 에너지는 $5TP(\omega)$(J)가 된다.

그러면 $P(\omega)$가 $\omega = \omega_0$일 때 최대가 되는 것을 나타내 보자. (20)의 상수 계수 $\frac{f_0^2 a}{2m}$를 제외한 $\frac{\omega^2}{(\omega^2 - \omega_0^2)^2 + a^2\omega^2}$에 대하여 $\omega^2 = x(>0)$로 두어 다음과 같이 변형한다.

$$g(x) = \frac{x}{\left(x - \omega_0^2\right)^2 + a^2 x} \quad (x > 0)$$

$g(x)$를 x로 미분하여

$$g'(x) = \frac{1\left\{\left(x - \omega_0^2\right)^2 + a^2 x\right\} - x\left\{2\left(x - \omega_0^2\right) + a^2\right\}}{\left\{\left(x - \omega_0^2\right)^2 + a^2 x\right\}^2}$$

$$= \frac{\left(x - \omega_0^2\right)^2 - 2x\left(x - \omega_0^2\right)}{\left\{\left(x - \omega_0^2\right)^2 + a^2 x\right\}^2}$$

$$= -\left(x - \omega_0^2\right)\frac{x + \omega_0^2}{\left\{\left(x - \omega_0^2\right)^2 + a^2 x\right\}^2}$$

따라서 $g'(x) = 0$이 되기 위해서, $x = \omega_0^2$이 되어야 하므로, $\omega = \omega_0$일 때, $P(\omega)$는 최대가 되고, (20)으로부터 최대값 $P(\omega_0) = \dfrac{f_0^2 a}{2m} g(\omega_0) = \dfrac{f_0^2}{2ma}$ 이 된다.

$P(\omega)$의 대체적인 형태를 그림 1에 나타낸다. $a = \dfrac{B}{m}$이고, 저항을 나타내는 비례 상수 B가 $B \fallingdotseq 0$ 일 때, $a \fallingdotseq 0$이 되어 이 최대값 $P(\omega_0) = \dfrac{f_0^2}{2ma}$은 아주 큰 값이 된다. 그러나 이와 같이 계에 흡수된 에너지는 저항에 의하여 열로 변하는 것도 염두에 두자.

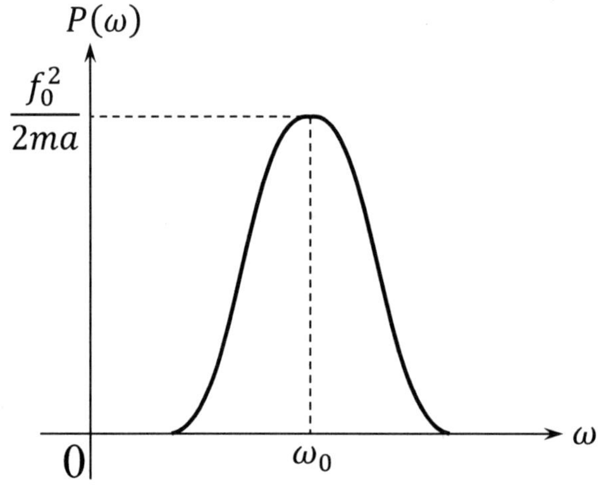

그림 1. 강제 진동계의 에너지 흡수율 $P(\omega)$

예제 11. 질량 $m=0.1\,(kg)$의 추 P가 달려 있는 수평 용수철 진자에 저항과 강제 진동이 같이 작용하고 있다. 변위 x가 다음의 미분방정식으로 나타나고 이 진동계는 공명하고 있는 것으로 한다. 이때, 다음의 질문에 답 하시오.

$$\ddot{x}+\frac{1}{4}\dot{x}+10x=5\cos\omega t \tag{21}$$

(1) 강제 진동의 각진동수 ω의 값을 구하고, 최대가 된 에너지 흡수율 $P(\omega)$를 구하라.
(2) 시각 t가 $t \gg 0$일 때, 변위 x는 $x=\delta\cos(\omega t-\phi)$로 표현된다. 이때 δ와 ϕ의 값을 구하고, 이 강제 진동의 식을 완성시켜라.

해답: 저항과 강제 진동이 함께 작용하는 수평 용수철 진자의 일반 미분 방정식은 다음과 같이 표현된다.

$$\ddot{x}+a\dot{x}+bx=\gamma\cos\omega t \tag{22}$$

단, $a=\frac{B}{m},\ b=\frac{k}{m}=\omega_0^2,\ \gamma=\frac{f_0}{m},\ m=\frac{1}{10}$ (kg)

(21)과 (22)의 각 계수를 비교하여 $a=\frac{1}{4}$, $b=\omega_0^2=10$, $\gamma=5$로부터, 이 진동계의 고유 각진동수 ω_0은 $\omega_0=\sqrt{10}\,(\mathrm{rad/s})$이고, $f_0=\gamma\times m=5\times 0.1=\frac{1}{2}\,(\mathrm{N})$이다.

(1) $a=\frac{B}{m}=\frac{1}{4}$은, $b=\frac{k}{m}=\omega_0^2=10$과 비교하여 충분히 작다고 할 수 있기 때문에 이 진동계에 공명이 생기는 것은 강제 진동의 각진동수 ω가 고유 진동수 $\omega_0=\sqrt{10}$과 일치할 때이기 때문에 $\omega=\omega_0=\sqrt{10}$이 된다.

이때 이 진동계의 에너지 흡수율 $P(\omega)$는 최대값 $P(\omega_0)=\frac{f_0^2}{2ma}$을 취한다.

$$\therefore \text{ 최대값 } P(\omega_0)=\frac{f_0^2}{2ma}=\frac{\left(\frac{1}{2}\right)^2}{2\times\frac{1}{10}\times\frac{1}{4}}=\frac{\frac{1}{4}}{\frac{1}{20}}=\frac{20}{4}=5(\mathrm{W})\text{이다.}$$

(2) $t\gg 0$일 때, 이 강제 진동의 변위 x는 다음 식으로 나타낸다.

$$x=\delta\cos(\omega t-\phi) \tag{23}$$

단, $\delta=\frac{\gamma}{l}$, $\tan\phi=\frac{a\omega}{b-\omega^2}$이고, $\omega\to\omega_0$일 때, $l\to a\omega_0$, $\phi\to\frac{\pi}{2}$가 된다. 따라서 $\delta=\frac{5}{\frac{1}{4}\times\sqrt{10}}=\frac{20}{\sqrt{10}}=2\sqrt{10}$이고, $\phi=\frac{\pi}{2}$이다.

이상을 (23)에 대입하면 변위 x의 방정식은 다음과 같다.

$$x=\delta\cos(\omega t-\phi)=2\sqrt{10}\cos\left(\sqrt{10}\,t-\frac{\pi}{2}\right)$$

$$\therefore x=2\sqrt{10}\sin\sqrt{10}\,t$$

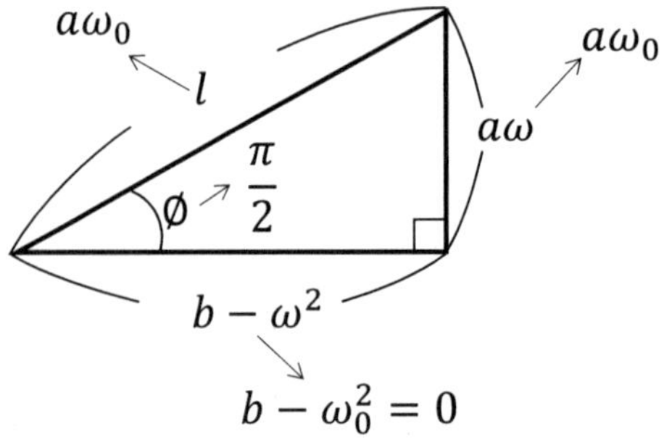

이 강제 진동과 공명(또는 공진) 현상은 역학뿐만 아니라 다양한 분야에서도 중요한 의미를 갖는다. 앞의 강의에서는 감쇠 진동의 전기 회로로서 RLC 회로에 대해 설명했지만, 이것에 교류 전원을 연결함으로써 강제 진동 회로를 만들 수 있다. 그리고 이 계에 대해서도 지금까지 설명한 수평 용수철 진자 강제 진동계 미분방정식과 같은 미분방정식이 도출된다. 이와 같이, 전혀 다른 분야에서도 같은 현상을 다룰 때, 똑같은 형식의 미분방정식이 나타나곤 한다.

§ 강제 진동의 RLC 회로

저항 R, 코일 L과 콘덴서 C를 직렬로 연결하고 교류 전원에 접속하여 폐회로를 만들면, 이것은 강제 진동의 전기회로가 된다. 이 회로에 흐르는 전류 $I(t)$가 나타내는 미분방정식을 다음 예제로 풀어 보자.

예제 12. 그림과 같이 자기 인덕턴스 $L(H)$의 코일과 전기용량 $C(F)$의 충전되지 않은 콘덴서와 저항을 직렬로 연결하고 이것에 기전력 $V=V_0\cos\omega t(V)$의 교류 전원을 접속하여 폐회로를 만든다. 시각 $t=0$일 때 스위치를 닫는 순간 이 회로에 흐르는 전류 $I(A)$가 만족하는 미분방정식을 구하라.

해답: 2.1 절에서 설명한 RLC 회로(미흡 감쇠 진동의 회로)에 대하여, (기전력)=(전압강하)를 기초로

$$-L\frac{dI}{dt} = RI + \frac{Q}{C} \tag{24}$$

를 도출하였다. 여기서 $-L\frac{dI}{dt}$는 코일에 의한 역기전력, RI는 저항에 의한 전압 강하, $\frac{Q}{C}$는 콘덴서에 의한 전압 강하이다.

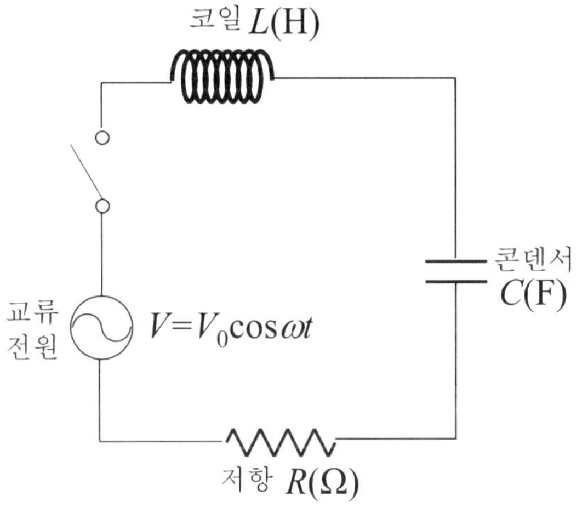

이 회로에서는 교류 기전력 $V_0\cos\omega t$(V)가, (24)의 기전력으로 새롭게 더해진다. 따라서

$$V_0\cos\omega t - L\frac{dI}{dt} = RI + \frac{Q}{C} \tag{25}$$

(25)를 변형하면 다음과 같다.

$$L\frac{dI}{dt} + RI + \frac{1}{C}Q = V_0\cos\omega t \tag{26}$$

여기에서 $I=\dfrac{dQ}{dt}$를 (26)에 대입하여, $L\ddot{Q}+R\dot{Q}+\dfrac{1}{C}Q=V_0\cos\omega t$ 로 전하 Q의 미분방정식을 만들 수도 있지만, 이번 예제에서는 전류 I의 미분방정식을 도출해야 하므로, (26)의 양변을 시각 t로 미분하면 다음과 같다.

$$L\ddot{I}+R\dot{I}+\frac{1}{C}I=-V_0\omega\sin\omega t \tag{27}$$

여기서 $I=\dot{Q}=\dfrac{dQ}{dt}$이다.

이 양변을 $L(>0)$로 나누어서 $\dfrac{R}{L}=a,\ \dfrac{1}{LC}=b,\ \dfrac{V_0\omega}{L}=\gamma$로 두면, 다음과 같이 이 회로에 흐르는 전류 I의 미분방정식이 나온다.

$$\ddot{I}+a\dot{I}+bI=-\gamma\sin\omega t \tag{28}$$

이 (28)은 앞에서 나타낸 저항과 강제 진동이 작용하는 수평 용수철 진자의 미분방정식 $\ddot{x}+a\dot{x}+bx=\gamma\cos\omega t$와 같은 형태이다. 그러면 (28)의 미분방정식의 일반해를 구해보자.

$$\ddot{I}+a\dot{I}+bI=-\gamma\sin\omega t$$

여기서 $a=\dfrac{R}{L}$, $b=\dfrac{1}{LC}=\omega_0^2$, $\gamma=\dfrac{V_0\omega}{L}$이고, $\omega_0=\dfrac{1}{\sqrt{LC}}$은 이 진동계의 고유 각진동수이다.

(i) 먼저 다음 방정식의 일반해 $\hat{I}=C_1e^{\lambda_1 t}+C_2e^{\lambda_2 t}$를 구한다.

$$\ddot{I}+a\dot{I}+bI=0 \tag{29}$$

(ii) 다음으로 (28)의 특이해 i_0을 구하면 된다. 그러나 이 회로의 경우 (27)

$L\ddot{I}+R\dot{I}+\frac{1}{C}I=-V_0\omega\sin\omega t$의 특이해 i_0을 구하는 것이 편리하다.

이상 (i), (ii) 로부터 (28)(혹은 (27))의 미분방정식의 일반해 I는 다음과 같다.

$$I=\hat{I}+i_0=C_1e^{\lambda_1 t}+C_2e^{\lambda_2 t}+i_0 \tag{30}$$

제차 방정식 (29)의 일반해는 미흡 감쇠, 지나친 감쇠, 임계 감쇠 중 하나이지만, 모두 시각 t의 경과와 함께 0에 가까워지므로 t가 상당히 클 때, 즉 $t\gg 0$일 때, 회로를 흐르는 전류 I는 $I=i_0$으로 나타나게 된다. 여기서 $L\ddot{I}+R\dot{I}+\frac{1}{C}I=-V_0\omega\sin\omega t$의 특이해 i_0은 2개의 상수 I_0와 ϕ를 이용하여

$$i_0=I_0\cos(\omega t-\phi)\ \ (I_0,\ \phi\text{: 미정 상수}) \tag{31}$$

로 둘 수 있다. (31)을 t로 순차 2계 미분하면 다음과 같다.

$$\dot{i}_0=-I_0\omega\sin(\omega t-\phi) \tag{32}$$

$$\ddot{i}_0=-I_0\omega^2\cos(\omega t-\phi) \tag{33}$$

이 (33), (32), (31)을 (27)에 대입하여 정리하면 다음과 같다.

$$-LI_0\omega^2\cos(\omega t-\phi)-RI_0\omega\sin(\omega t-\phi)+\frac{1}{C}I_0\cos(\omega t-\phi)=-V_0\omega\sin\omega t$$

$$\to\ I_0\left\{R\sin(\omega t-\phi)+\left(L\omega-\frac{1}{C\omega}\right)\cos(\omega t-\phi)\right\}=V_0\sin\omega t \tag{34}$$

여기서 그림에 나타내듯이 R과 $L\omega-\frac{1}{C\omega}$을 2변으로 하는 직각 삼각형을 생각하여

이 빗변의 길이를 l로 두면

$$l = \sqrt{R^2 + \left(L\omega - \frac{1}{C\omega}\right)^2} \tag{35}$$

가 된다. 또한,

$$\tan\psi = \frac{L\omega - \frac{1}{C\omega}}{R} \tag{36}$$

이 되도록 각 ψ를 취한다.

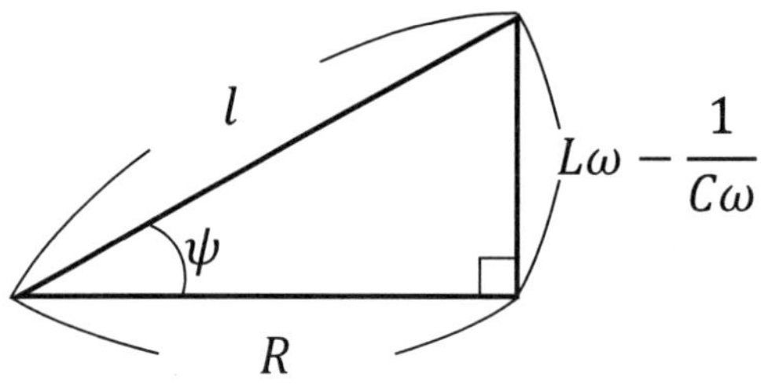

이상에서 (34)의 좌변에서 l을 묶어내어 삼각함수의 합성 공식을 이용하기 위해 변형하면 다음과 같다.

$$I_0 l \left\{ \frac{R}{l}\sin(\omega t - \phi) + \frac{L\omega - \frac{1}{C\omega}}{l}\cos(\omega t - \phi) \right\} = V_0 \sin\omega t$$

$$\rightarrow\ I_0 l \sin(\omega t - \phi + \psi) = V_0 \sin\omega t$$

여기서 $\dfrac{R}{l} = \cos\psi,\ \dfrac{L\omega - \frac{1}{C\omega}}{l} = \sin\psi$이다.

이상으로부터

$$I_0 l = V_0 \tag{37}$$

$$\omega t - \phi + \psi = \omega t + 2n\pi \ (n\text{: 상수}) \tag{38}$$

가 나온다. 따라서 (37)로부터

$$I_0 = \frac{V_0}{l} = \frac{V_0}{\sqrt{R^2 + \left(L\omega - \frac{1}{C\omega}\right)^2}}$$

(38)로부터 다음이 구해진다.

$$\phi = \psi - 2n\pi$$

여기서 $\tan\phi = \tan(\psi - 2n\pi) = \tan\psi = \dfrac{L\omega - \frac{1}{C\omega}}{R}$ 이다.

따라서 (30)식의 전류는 충분한 시간이 경과한 후, (31)로부터

$$I(t) = \frac{V_0}{l}\cos(\omega t - \phi)$$

이 된다. 단, $l = \sqrt{R^2 + \left(L\omega - \frac{1}{C\omega}\right)^2}$, $\phi = \tan^{-1}\left(\dfrac{L\omega - \frac{1}{C\omega}}{R}\right)$.

여기에서, $l = \sqrt{R^2 + \left(L\omega - \frac{1}{C\omega}\right)^2}$ 은 교류의 저항을 일반화한 것으로 **"임피던스"**, 혹은 **"교류 저항"**이라고 부른다는 것을 기억해 두자. 여기서

$L\omega-\dfrac{1}{C\omega}=0$, 즉 $\omega=\dfrac{1}{\sqrt{LC}}$ ($=\omega_0$(계의 고유 각진동수))일 때, 임피던스 l은 최소가 되기 때문에, 전류 I의 진폭이 최대로 된다. 다시 말해서 이 전기 회로에 있어서도 역학적인 진동일 때와 마찬가지로 공명(또는 공진)이 생기는 것을 알 수 있다.

■ 연습 문제 3　　◎ 강제 진동 ◎

질량 $m=0.2$(kg)인 추가 달려 있는 수평 용수철에 저항과 강제 진동이 함께 작용하는 경우, 추의 변위를 x로 둔다. 이 변위 x가 다음의 미분방정식을 만족할 때 일반해를 구하라.

$$\ddot{x}+\frac{1}{2}\dot{x}+\frac{1025}{16}x=4\cos\frac{25}{4}t \tag{39}$$

◇ 힌트

먼저 (39)의 제차 방정식의 일반해 $X=e^{-at}(C_1\sin\beta t+C_2\cos\beta t)$을 구하고, 그 후에 (39)(비제차 방정식)의 특이해 $x_0=\delta\cos(\omega t-\phi)$를 구한다. 일반해 x는 $x=X+x_0$가 된다.

□ 해답 및 설명

(i) (39)의 제차 방정식

$$\ddot{x}+\frac{1}{2}\dot{x}+\frac{1025}{16}x=0 \tag{40}$$

은 상수 계수의 2계 선형 미분방정식임으로, 이 기본해는 $x=e^{\lambda t}$ (λ: 상수)로 생각되어진다. 여기서, $\dot{x}$과 $\ddot{x}$을 구하면, $\dot{x}=e^{\lambda t}$, $\ddot{x}=\lambda^2 e^{\lambda t}$가 된다. 이것들을 (40)에 대입하면 다음과 같다.

$$\lambda^2 e^{\lambda t}+\frac{1}{2}\lambda e^{\lambda t}+\frac{1025}{16}e^{\lambda t}=0 \rightarrow \left(\lambda^2+\frac{1}{2}\lambda+\frac{1025}{16}\right)e^{\lambda t}=0$$

이 양변을 $e^{\lambda t}(\neq 0)$로 나누면, (40)의 특성 방정식이 구해진다.

$$\lambda^2+\frac{1}{2}\lambda+\frac{1025}{16}=0 \tag{41}$$

여기서 판별식 $D=\left(\frac{1}{2}\right)^2-\left(4\times\frac{1025}{16}\right)=\frac{1-1025}{4}=-\frac{1024}{4}=-\frac{2^{10}}{2^2}=-2^8<0$이다.

따라서 이것은 미흡 감쇠 진동이 되기 때문에 이 해 $\lambda=-\alpha\pm\beta i$를 구하면, (40)의 일반해 $X=e^{-\alpha t}(C_1\sin\beta t+C_2\cos\beta t)$가 된다. (41)을 풀어서 λ를 구하면 다음과 같다.

$$\lambda=\frac{-\frac{1}{2}\pm\sqrt{\left(\frac{1}{2}\right)^2-\left(4\times\frac{1025}{16}\right)}}{2}$$

(여기서 $\sqrt{\ }$ 안을 계산하면, $\frac{1}{4}-\frac{1025}{4}=-\frac{2^{10}}{2^2}=-2^8$)

$$=-\frac{1}{4}\pm\frac{1}{2}\sqrt{-2^8} \quad (\sqrt{-2^8}=2^4 i=16i)$$

$$=-\frac{1}{4}\pm 8i$$

따라서 (40)의 일반해는 다음과 같다.

$$X=e^{-\frac{1}{4}t}(C_1\sin 8t+C_2\cos 8t) \tag{42}$$

(ii) 다음으로 미분방정식

$$\ddot{x}+\frac{1}{2}\dot{x}+\frac{1025}{16}x=4\cos\frac{25}{4}t \tag{39}$$

의 특이해 x_0는

$$x_0=\delta\cos(\omega t-\phi) \tag{43}$$

로 둔다. 여기서 $a=\frac{B}{m}=\frac{1}{2}$, $b=\frac{k}{m}=\frac{1025}{16}$, $\gamma=\frac{f_0}{m}=4$, $\omega=\frac{25}{4}$로 두고,

$b-\omega^2$과 $a\omega$와 $l=\sqrt{(b-\omega^2)^2+a^2\omega^2}$을 구하면 다음과 같다.

- $b-\omega^2=\frac{1025}{16}-\left(\frac{25}{4}\right)^2=\frac{1025-625}{16}=\frac{400}{16}=25$
- $a\omega=\frac{1}{2}\times\frac{25}{4}=\frac{25}{8}$
- $l=\sqrt{(b-\omega^2)^2+(a\omega)^2}=\sqrt{25^2+\left(\frac{25}{8}\right)^2}=\frac{\sqrt{25^2(8^2+1)}}{8}=\frac{25\sqrt{65}}{8}$

따라서 아래의 직각 삼각형으로부터 다음을 구할 수 있다.

$$\delta=\frac{\gamma}{l}=\frac{4}{\frac{25\sqrt{65}}{8}}=\frac{32}{25\sqrt{65}},\ \tan\phi=\frac{\frac{25}{8}}{25}=\frac{1}{8}\text{로부터, }\phi=\tan^{-1}\frac{1}{8}$$

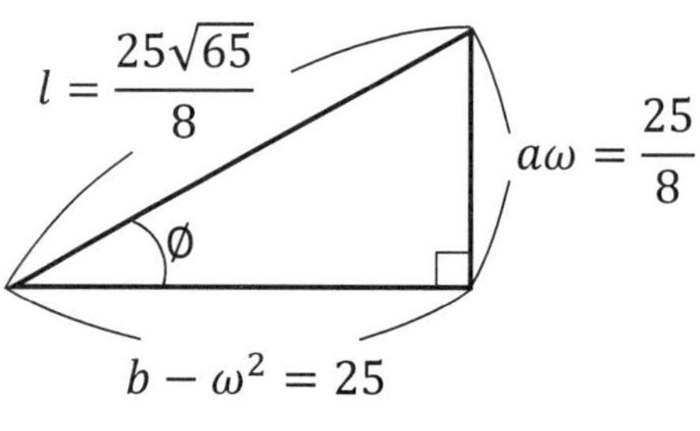

이상의 결과를 (43)에 대입하면, (39)의 특이해 x_0는 다음과 같다.

$$x_0 = \frac{32}{25\sqrt{65}}\cos\left(\frac{25}{4}t - \phi\right) \tag{44}$$

단, $\phi = \tan^{-1}\frac{1}{8}$

이상 (i), (ii)의 (42)와 (44)로부터, (39)의 미분방정식의 일반해 $x\left(= X + x_0\right)$는

$$x = e^{-\frac{1}{4}t}\left(C_1 \sin 8t + C_2 \cos 8t\right) + \frac{32}{25\sqrt{65}}\cos\left(\frac{25}{4}t - \phi\right) \quad \text{(답)}$$

가 된다.

제 2 장 ▲ 감쇠 진동과 강제 진동

1. 감쇠 진동, 지나친 감쇠, 임계 진동

(1) 저항력이 작용하는 수평 용수철 진자의 운동 방정식

$$\ddot{x}+a\dot{x}+bx=0 \ \left(a=\frac{B}{m},\ b=\frac{k}{m}\right) \tag{A}$$

(A)의 해를 $x=e^{\lambda t}$로 두면, 특성 방정식

$$\lambda^2+a\lambda+b=0 \tag{B}$$

이 나온다. 이 판별식을 $D(=a^2-4b)$로 두면, (A)의 일반해는

(i) $D<0$일 때, 미흡 감쇠 $x=e^{-\alpha t}(C_1\sin\beta t+C_2\cos\beta t)$ $(\alpha>0)$

(ii) $D>0$일 때, 지나친 감쇠 $x=C_1e^{\lambda_1 t}+C_2e^{\lambda_2 t}$ $(\lambda_1<0,\ \lambda_2<0)$

(iii) $D=0$일 때, 임계 감쇠 $x=(C_1+C_2t)e^{\lambda_1 t}$ $(\lambda_1<0)$가 된다.

(2) RLC 회로의 전하 Q의 미분방정식

$$\ddot{Q}+a\dot{Q}+bQ=0 \ \left(a=\frac{R}{L},\ b=\frac{1}{LC}\right) \tag{C}$$

(C)의 해를 $Q=e^{\lambda t}$로 두면, 특성 방정식

$$\lambda^2+a\lambda+b=0 \tag{B}$$

이 도출되고, 이것으로부터 똑같이 (C)의 일반해를 구할 수 있다.

2. 강제 진동

(1) 저항력과 외부의 강제력이 작용하는 수평 용수철 진자의 운동 방정식

$$\ddot{x}+a\dot{x}+bx=\gamma\cos\omega t \ \left(a=\frac{B}{m},\ b=\frac{k}{m},\ \gamma=\frac{f_0}{m}\right) \tag{D}$$

의 일반해 x는

(i) $\ddot{x}+a\dot{x}+bx=0$의 일반해 $X=C_1e^{\lambda_1 t}+C_2e^{\lambda_2 t}$와

(ii) (D)의 특이해 $x_0=\delta\cos(\omega t-\phi)$의 합을 취해서

$x=X+x_0=C_1e^{\lambda_1 t}+C_2e^{\lambda_2 t}+\delta\cos(\omega t-\phi)$이 된다.

(2) RLC 회로에 교류 전원을 연결한 회로의 전류 I의 미분방정식

$$L\ddot{I}+R\dot{I}+\frac{1}{C}I=-V_0\omega\sin\omega t \tag{E}$$

도 같은 방법으로 풀 수 있다.

3. 공명(공진)의 조건

강제 진동의 미분방정식

$$\ddot{x}+a\dot{x}+bx=\gamma\cos\omega t \tag{D}$$

에 대하여, $a\ll b$의 경우, $\omega=\omega_0$ (계의 고유 각진동수)일 때, 공명이 일어난다.

3장

결합 진동(조화 진동)

— 테 마 —

◆ 자유도 2의 결합 진동

$$m\ddot{x}_1 = -kx_1 + k(x_2 - x_1)$$

$$m\ddot{x}_2 = -k(x_2 - x_1) - kx_2$$

◆ 자유도 3의 결합 진동

$$m\ddot{x}_1 = -kx_1 + k(x_2 - x_1)$$

$$m\ddot{x}_2 = -k(x_2 - x_1) + k(x_3 - x_2)$$

$$m\ddot{x}_3 = -k(x_3 - x_2) - kx_3$$

◆ 자유도 N의 결합 진동

$$m\ddot{x}_n = -k(2x_n - x_{n+1} - x_{n-1}) \ (n = 1, 2, 3, \cdots, N)$$

3.1 자유도 2의 결합 진동

둘 이상의 질점이 서로 영향을 미치면서 진동하는 현상을 **"결합 진동"**(coupled oscillation)이라고 한다. 여기서는 우선 기본적인 결합 진동으로서 2개의 질점에 연결된 수평 용수철 진자를 중심으로 설명하자. 이 경우, 2개의 질점의 위치 변수가 x_1과 x_2의 2개가 되므로, 이것을 **"자유도"**(degree of freedom) 2의 결합 진동이라고 한다. 이 해법에는 연립의 미분방정식을 직접 푸는 방법뿐만 아니라 미리 **"기준 진동"**(normal vibration)의 식을 예측하여 각진동수 ω와 계수 C_1, C_2를 결정하는 해법에 대해서도 알아본다.

또한 자유도 2의 결합 진동으로 나타나는 "맥놀이"(beat)라는 현상에 대해서도 알아볼 것이다.

§ 자유도 2의 수평 용수철 진자의 문제

그러면 자유도 2인 2개의 질점과 3개의 용수철로 이루어진 수평 용수철 진자에 대해 다음 예제를 푸는 것부터 시작한다.

예제 13. 그림과 같이 질량 m인 2개의 질점(진동자) $\mathrm{P_1}$, $\mathrm{P_2}$와 자연 길이가 $\dfrac{L}{3}$로 모두 같고 용수철 상수가 k인 3개의 용수철을 연결하여 매끄러운 수평면 위에 둔다. 이때 용수철의 질량은 무시한다. 연결된 용수철의 양 끝을 L만큼 떨어진 벽면에 고정한다. 여기서 $\mathrm{P_1}$과 $\mathrm{P_2}$를 평형 위치로부터 조금 벗어난 곳에 두어 진동시킨다. 질점 $\mathrm{P_1}$과 $\mathrm{P_2}$의 평형 위치로부터의 변위를 각각 x_1, x_2로 두고, $\mathrm{P_1}$과 $\mathrm{P_2}$의 운동 방정식을 세우고 이것을 풀어서 $\mathrm{P_1}$과 $\mathrm{P_2}$의 진동의 모습을 조사하자.

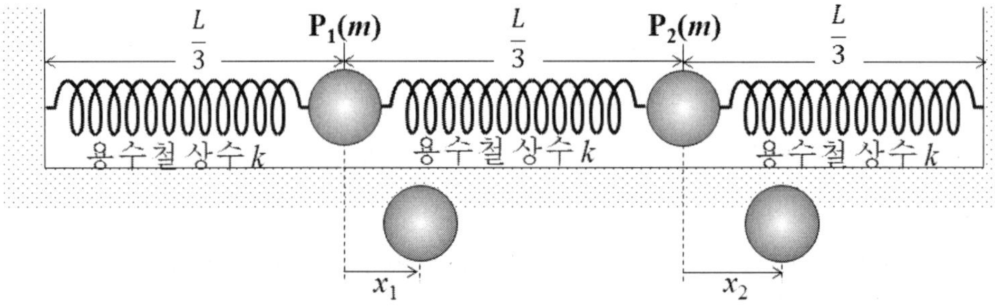

해답: 2개의 질점 P_1, P_2의 변위 x_1과 x_2에 대하여 운동 방정식을 세울 때의 요령은 $0 < x_1 < x_2$로, 즉 $x_2 - x_1 > 0$로 두고 힘의 부호를 생각한다. 2개의 질점 P_1, P_2의 평형 위치로부터의 변위를 각각 x_1, x_2로 두면, P_1, P_2의 운동 방정식은 다음과 같다.

$$m\ddot{x}_1 = -kx_1 + k(x_2 - x_1) \tag{1}$$

$-kx_1$에서, 용수철 1은 늘어난 길이 x_1만큼 줄이려 하고, P_1에 "−" 방향의 힘을 작용하여 "−" 부호를 나타낸다. $k(x_2 - x_1)$에서, $x_2 - x_1 > 0$이라고 하면, 용수철 2는 $x_2 - x_1$만큼 늘어난 길이를 줄이려 하고, P_1에 "+" 방향의 힘을 작용하여 "+" 부호를 나타낸다.

$$m\ddot{x}_2 = -k(x_2 - x_1) - kx_2 \tag{2}$$

$-k(x_2 - x_1)$에서, $x_2 - x_1 > 0$이라고 하면, 용수철 2는 $x_2 - x_1$만큼 늘어난 길이를 줄이려 하고, P_2에 "−" 방향의 힘을 작용하여 "−" 부호를 나타낸다. $-kx_2$에서 용수철 3은 x_2만큼 늘어난 길이를 줄이려 하고, P_2에 "−" 방향의 힘을 작용하여 "−" 부호를 나타낸다.

여기에서 $\frac{k}{m} = \omega_0^2$이라고 두면, (1), (2)는 다음과 같이 된다.

$$\ddot{x}_1 = -\omega_0^2(2x_1 - x_2) \tag{3}$$

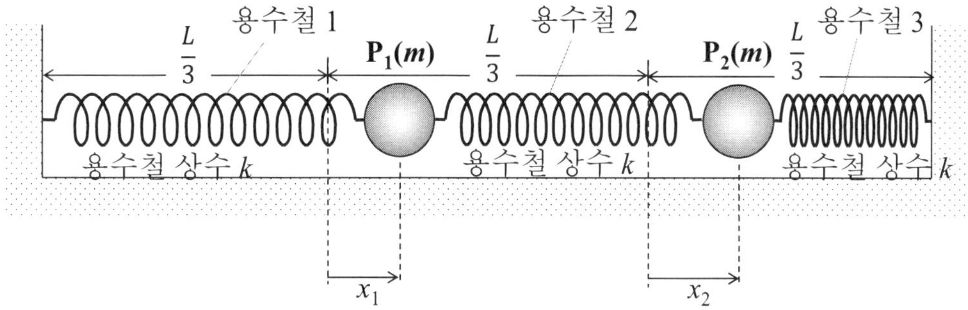

여기에서 $\frac{k}{m}=\omega_0^2$이라고 두면, (1), (2)는 다음과 같이 된다.

$$\ddot{x}_1=-\omega_0^2(2x_1-x_2) \tag{3}$$

$$\ddot{x}_2=-\omega_0^2(-x_1+2x_2) \tag{4}$$

여기서 $\omega_0^2=\frac{k}{m}$

(i) (3) + (4)로부터 다음과 같이 된다.

$$\ddot{x}_1+\ddot{x}_2=-\omega_0^2(x_1+x_2)$$

$$\rightarrow \frac{d^2}{dt^2}(x_1+x_2)=-\omega_0^2(x_1+x_2)$$

$x_1+x_2=\xi$로 두면, $\ddot{\xi}=-\omega_0^2\xi$가 되어 그 해는 $\xi=B_1\cos(\omega_0t+\phi_1)$이 된다. 여기서 $B_1\cos(\omega_0t+\phi_1)$는 $\xi=B_1'\sin\omega_0t+B_2'\cos\omega_0t$ 혹은 $\xi=B_1\sin(\omega_0t+\phi_1)$이라도 좋지만, 이번에는 $\xi=B_1\cos(\omega_0t+\phi_1)$ 형태를 푸는 것으로 한다.

$$x_1+x_2=B_1\cos(\omega_0t+\phi_1) \tag{5}$$

(ii) (3) - (4)로부터 다음과 같이 둔다.

$$\ddot{x}_1 - \ddot{x}_2 = -3\omega_0^2(x_1 - x_2)$$
$$\rightarrow \frac{d^2}{dt^2}(x_1 - x_2) = -3\omega_0^2(x_1 - x_2)$$

$x_1 - x_2 = \eta$라고 두면, $\ddot{\eta} = -\left(\sqrt{3}\,\omega_0\right)^2\eta$가 되어 그 해는 $\eta = B_2\cos\left(\sqrt{3}\,\omega_0 t + \phi_2\right)$가 된다.

$$x_1 - x_2 = B_2\cos\left(\sqrt{3}\,\omega_0 t + \phi_2\right) \tag{6}$$

(5), (6)으로부터

(i) $\dfrac{(5)+(6)}{2}$ 을 하면, $x_1 = \dfrac{B_1}{2}\cos(\omega_0 t + \phi_1) + \dfrac{B_2}{2}\cos\left(\sqrt{3}\,\omega_0 t + \phi_2\right)$가 되고,

(ii) $\dfrac{(5)-(6)}{2}$ 을 하면, $x_2 = \dfrac{B_1}{2}\cos(\omega_0 t + \phi_1) - \dfrac{B_2}{2}\cos\left(\sqrt{3}\,\omega_0 t + \phi_2\right)$가 된다.

이상, (i), (ii)로부터, 질점 P_1과 P_2의 변위 x_1, x_2는 다음과 같다.

$$x_1 = C_1\cos(\omega_0 t + \phi_1) + C_2\cos\left(\sqrt{3}\,\omega_0 t + \phi_2\right) \tag{7}$$
$$x_2 = C_1\cos(\omega_0 t + \phi_1) - C_2\cos\left(\sqrt{3}\,\omega_0 t + \phi_2\right) \tag{8}$$

단, $C_1 = \dfrac{B_1}{2}$, $C_2 = \dfrac{B_2}{2}$, $\omega_0 = \sqrt{\dfrac{k}{m}}$

(i) $C_1 \neq 0$, $C_2 = 0$일 때, (7), (8)은 다음과 같다.

$$\begin{cases} x_1 = C_1\cos(w_0 t + \phi_1) \\ x_2 = C_1\cos(w_0 t + \phi_1) \end{cases} \tag{9}$$

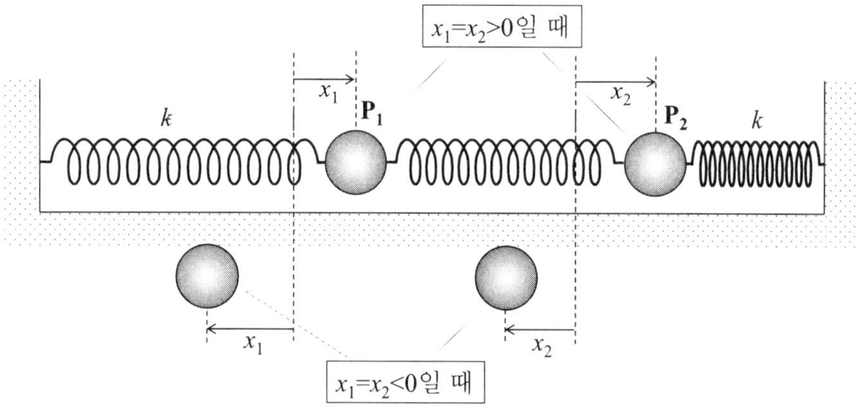

이것으로부터 P_1과 P_2는 같은 진폭, 같은 각진동수로 완전히 같은 진동을 하기 때문에 중간의 용수철 2는 늘어나거나 줄어들지 않고, P_1은 용수철 1의 복원력만, P_2는 용수철 3의 복원력만을 받는다. 같은 각진동수 ω_0을 가지고 있기 때문에, P_1 과 P_2는 같은 위상의 진동을 한다.

(ii) $C_1=0$, $C_2 \neq 0$일 때, (7), (8)은 다음과 같다.

$$\begin{cases} x_1 = C_2\cos\left(\sqrt{3}\,w_0 t + \phi_2\right) \\ x_2 = -C_2\cos\left(\sqrt{3}\,w_0 t + \phi_2\right) \end{cases} \tag{10}$$

이것을 보면 각진동수는 같아도 진폭의 부호가 다르기 때문에 P_1과 P_2는 항상 반대 방향으로 움직인다. 즉, P_1과 P_2는 역위상의 진동을 한다는 것을 알 수 있다.

이와 같이 독립한 한 개 한 개의 단진동을 **"기준 진동"**(normal vibration) 혹은 **"기준 모드"**(normal mode) 혹은 조금 더 간단히 **"모드"**(mode)라고 하는 것도 알아두자.

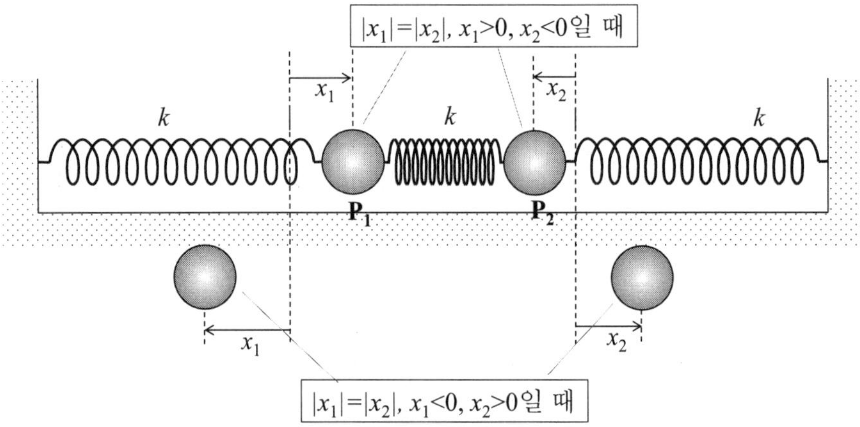

§ 기준 진동으로부터 결합 진동의 문제

자유도 2의 결합 진동이 2개의 기준 진동의 합으로 나타난다는 것을 알았기 때문에 이 기준 진동

$$\begin{cases} x_1 = B_1\cos(\omega t+\phi) \\ x_2 = B_2\cos(\omega t+\phi) \end{cases} \text{(미지수: } \omega,\ B_1,\ B_2) \tag{11}$$

을 사용하여 예제 13의 결합 진동의 문제를 풀어 보자. 여기에서의 포인트는 각진동수 ω는 어떤 값으로 구해지지만, 2개의 계수 B_1과 B_2는 값이 아닌 그들의 비($B_1 : B_2$)를 알면 된다는 것이다.

예제 13의 자유도 2의 결합 수평 진자의 미분방정식은 다음과 같았다.

$$\ddot{x}_1 = -\omega_0^2(2x_1 - x_2) \tag{3}$$

$$\ddot{x}_2 = -\omega_0^2(-x_1 + 2x_2) \tag{4}$$

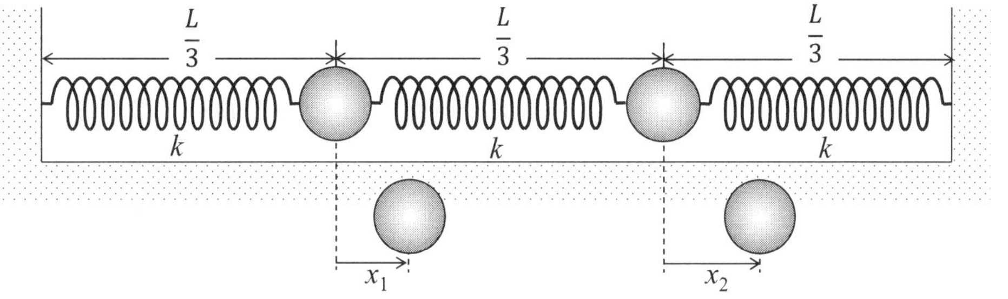

여기서 (11)을 t로 2계 미분하면 다음과 같다.

$$\begin{cases} \ddot{x}_1 = \dfrac{d}{dt}\left(\dfrac{dx_1}{dt}\right) = \dfrac{d}{dt}\{-B_1\omega\sin(\omega t+\phi)\} = -B_1\omega^2\cos(\omega t+\phi) \\ \ddot{x}_2 = \dfrac{d}{dt}\left(\dfrac{dx_2}{dt}\right) = \dfrac{d}{dt}\{-B_2\omega\sin(\omega t+\phi)\} = -B_2\omega^2\cos(\omega t+\phi) \end{cases} \tag{12}$$

(12)와 (11)을 (3), (4)에 대입하면 다음과 같다.

$$\begin{cases} -B_1\omega^2\cos(\omega t+\phi) = -\omega_0^2(2B_1-B_2)\cos(\omega t+\phi) \\ -B_2\omega^2\cos(\omega t+\phi) = -\omega_0^2(-B_1+2B_2)\cos(\omega t+\phi) \end{cases}$$

이 두 식의 양변을 $\cos(\omega t+\phi)$로 나누고, B_1과 B_2로 정리하면 다음이 된다.

$$\begin{cases} (\omega^2-2\omega_0^2)B_1+\omega_0^2B_2=0 \\ \omega_0^2B_1+(\omega^2-2\omega_0^2)B_2=0 \end{cases}$$

이것을 행렬을 사용하여 다음과 같이 변형시킨다.

$$\begin{bmatrix} \omega^2-2\omega_0^2 & \omega_0^2 \\ \omega_0^2 & \omega^2-2\omega_0^2 \end{bmatrix} \begin{bmatrix} B_1 \\ B_2 \end{bmatrix} = \begin{bmatrix} 0 \\ 0 \end{bmatrix} \tag{13}$$

단, $\begin{bmatrix} B_1 \\ B_2 \end{bmatrix} \neq \begin{bmatrix} 0 \\ 0 \end{bmatrix}$이라고 한다.

여기서 $A = \begin{bmatrix} \omega^2 - 2\omega_0^2 & \omega_0^2 \\ \omega_0^2 & \omega^2 - 2\omega_0^2 \end{bmatrix}$라고 두면, (13)은 다음과 같이 된다.

$$A\begin{bmatrix} B_1 \\ B_2 \end{bmatrix} = \begin{bmatrix} 0 \\ 0 \end{bmatrix} \tag{14}$$

여기서 A의 역행렬 A^{-1}이 존재한다고 가정하면, 이 A^{-1}을 (14)의 양변에 곱하여, $\begin{bmatrix} B_1 \\ B_2 \end{bmatrix} = A^{-1}\begin{bmatrix} 0 \\ 0 \end{bmatrix} = \begin{bmatrix} 0 \\ 0 \end{bmatrix}$이 되므로, $\begin{bmatrix} B_1 \\ B_2 \end{bmatrix} \neq \begin{bmatrix} 0 \\ 0 \end{bmatrix}$의 조건에 어긋난다. $B_1 = 0$이면서 $B_2 = 0$이라면, (11)로부터 $x_1 = 0$, $x_2 = 0$이 되어 진동은 일어나지 않는다. 따라서 A^{-1}은 존재하지 않기 때문에 다음의 조건을 얻는다.

$$\det A = |A| = \begin{vmatrix} \omega^2 - 2\omega_0^2 & \omega_0^2 \\ \omega_0^2 & \omega^2 - 2\omega_0^2 \end{vmatrix} = 0$$

일반적으로, $A = \begin{bmatrix} a\,b \\ c\,d \end{bmatrix}$의 역행렬 A^{-1}이 존재하지 않을 때, $\det A = ad - bc = 0$이 된다. 따라서 위 식을 계산하면 다음과 같이 ω를 구할 수 있다.

$$\begin{aligned} &\left(\omega^2 - 2\omega_0^2\right)^2 - \left(\omega_0^2\right)^2 = 0 \\ &\rightarrow \left(\omega^2 - 2\omega_0^2 + \omega_0^2\right)\left(\omega^2 - 2\omega_0^2 - \omega_0^2\right) = 0 \\ &\rightarrow \left(\omega^2 - \omega_0^2\right)\left(\omega^2 - 3\omega_0^2\right) = 0 \end{aligned}$$

따라서 $\omega^2 = \omega_0^2$ 혹은 $3\omega_0^2$이 된다.

여기서 $\omega > 0$, $\omega_0 = \sqrt{\dfrac{k}{m}} > 0$이므로 $\omega = \omega_0$ 혹은 $\sqrt{3}\,\omega_0$이 된다. 이것으로 ω의 값이 결정되었기 때문에 나머지는 B_1과 B_2의 비를 알면 된다.

(i) $\omega = \omega_0$일 때, (13)은 다음과 같다.

$$\begin{bmatrix} -\omega_0^2 & \omega_0^2 \\ \omega_0^2 & -\omega_0^2 \end{bmatrix} \begin{bmatrix} B_1 \\ B_2 \end{bmatrix} = \begin{bmatrix} 0 \\ 0 \end{bmatrix}$$

따라서 $-\omega_0^2 B_1 + \omega_0^2 B_2 = 0$이 되고, 양변을 $\omega_0^2(\neq 0)$으로 나누면 $B_1 = B_2$가 되므로 $B_1 : B_2 = 1:1$임을 알 수 있다. $B_1 = B_2 = C_1$(상수)로 두면, 이때의 기준 모드는 다음과 같다.

$$\begin{aligned} x_1 &= C_1 \cos(\omega t + \phi_1) \\ x_2 &= C_1 \cos(\omega t + \phi_1) \end{aligned} \tag{15}$$

(ii) $\omega = \sqrt{3}\,\omega_0$의 경우, (13)은 다음과 같다.

$$\begin{bmatrix} \omega_0^2 & \omega_0^2 \\ \omega_0^2 & \omega_0^2 \end{bmatrix} \begin{bmatrix} B_1 \\ B_2 \end{bmatrix} = \begin{bmatrix} 0 \\ 0 \end{bmatrix}$$

따라서 $\omega_0^2 B_1 + \omega_0^2 B_2 = 0$이 되고, 양변을 $\omega_0^2(\neq 0)$으로 나누면 $B_1 = -B_2$이 되므로 $B_1 : B_2 = 1 : -1$ 임을 알 수 있다. 따라서 $B_1 = C_2$, $B_2 = -C_2$로 두면, 이때의 기준 모드는 다음과 같다.

$$\begin{aligned} x_1 &= C_2 \cos(\sqrt{3}\,\omega_0 t + \phi_2) \\ x_2 &= -C_2 \cos(\sqrt{3}\,\omega_0 t + \phi_2) \end{aligned} \tag{16}$$

따라서 결합 진동의 해는 (15)와 (16)에서 구한 x_1과 x_2를 각각 합하여 다음과 같이 구할 수 있다.

$$x_1 = C_1\cos(\omega_0 t + \phi_1) + C_2\cos(\sqrt{3}\,\omega_0 t + \phi_2)$$
$$x_2 = C_1\cos(\omega_0 t + \phi_1) - C_2\cos(\sqrt{3}\,\omega_0 t + \phi_2)$$

§ 맥놀이

자유도 2의 진동계에서, 2개의 기준 모드에 대한 각진동수의 차이가 작을 경우, **"맥놀이"(beat)**가 생긴다. 여기에서는 2개의 기준 모드에 대한 각진동수를 각각 $\omega + \Delta\omega$와 $\omega - \Delta\omega$ ($\Delta\omega \ll \omega$)로 두고, 초기 위상은 어느 것이나 0, 그리고 진폭은 모두 C로 두고, 한 개의 진동자의 변위 x를 조사해 보면 다음과 같다.

$$\begin{aligned} x &= C\cos(\omega + \Delta\omega)t + C\cos(\omega - \Delta\omega)t \\ &= C\{\cos(\omega t + \Delta\omega t) + \cos(\omega t - \Delta\omega t)\} \\ &= 2C\cos\Delta\omega t\cos\omega t \end{aligned} \tag{17}$$

여기서 공식 $\cos(\alpha+\beta) + \cos(\alpha-\beta) = 2\cos\alpha\cos\beta$를 사용하였다.

(17)식에서 $2C\cos\Delta\omega t$는 시각 t에 의하여 천천히 변동하는 진폭 $A(t)$로 생각할 수 있다. 여기서 $\Delta\omega \ll \omega$로부터, $\cos\Delta\omega t$와 $\cos\omega t$의 주기를 각각 T_1, T_2로 두면, $T_1 = \dfrac{2\pi}{\Delta\omega}$, $T_2 = \dfrac{2\pi}{\omega}$로부터, $T_1 \gg T_2$가 된다. (17)의 $2C\cos\Delta\omega t$는 주기가 크고 느린 진동을 나타내므로, 이것을 x가 변동하는 진폭 $A(t)$로 두면, (17)은 $x = A(t)\cos\omega t$가 된다. $\cos\omega t$는 주기가 짧은 파동이다.

이 그래프의 이미지를 그림 1에 나타낸다. 이 그래프를 보면 처음에 진폭 $2C$인 $\cos\omega t$의 진동을 함에 따라 조금씩 진폭이 감소되고, 그것이 다시 증가하여 진폭 $2C$가 될 때까지 커진다. 이것이 반복되어 주기 $\dfrac{2\pi}{\Delta\omega}$의 맥놀이가 됨을 알 수 있다.

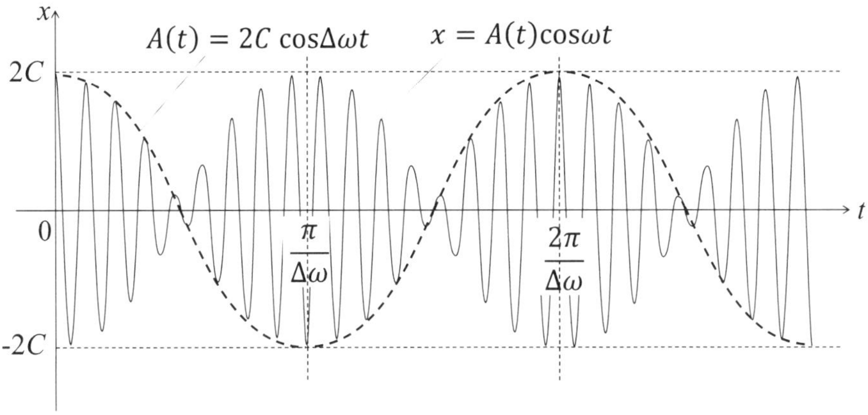

그림 1. 맥놀이 (아래 그림은 $\Delta\omega = 1$, $\omega = 20$일 때의 그래프이다)

■ 연습 문제 4　　◎ 자유도 2의 결합 진동 ◎

그림에 나타나듯이, 질량 m인 질점 P_1, P_2와 길이 l인 실로 된 2개의 단진자를 만들고, P_1과 P_2를 질량을 무시할 수 있는 용수철 상수가 k인 용수철에 연결시킨다. 정지 상태에서는 이 진자들은 연직으로 매달려 있고, 또 용수철의 길이도 자연 길이였다. 이 상태로부터 질점 P_1과 P_2를 연직면 내에서 미소 진동시킨다. P_1과 P_2의 정지 상태로부터의 수평 방향 변위를 각각 x_1, x_2로 둔다. 이때, 다음 질문에 대답하라.

(1) P_1과 P_2의 운동 방정식을 풀고, x_1과 x_2의 일반해를 구하라.

(2) 기준 모드 $x_1 = b_1\cos(\omega t + \phi)$와 $x_2 = b_2\cos(\omega t + \phi)$를 이용하여 ω의 값과 b_1과 b_2의 비를 구하고, x_1과 x_2의 일반해를 구하라.

단, $\begin{bmatrix} b_1 \\ b_2 \end{bmatrix} \neq \begin{bmatrix} 0 \\ 0 \end{bmatrix}$이다.

◇ 힌트

(1) 흔들리는 각 θ_1과 θ_2는 둘 다 매우 작기 때문에 질점 P_1과 P_2에는 중력에 의한 힘 $mg\dfrac{x_1}{l}$, $mg\dfrac{x_2}{l}$와 용수철에 의한 탄성력이 작용한다. (2) 기준 모드의 식을 (1)에서 세운 운동 방정식에 대입하여, ω의 값과 $b_1 : b_2$의 비를 구하면 된다.

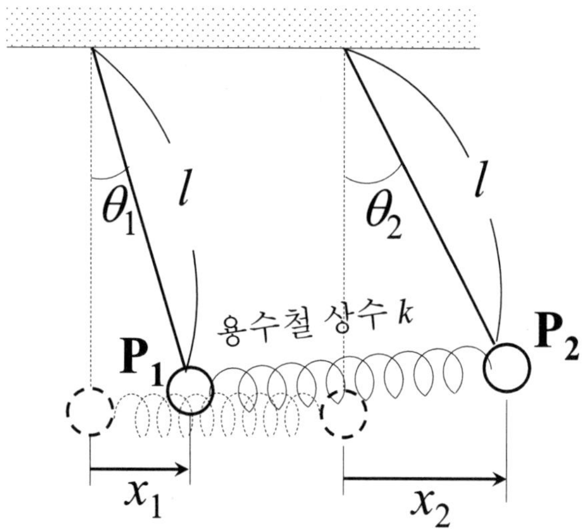

□ 해답 및 해설

그림에 나타내듯이,

(1) 단진자에 의한 질점 P_1을 최하점으로 되돌리려는 힘은 θ_1을 진동각으로 하는 중력 접선 방향의 성분 $mg\sin\theta_1$이 된다. 그림으로부터, $\sin\theta_1 = \dfrac{x_1}{l}$이기 때문에 이 힘은 $mg\dfrac{x_1}{l}$이 된다. 같은 이유로 단진자에 의한 질점 P_2를 최하점으로 되돌리려는 힘은 $mg\dfrac{x_2}{l}$가 된다.

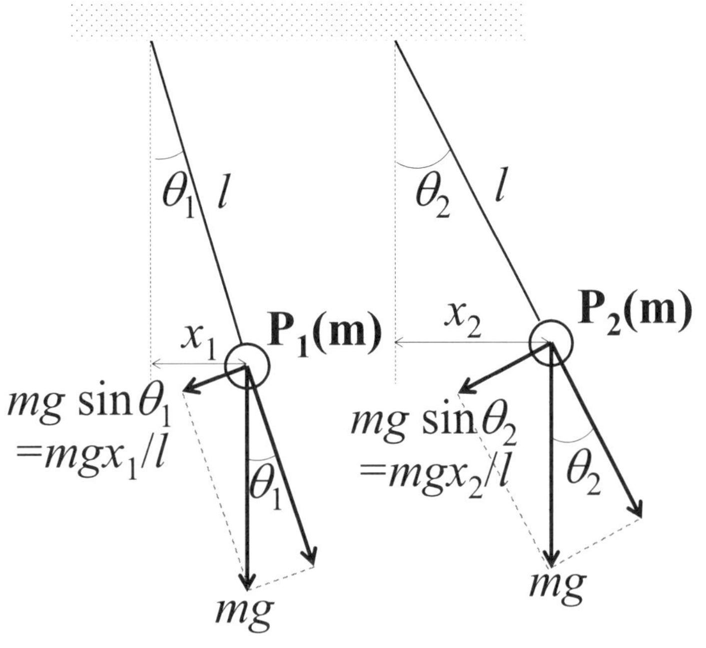

그리고 이러한 $mg\dfrac{x_1}{l}$과 $mg\dfrac{x_2}{l}$는 진동각 θ_1과 θ_2가 어느 것이나 매우 작기 때문에 P_1과 P_2 각각에 수평 방향으로 작용하는 힘이라고 생각해도 좋다.

또한, 용수철의 늘어남을 x_2-x_1으로 두고, 질점 P_1과 P_2에 작용하는 탄성력도 고려하면 x_1과 x_2의 운동 방정식은 다음과 같이 된다.

$$m\ddot{x}_1 = -mg\frac{x_1}{l} + k(x_2 - x_1)$$

$$m\ddot{x}_2 = -mg\frac{x_2}{l} - k(x_2 - x_1)$$

위 두 식의 $+k(x_2-x_1)$ 및 $-k(x_2-x_1)$에서, $x_2-x_1>0$이라고 하면 용수철은 P_1에는 "+" 쪽의 힘이, P_2에는 "-" 쪽의 힘이 작용한다.

$$m\ddot{x}_1 = -\left(m\frac{g}{l}+k\right)x_1 + kx_2$$

$$m\ddot{x}_2 = kx_1 - \left(m\frac{g}{l}+k\right)x_2$$

양변을 m으로 나누어서

$$\ddot{x}_1 = -\left(\frac{g}{l}+\frac{k}{m}\right)x_1 + \frac{k}{m}x_2 \tag{18}$$

$$\ddot{x}_2 = \frac{k}{m}x_1 - \left(\frac{g}{l}+\frac{k}{m}\right)x_2 \tag{19}$$

(i) (18) + (19)로부터,

$$\ddot{x}_1 + \ddot{x}_2 = -\frac{g}{l}(x_1 + x_2)$$

$$\rightarrow \frac{d^2}{dt^2}(x_1+x_2) = -\omega_0^2(x_1+x_2) \ \left(\omega_0 = \sqrt{\frac{g}{l}}\right)$$

$x_1 + x_2 = \xi$로 두면, $\ddot{\xi} = -\omega_0^2\xi$로부터, $\xi = B_1\cos(\omega_0 t + \phi_1)$이 된다.

$$x_1 + x_2 = B_1\cos(\omega_0 t + \phi_1) \tag{20}$$

(ii) (18) - (19)로부터,

$$\ddot{x}_1 - \ddot{x}_2 = -\left(\frac{g}{l}+2\frac{k}{m}\right)(x_1 - x_2)$$

$$\rightarrow \frac{d^2}{dt^2}(x_1-x_2) = \omega_0{'}^2(x_1-x_2) \ \left(\omega_0{'} = \sqrt{\frac{g}{l}+\frac{2k}{m}}\right)$$

$x_1 - x_2 = \eta$라고 두면, $\ddot{\eta} = -\omega_0{}'^2 \eta$로부터, $\eta = B_2 \cos(\omega_0{}' t + \phi_2)$가 된다.

$$x_1 - x_2 = B_2 \cos(\omega_0{}' t + \phi_2) \tag{21}$$

$\dfrac{(20) + (21)}{2}$ 로부터,

$$x_1 = C_1 \cos(\omega_0 t + \phi_1) + C_2 \cos(\omega_0{}' t + \phi_2) \tag{답}$$

$\dfrac{(20) - (21)}{2}$ 로부터,

$$x_2 = C_1 \cos(\omega_0 t + \phi_1) - C_2 \cos(\omega_0{}' t + \phi_2) \tag{답}$$

단, $C_1 = \dfrac{B_1}{2}$, $C_2 = \dfrac{B_2}{2}$, $\omega_0 = \sqrt{\dfrac{g}{l}}$, $\omega_0{}' = \sqrt{\dfrac{g}{l} + \dfrac{2k}{m}}$

(2) 이 결합 진동자의 기본 모드를

$$x_1 = b_1 \cos(\omega t + \phi)$$
$$x_2 = b_2 \cos(\omega t + \phi) \quad \left(\begin{bmatrix} b_1 \\ b_2 \end{bmatrix} \neq \begin{bmatrix} 0 \\ 0 \end{bmatrix} \right) \tag{22}$$

로 두면,

$$\ddot{x}_1 = -b_1 \omega^2 \cos(\omega t + \phi) \tag{23}$$
$$\ddot{x}_2 = -b_2 \omega^2 \cos(\omega t + \phi) \tag{24}$$

이 된다. (22), (23), (24)를 (18), (19)에 대입하여 각 양변을 $\cos(\omega t + \phi)$로 나누면,

$$-b_1\omega^2 = -\left(\frac{g}{l}+\frac{k}{m}\right)b_1 + \frac{k}{m}b_2$$

$$-b_2\omega^2 = \frac{k}{m}b_1 - \left(\frac{g}{l}+\frac{k}{m}\right)b_2$$

가 된다. 이것을 정리하여, 행렬의 형태로 나타내면 다음과 같다.

$$\begin{bmatrix} \omega^2 - \frac{g}{l} - \frac{k}{m} & \frac{k}{m} \\ \frac{k}{m} & \omega^2 - \frac{g}{l} - \frac{k}{m} \end{bmatrix} \begin{bmatrix} b_1 \\ b_2 \end{bmatrix} = \begin{bmatrix} 0 \\ 0 \end{bmatrix} \tag{25}$$

여기서 $A = \begin{bmatrix} \omega^2 - \frac{g}{l} - \frac{k}{m} & \frac{k}{m} \\ \frac{k}{m} & \omega^2 - \frac{g}{l} - \frac{k}{m} \end{bmatrix}$ 로 둔다.

A^{-1}이 존재한다고 가정하면, (25)의 양변에 왼쪽으로부터 A^{-1}을 곱하여, $\begin{bmatrix} b_1 \\ b_2 \end{bmatrix} = A^{-1}\begin{bmatrix} 0 \\ 0 \end{bmatrix} = \begin{bmatrix} 0 \\ 0 \end{bmatrix}$가 되기 때문에, $\begin{bmatrix} b_1 \\ b_2 \end{bmatrix} \neq \begin{bmatrix} 0 \\ 0 \end{bmatrix}$의 조건에 어긋난다.

따라서 A^{-1}은 존재하지 않기 때문에, $\det A = 0$이 된다.

$$\det A = \left(\omega^2 - \frac{g}{l} - \frac{k}{m}\right)^2 - \left(\frac{k}{m}\right)^2 = 0\text{으로부터}$$

$$\rightarrow \left(\omega^2 - \frac{g}{l} - \frac{k}{m} + \frac{k}{m}\right)\left(\omega^2 - \frac{g}{l} - \frac{k}{m} - \frac{k}{m}\right) = 0$$

$$\rightarrow \left(\omega^2 - \frac{g}{l}\right)\left(\omega^2 - \frac{g}{l} - \frac{2k}{m}\right) = 0$$

$\omega^2 = \frac{g}{l}$ 혹은 $\frac{g}{l} + \frac{2k}{m}$ 여기서 $\frac{g}{l} = \omega_0^2$, $\frac{g}{l} + \frac{2k}{m} = \omega_0'^2$로 둔다.

(i) $\omega^2 = \dfrac{g}{l}\left(=\omega_0^2\right)$일 때, (25)로부터, $\begin{bmatrix} -\dfrac{k}{m} & \dfrac{k}{m} \\ \dfrac{k}{m} & -\dfrac{k}{m} \end{bmatrix}\begin{bmatrix} b_1 \\ b_2 \end{bmatrix} = \begin{bmatrix} 0 \\ 0 \end{bmatrix}$ 이 되므로,

$-b_1 + b_2 = 0 \quad b_1 : b_2 = 1 : 1$로부터, $b_1 = b_2 = C_1$(상수)로 둔다.

(ii) $\omega^2 = \dfrac{g}{l} + \dfrac{2k}{m}\left(=\omega_0{'}^2\right)$일 때, (25)로부터, $\begin{bmatrix} \dfrac{k}{m} & \dfrac{k}{m} \\ \dfrac{k}{m} & \dfrac{k}{m} \end{bmatrix}\begin{bmatrix} b_1 \\ b_2 \end{bmatrix} = \begin{bmatrix} 0 \\ 0 \end{bmatrix}$이 되므로,

$b_1 + b_2 = 0 \quad \therefore b_1 : b_2 = 1 : -1$ 로부터, $b_1 = -b_2 = C_2$(상수)로 둔다.

이상 (i), (ii)로부터, 이 결합 진동의 2개의 기준 모드는 다음과 같다.

$$x_1 = C_1\cos\left(\omega_0 t + \phi_1\right),\ x_2 = C_1\cos\left(\omega_0 t + \phi_1\right)$$
$$x_1 = C_2\cos\left(\omega_0{'} t + \phi_2\right),\ x_2 = -C_2\cos\left(\omega_0{'} t + \phi_2\right)$$

따라서 구하는 일반해 x_1과 x_2는 각각의 합에 의하여 다음과 같이 구해진다.

$$x_1 = C_1\cos\left(\omega_0 t + \phi_1\right) + C_2\cos\left(\omega_0{'} t + \phi_2\right)$$
$$x_2 = C_1\cos\left(\omega_0 t + \phi_1\right) - C_2\cos\left(\omega_0{'} t + \phi_2\right) \qquad \text{(답)}$$

3.2 자유도 3 이상의 결합 진동

지금까지 자유도 2의 결합 수평 용수철 진자에 대해서 그 기준 모드도 포함하여 알아보았다. 여기에서는 3개의 진동자를 가진 자유도 3의 결합 수평 용수철 진자에 대해 알아본다. 이때 각 기준 모드의 계수가 종진동이 아니라 횡진동이라고 생각하면 보다 이해하기 쉬워진다. 그리고 이 수평 용수철 진자의 개수가 N개일 때, 즉 자유도 N의 결합 수평 용수철 진자에 대해서도 알아본다.

§ 먼저 자유도 1, 2의 수평 용수철 진자

자유도 3의 결합 수평 용수철 진자의 설명에 들어가기 전에 자유도 1의 수평 용수철 진자와 자유도 2의 결합 수평 용수철 진자에 대해서 복습해 두자.

(i) 자유도 1의 수평 용수철 진자

그림 1과 같이 질량 m인 질점 P와 각각 자연 길이 $\frac{L}{2}$, 용수철 상수가 k인 2개의 용수철을 연결하여 저항이 없는 수평 용수철 진자를 만든다. 이때 진동하는 질점 P의 변위를 x로 두면 다음의 운동 방정식을 얻는다.

$$m\ddot{x}=-2kx \tag{1}$$

(1)로부터

$$\ddot{x}=-\omega^2 x \ \left(\omega^2=2\frac{k}{m}=2\omega_0^2,\ \omega_0^2=\frac{k}{m}\right) \tag{2}$$

(2)의 일반해 x는 다음과 같다.

$$x=C_1\cos\left(\sqrt{2}\,\omega_0 t+\phi\right)\ (\phi\text{: 초기 위상})$$

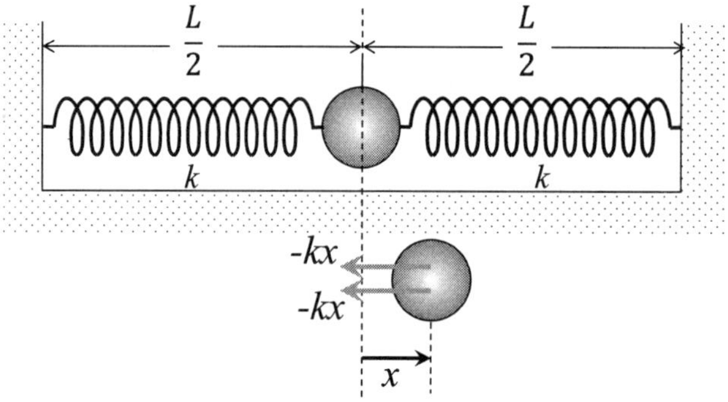

그림 1. 자유도 1의 수평 용수철 진자

여기에서 그림 2 (i)에 나타나듯이 이 단진동은 x축 방향으로 평형의 위치를 중심으로 $\pm C_1$의 진폭으로 종진동하고 있지만, 그림 2 (ii)에 나타낸 바와 같이 이 진동의 변위를 x축과 수직인 방향으로 "+" 인 경우는 위쪽으로, "-" 인 경우는 아래쪽으로 횡진동으로 그려 보자. 그림 2에 나타내는 것처럼 x축과 수직으로 u축을 설치하면, 이것은 마치 구간 $[0, L]$에서 양 끝점을 고정단으로 하는 반파장 L인 현의 진동의 형태가 되는 것을 알 수 있다. 이 횡진동으로 표시하는 방법은 이후의 자유도 2, 자유도 3의 결합 수평 용수철 진자의 기준 모드의 각 계수를 생각하는데 있어서 중요한 의미를 갖게 된다.

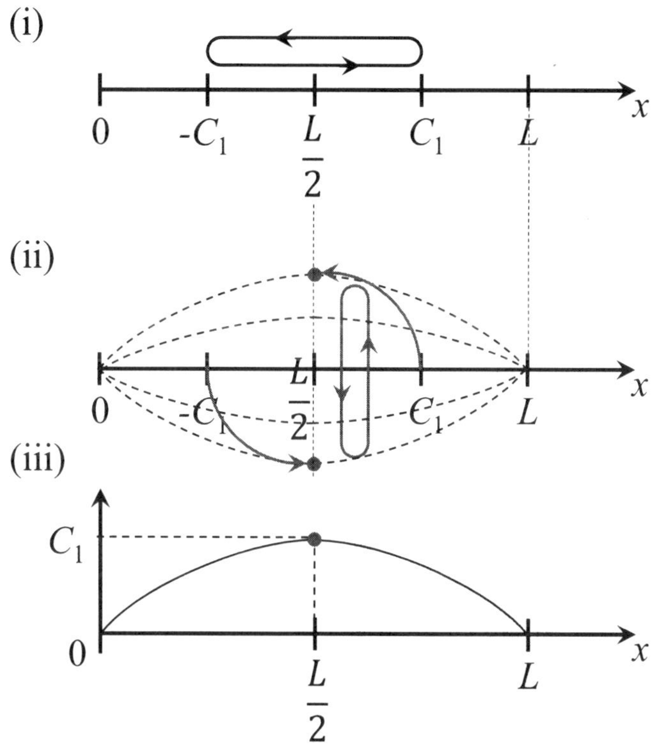

그림 2. 자유도 1의 수평 용수철 진자의 횡진동 표시

(ii) 자유도 2의 수평 용수철 진자

그림 3과 같이 질량 m인 질점 P_1, P_2와 각각 자연 길이 $\frac{L}{3}$, 용수철 상수 k인 3개의 용수철을 연결하여 저항이 없는 결합 수평 용수철 진자를 만든다.

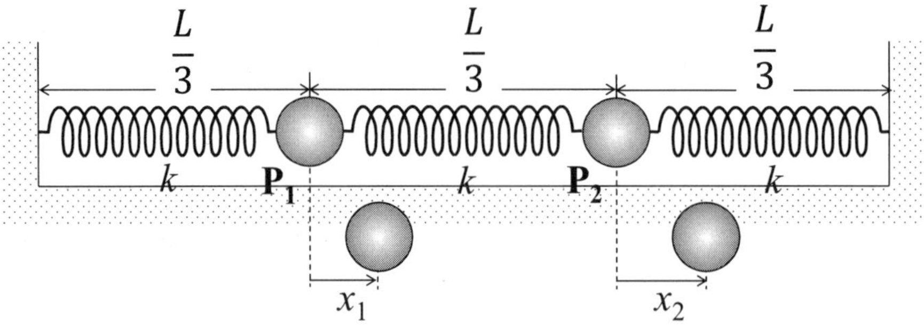

그림 3. 자유도 2의 결합 수평 용수철 진자

진동하는 질점 P_1과 P_2의 변위를 각각 x_1, x_2로 두면, 3.1 절에서 설명한 것처럼 이것들을 만족하는 미분방정식은 다음과 같다.

$$\ddot{x}_1 = -\omega_0^2(2x_1 - x_2)$$
$$\ddot{x}_2 = -\omega_0^2(-x_1 + 2x_2) \ (\omega_0 = \sqrt{\frac{k}{m}}) \tag{3}$$

이들 2개의 기준 모드는

$$x_1 = C_1\cos(\omega_0 t + \phi_1)$$
$$x_2 = C_1\cos(\omega_0 t + \phi_1) \tag{4}$$

과

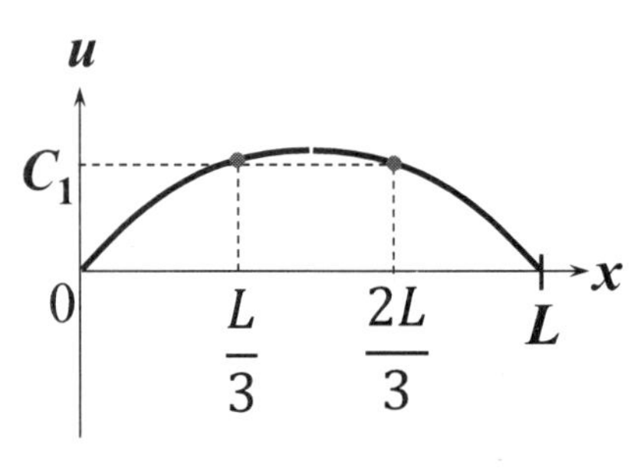

$$x_1 = C_2\cos\left(\sqrt{3}\,\omega_0 t + \phi_2\right)$$
$$x_2 = -C_2\cos\left(\sqrt{3}\,\omega_0 t + \phi_2\right) \tag{5}$$

가 되는 것도 3.1 절에서 보여주었다.

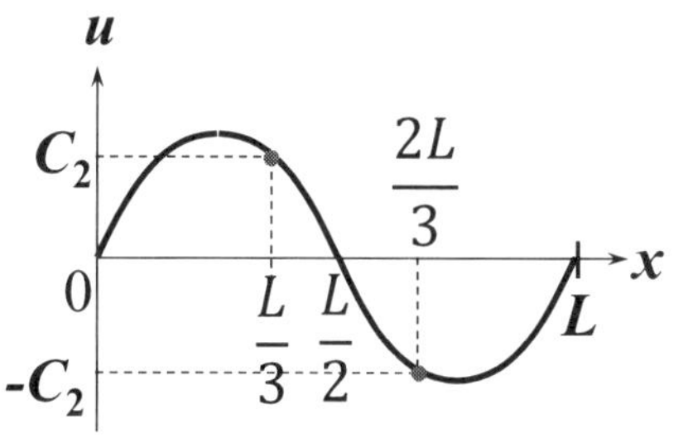

따라서 x_1과 x_2의 일반해는

$$x_1 = C_1\cos(\omega_0 t + \phi_1) + C_2\cos\left(\sqrt{3}\,\omega_0 t + \phi_2\right)$$
$$x_2 = C_1\cos(\omega_0 t + \phi_1) - C_2\cos\left(\sqrt{3}\,\omega_0 t + \phi_2\right)$$

이 된다. 여기서, 각 정해진 기준 모드의 계수 C_1과 C_2에 주목하자. 이것도 구간 $[0, L]$에서 양 끝점을 고정단으로 하는 현의 진동(횡진동)이라고 생각하면, (4)는 반파장 L, (5)는 1 파장 L인 현의 진동에 대응하고 있는 것을 알 수 있다. 이렇게 생각하면 지금부터 설명할 자유도 3의 결합 수평 용수철 진자의 3가지 기준 모드의 계수 관계도 (i) 반파장 L, (ii) 1 파장 L, (iii) 1.5 파장 L인 현의 진동과 대응하고 있는 것을 유추할 수 있다.

§ 자유도 3의 결합 수평 용수철 진자의 문제

그러면 다음 예제에서 자유도 3의 결합 수평 용수철 진자의 문제를 풀어보자.

예제 14. 그림과 같이 질량 m인 3개의 질점(진동자) P_1, P_2, P_3와 각각의 자연길이

$\frac{L}{4}$, 용수철 상수가 k인 질량을 무시할 수 있는 4개의 용수철을 연결하여 매끄러운 수평면 위에 두고 양 끝점을 L만큼 띄운 벽면에 고정한다. 여기서, P_1, P_2, P_3을 평형 위치로부터 옮겨 진동시킨다. 질점 P_1, P_2, P_3의 평형 위치로부터의 변위를 순서대로 x_1, x_2, x_3으로 두고, P_1, P_2, P_3의 운동 방정식을 세워서 x_1, x_2, x_3의 일반해를 구하라.

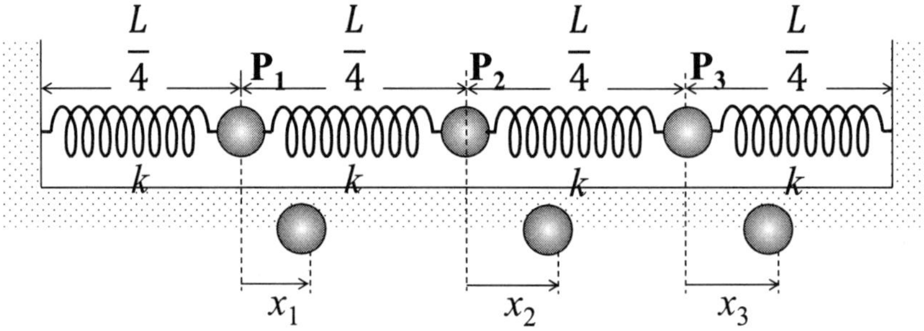

자유도 3의 결합 수평 용수철 진자

해답: 3개의 질점 P_1, P_2, P_3의 평형 위치로부터의 변위를 순서대로 x_1, x_2, x_3으로 두면, P_1, P_2, P_3의 운동 방정식은 다음과 같이 된다.

$$m\ddot{x}_1 = -kx_1 + k(x_2 - x_1) = -k(2x_1 - x_2) \tag{6}$$

$-kx_1$은 $x_1 > 0$ 일 때, P_1에 "-" 쪽으로 힘이 작용하고,

$k(x_2 - x_1)$은 $x_2 - x_1 > 0$ 일 때, P_1에 "+" 쪽으로 힘이 작용한다.

$$m\ddot{x}_2 = -k(x_2 - x_1) + k(x_3 - x_2) = -k(2x_2 - x_1 - x_3) \tag{7}$$

$-k(x_2 - x_1)$은 $x_2 - x_1 > 0$ 일 때, P_2에 "-" 쪽으로 힘이 작용하고,

$k(x_3 - x_2)$은 $x_3 - x_2 > 0$ 일 때, P_2에 "+" 쪽으로 힘이 작용한다.

$$m\ddot{x}_3 = -k(x_3 - x_2) - kx_3 = -k(2x_3 - x_2) \tag{8}$$

$-k(x_3 - x_2)$는 $x_3 - x_2 > 0$ 일 때, P_3에 "-" 쪽으로 힘이 작용하고,

$-kx_3$는 $x_3 > 0$ 일 때, P_3에 "+" 쪽으로 힘이 작용한다.

여기서 $\dfrac{k}{m} = \omega_0^2$ 이라고 두면, (6), (7), (8)은 다음과 같다.

$$\ddot{x}_1 = -\omega_0^2(2x_1 - x_2) \tag{9}$$

$$\ddot{x}_2 = -\omega_0^2(2x_2 - x_1 - x_3) \tag{10}$$

$$\ddot{x}_3 = -\omega_0^2(2x_3 - x_2) \tag{11}$$

여기에서, 다음의 기준 모드를 사용하여 연립 미분방정식 (9), (10), (11)을 풀어 보자.

$$x_1 = B_1 \cos(\omega t + \phi) \tag{12}$$

$$x_2 = B_2 \cos(\omega t + \phi) \tag{13}$$

$$x_3 = B_3 \cos(\omega t + \phi) \tag{14}$$

(12), (13), (14)를 t로 2계 미분하면 다음과 같다.

$$\ddot{x}_1 = -B_1 \omega^2 \cos(\omega t + \phi) \tag{15}$$

$$\ddot{x}_2 = -B_2 \omega^2 \cos(\omega t + \phi) \tag{16}$$

$$\ddot{x}_3 = -B_3 \omega^2 \cos(\omega t + \phi) \tag{17}$$

여기에서, (12), (13), (14), (15), (16), (17)을 (9), (10), (11)에 대입하여
$\cos(\omega t + \phi)$으로 나누면 다음과 같다.

$$-\omega^2 B_1 = -\omega_0^2(2B_1 - B_2)$$

$$-\omega^2 B_1 = -\omega_0^2(2B_2 - B_1 - B_3)$$

$$-\omega^2 B_3 = -\omega_0^2(2B_3 - B_2)$$

따라서 이것들을 B_1, B_2, B_3으로 정리하면,

$$\left(\omega^2 - 2\omega_0^2\right)B_1 + \omega_0^2 B_2 = 0$$

$$\omega_0^2 B_1 + \left(\omega^2 - 2\omega_0^2\right)B_2 + \omega_0^2 B_3 = 0$$

$$\omega_0^2 B_2 + \left(\omega^2 - 2\omega_0^2\right)B_3 = 0$$

가 된다. 이것을 또 정리하면,

$$\begin{bmatrix} \omega^2 - 2\omega_0^2 & \omega_0^2 & 0 \\ \omega_0^2 & \omega^2 - 2\omega_0^2 & \omega_0^2 \\ 0 & \omega_0^2 & \omega^2 - 2\omega_0^2 \end{bmatrix} \begin{bmatrix} B_1 \\ B_2 \\ B_3 \end{bmatrix} = \begin{bmatrix} 0 \\ 0 \\ 0 \end{bmatrix} \tag{18}$$

이 된다. 따라서

$$A = \begin{bmatrix} \omega^2 - 2\omega_0^2 & \omega_0^2 & 0 \\ \omega_0^2 & \omega^2 - 2\omega_0^2 & \omega_0^2 \\ 0 & \omega_0^2 & \omega^2 - 2\omega_0^2 \end{bmatrix} \tag{19}$$

로 두면, (18)은

$$A \begin{bmatrix} B_1 \\ B_2 \\ B_3 \end{bmatrix} = \begin{bmatrix} 0 \\ 0 \\ 0 \end{bmatrix} \tag{20}$$

이 된다.

(19)의 역행렬 A^{-1}이 존재한다고 가정하면, (20)의 양변에 왼쪽으로부터 A^{-1}을 곱하여,

$\begin{bmatrix} B_1 \\ B_2 \\ B_3 \end{bmatrix} = A^{-1}\begin{bmatrix} 0 \\ 0 \\ 0 \end{bmatrix} = \begin{bmatrix} 0 \\ 0 \\ 0 \end{bmatrix}$ 이 되어, $\begin{bmatrix} B_1 \\ B_2 \\ B_3 \end{bmatrix} \neq \begin{bmatrix} 0 \\ 0 \\ 0 \end{bmatrix}$ 의 조건에 어긋난다. 따라서 모순이 생기기 때문에, A^{-1}은 존재하지 않는다. 따라서 $\det A = 0$이 되어야 하므로

$$\begin{aligned}\det A = |A| &= \begin{vmatrix} \omega^2 - 2\omega_0^2 & \omega_0^2 & 0 \\ \omega_0^2 & \omega^2 - 2\omega_0^2 & \omega_0^2 \\ 0 & \omega_0^2 & \omega^2 - 2\omega_0^2 \end{vmatrix} \\ &= \left(\omega^2 - 2\omega_0^2\right)^3 - \omega_0^4\left(\omega^2 - 2\omega_0^2\right) - \omega_0^4\left(\omega^2 - 2\omega_0^2\right) \\ &= \left(\omega^2 - 2\omega_0^2\right)\left\{\left(\omega^2 - 2\omega_0^2\right)^2 - 2\omega_0^4\right\} \\ &= \left(\omega^2 - 2\omega_0^2\right)\left\{\omega^2 - \left(2 + \sqrt{2}\right)\omega_0^2\right\}\left\{\omega^2 - \left(2 - \sqrt{2}\right)\omega_0^2\right\} = 0\end{aligned}$$

이것으로부터 ω^2의 값은, $\omega^2 = \left(2 - \sqrt{2}\right)\omega_0^2$, $2\omega_0^2$, $\left(2 + \sqrt{2}\right)\omega_0^2$ 이 된다.

구하는 각진동수 ω는

(i) $\omega = \sqrt{2 - \sqrt{2}}\,\omega_0$,

(ii) $\omega = \sqrt{2}\,\omega_0$,

(iii) $\omega = \sqrt{2 + \sqrt{2}}\,\omega_0$

이 된다.

(i) $\omega = \sqrt{2 - \sqrt{2}}\,\omega_0$일 때, (19)는

$$A = \begin{bmatrix} -\sqrt{2}\,\omega_0^2 & \omega_0^2 & 0 \\ \omega_0^2 & -\sqrt{2}\,\omega_0^2 & \omega_0^2 \\ 0 & \omega_0^2 & -\sqrt{2}\,\omega_0^2 \end{bmatrix} = \omega_0^2\begin{bmatrix} -\sqrt{2} & 1 & 0 \\ 1 & -\sqrt{2} & 1 \\ 0 & 1 & -\sqrt{2} \end{bmatrix}$$

이 되기 때문에 (20)은

$$\omega_0^2 \begin{bmatrix} -\sqrt{2} & 1 & 0 \\ 1 & -\sqrt{2} & 1 \\ 0 & 1 & -\sqrt{2} \end{bmatrix} \begin{bmatrix} B_1 \\ B_2 \\ B_3 \end{bmatrix} = \begin{bmatrix} 0 \\ 0 \\ 0 \end{bmatrix}$$

이 된다. 따라서 제 1식과 제 3식으로부터 $-\sqrt{2}B_1 + B_2 = 0$, $B_2 - \sqrt{2}B_3 = 0$이므로 $B_2 = \sqrt{2}B_1 = \sqrt{2}B_3$이 된다. 여기서, $B_1 = B_3 = C_1$으로 두면 $B_2 = \sqrt{2}C_1$이 된다. 따라서 이때의 기준 모드는 다음과 같다.

$$\begin{aligned} x_1 &= C_1\cos\left(\sqrt{2-\sqrt{2}}\,\omega_0 t + \phi_1\right) \\ x_2 &= \sqrt{2}C_1\cos\left(\sqrt{2-\sqrt{2}}\,\omega_0 t + \phi_1\right) \\ x_3 &= C_1\cos\left(\sqrt{2-\sqrt{2}}\,\omega_0 t + \phi_1\right) \end{aligned} \tag{21}$$

또한 (21)의 3개의 계수 C_1, $\sqrt{2}C_1$, C_1이 그림과 같이 구간 $[0, L]$을 반 파장으로 하는 현의 진동(횡진동)으로 생각하면 잘 대응한다는 것을 알 수 있다.

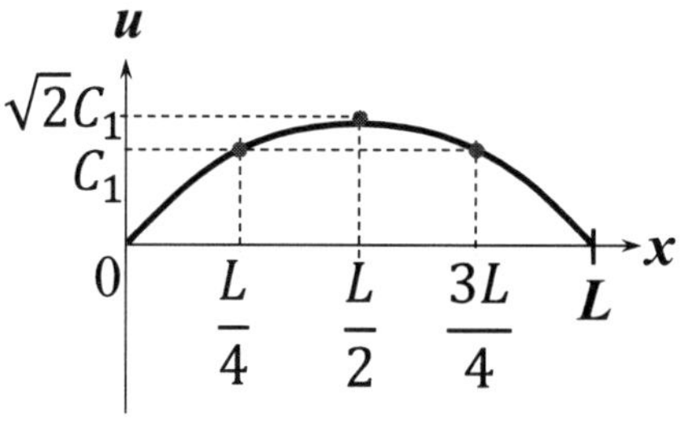

반파장이 L인 현의 진동

(ii) $\omega = \sqrt{2}\omega_0$일 때, (19)

$$A=\begin{bmatrix}0 & \omega_0^2 & 0\\ \omega_0^2 & 0 & \omega_0^2\\ 0 & \omega_0^2 & 0\end{bmatrix}=\omega_0^2\begin{bmatrix}0 & 1 & 0\\ 1 & 0 & 1\\ 0 & 1 & 0\end{bmatrix}$$

이 되기 때문에, (20)은

$$\omega_0^2\begin{bmatrix}0 & 1 & 0\\ 1 & 0 & 1\\ 0 & 1 & 0\end{bmatrix}\begin{bmatrix}B_1\\ B_2\\ B_3\end{bmatrix}=\begin{bmatrix}0\\ 0\\ 0\end{bmatrix}$$

이 된다.

$B_2=0$, $B_1+B_3=0$으로부터, $B_1=-B_3=C_2$로 두면, $B_1=C_2$, $B_2=0$, $B_3=-C_2$가 된다. 따라서 이때의 기준 모드는

$$\begin{aligned}x_1 &= C_2\cos\left(\sqrt{2}\,\omega_0 t+\phi_2\right)\\ x_2 &= 0\\ x_3 &= -C_2\cos\left(\sqrt{2}\,\omega_0 t+\phi_2\right)\end{aligned} \tag{22}$$

이 된다. 또한 (22)의 3개의 계수 C_2, 0, $-C_2$가 다음 그림과 같이 구간 $[0,L]$을 1 파장으로 하는 현의 진동(횡진동)과 대응하는 것도 알 수 있다.

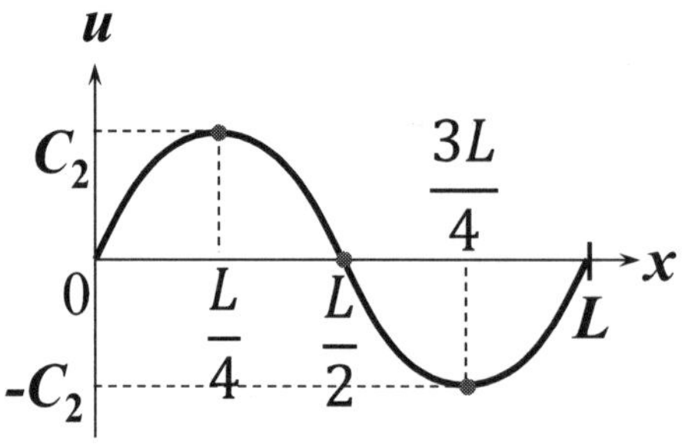

1 파장이 L인 현의 진동

(iii) $\omega = \sqrt{2+\sqrt{2}}\,\omega_0$일 때, (19)는

$$A = \begin{bmatrix} \sqrt{2}\,\omega_0^2 & \omega_0^2 & 0 \\ \omega_0^2 & \sqrt{2}\,\omega_0^2 & \omega_0^2 \\ 0 & \omega_0^2 & \sqrt{2}\,\omega_0^2 \end{bmatrix} = \omega_0^2 \begin{bmatrix} \sqrt{2} & 1 & 0 \\ 1 & \sqrt{2} & 1 \\ 0 & 1 & \sqrt{2} \end{bmatrix}$$

이 되기 때문에, (20)은

$$\omega_0^2 \begin{bmatrix} \sqrt{2} & 1 & 0 \\ 1 & \sqrt{2} & 1 \\ 0 & 1 & \sqrt{2} \end{bmatrix} \begin{bmatrix} B_1 \\ B_2 \\ B_3 \end{bmatrix} = \begin{bmatrix} 0 \\ 0 \\ 0 \end{bmatrix}$$

가 된다. 따라서 $\sqrt{2}\,B_1 + B_2 = 0$, $B_2 + \sqrt{2}\,B_3 = 0$으로부터 $B_2 = -\sqrt{2}\,B_1 = -\sqrt{2}\,B_3$이 된다. 여기에서 $B_1 = B_3 = C_3$으로 두면, $B_2 = -\sqrt{2}\,C_3$이 된다. 따라서 이때의 기준모드는

$$\begin{aligned} x_1 &= C_3 \cos\left(\sqrt{2+\sqrt{2}}\,\omega_0 t + \phi_3\right) \\ x_2 &= -\sqrt{2}\,C_3 \cos\left(\sqrt{2+\sqrt{2}}\,\omega_0 t + \phi_3\right) \\ x_3 &= C_3 \cos\left(\sqrt{2+\sqrt{2}}\,\omega_0 t + \phi_3\right) \end{aligned} \tag{23}$$

이 된다. 또한 (23)의 3개의 계수 C_3, $-\sqrt{2}\,C_3$, C_3이 다음 그림과 같이 구간 $[0, L]$을 1.5 파장으로 하는 현의 진동(횡진동)과 대응하고 있는 것도 알 수 있다.

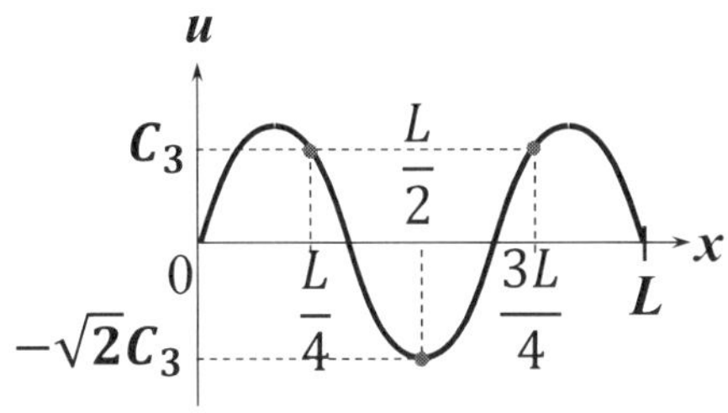

1.5 파장이 L인 현의 진동

이상 (i), (ii), (iii)으로부터, x_1, x_2, x_3 각각에 대하여, (21), (22), (23)의 각 모드를 각각 합하면, P_1, P_2, P_3의 변위 x_1, x_2, x_3 의 일반해가 다음과 같이 얻어진다.

$$
\begin{aligned}
x_1 &= C_1\cos\left(\sqrt{2-\sqrt{2}}\,\omega_0 t+\phi_1\right)+C_2\cos\left(\sqrt{2}\,\omega_0 t+\phi_2\right) \\
&\quad + C_3\cos\left(\sqrt{2+\sqrt{2}}\,\omega_0 t+\phi_3\right) \\
x_2 &= \sqrt{2}\,C_1\cos\left(\sqrt{2-\sqrt{2}}\,\omega_0 t+\phi_1\right)-\sqrt{2}\,C_3\cos\left(\sqrt{2+\sqrt{2}}\,\omega_0 t+\phi_3\right) \\
x_3 &= C_1\cos\left(\sqrt{2-\sqrt{2}}\,\omega_0 t+\phi_1\right)-C_2\cos\left(\sqrt{2}\,\omega_0 t+\phi_2\right) \\
&\quad + C_3\cos\left(\sqrt{2+\sqrt{2}}\,\omega_0 t+\phi_3\right)
\end{aligned}
$$

단, $\omega_0=\sqrt{\dfrac{k}{m}}$, C_1, C_2, C_3: 상수, ϕ_1, ϕ_2, ϕ_3: 초기 위상이다.

이상으로 자유도 3의 **"결합 진동"** (coupled oscillation)의 설명은 끝난다. 이 후에는 더욱 일반화하여 자유도 N($N=1, 2, 3, \cdots$)의 결합 진동에 대해 생각해 보자.

§ 자유도 N의 결합 수평 용수철 진자

일반론으로서 자유도 N의 결합 수평 용수철 진자에 대하여 생각해 보자.

그림 4에 나타내듯이 질점 m인 N개의 질점 (진동자) P_1, P_2, ⋯, P_n, ⋯, P_N과 자연 길이가 전부 $\dfrac{L}{N+1}$이고, 용수철 상수가 k인 질량을 무시할 수 있는 $N+1$개의 용수철을 연결하여 매끄러운 수평면에 놓고 양 끝점을 L만큼 떨어뜨린 벽면에 고정한다. 여기서 P_1, P_2, ⋯, P_n, ⋯, P_N의 평형 위치로부터의 변위를 순서대로 x_1, x_2, ⋯, x_n, ⋯, x_N으로 두고, $P_n(n=1,2,\cdots,N)$의 결합 운동 방정식을 세워 보면 다음과 같이 된다.

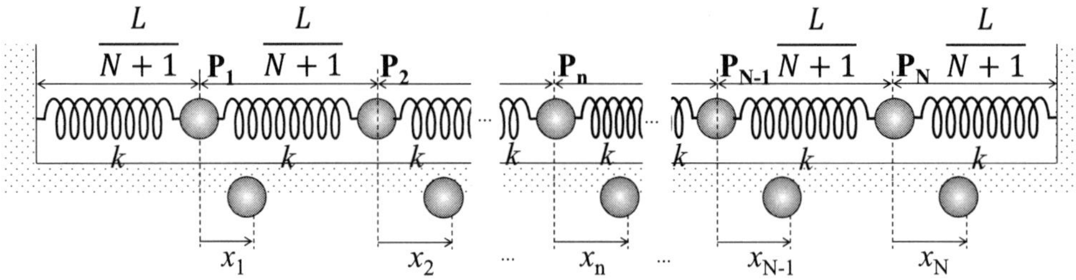

그림 4. 자유도 N의 결합 수평 용수철 진자

$$m\ddot{x}_1 = -kx_1 + k(x_2 - x_1) \tag{24}$$

여기서 $x_0 = 0$으로 두면, $m\ddot{x}_1 = -k(x_1 - x_0) + k(x_2 - x_1)$로 할 수 있다.

$$m\ddot{x}_2 = -k(x_2 - x_1) + k(x_3 - x_2) \tag{25}$$

$$m\ddot{x}_3 = -k(x_3 - x_2) + k(x_4 - x_3) \tag{26}$$

$$m\ddot{x}_n = -k(x_n - x_{n-1}) + k(x_{n+1} - x_n) \tag{27}$$

$$m\ddot{x}_N = -k(x_N - x_{N-1}) - kx_N \tag{28}$$

$x_{N+1} = 0$으로 두면 $m\ddot{x}_N = -k(x_N - x_{N-1}) + k(x_{N+1} - x_N)$으로 할 수 있다.

여기서 (24)와 (28)을 제외한 $N-2$개의 운동 방정식은 같은 형태를 하고 있다. 따라서 양 끝점에 질점은 없지만 여기에서는 가상적으로 왼쪽 끝에 P_0, 오른쪽 끝에 P_{N+1}이 있다고 생각하면, 이러한 변위는 당연히 $x_0 = 0$, $x_{N+1} = 0$이 된다. 이들을 더하여 (24)와 (28)을 각각 다시 표현하면 (24)는

$$m\ddot{x}_1 = -k(x_1 - x_0) + k(x_2 - x_1) \tag{29}$$

(28)은

$$m\ddot{x}_N = -k(x_N - x_{N-1}) + k(x_{N+1} - x_N) \tag{30}$$

이 되어, (29), (25), (26), ⋯, (27), ⋯, (30)은 전부 같은 형태의 운동 방정식이기 때문에 이러한 N개의 운동 방정식은 다음의 1개의 운동 방정식으로 나타낼 수 있다.

$$\begin{aligned} m\ddot{x}_n &= -k(x_n - x_{n-1}) + k(x_{n+1} - x_n) \\ &= -k(2x_n - x_{n+1} - x_{n-1}),\ (n = 1, 2, 3, \cdots, N) \end{aligned} \tag{31}$$

단, $x_0 = x_{N+1} = 0$

자유도 N의 결합 진동의 경우, N만큼의 기준 모드(기준 진동)가 존재한다. 여기서는 j번째($j = 1, 2, 3, \cdots, N$)의 각진동수 ω_j에 대응하는 기준 모드에 대해서 질점 $\mathrm{P_n}$ ($n = 1, 2, 3, \cdots, N$)의 변위 x_n은 다음 식으로 표시된다.

$$x_n = B_n \cos(\omega_j t + \phi_j),\ (n = 1, 2, 3, \cdots, N) \tag{32}$$

여기에서 (32)의 계수 B_n은 지금까지의 설명에서 정현파로 표시되는 현의 횡진동 위의 점에서 구해진다고 생각되므로

$$B_n = B\sin\kappa n,\ (n = 0, 1, 2, \cdots, N+1) \tag{33}$$

단 κ, B: 상수

로 두면, (32)는

$$x_n = B\sin\kappa n\cos\left(\omega_j t + \phi_j\right) \tag{34}$$

이 된다. 여기에서 경계 조건 $x_0 = x_{N+1} = 0$을 만족해야 한다. 따라서

· $n = 0$일 때,

$x_0 = B\sin 0\cos\left(\omega_j t + \phi_j\right) = 0$이 되어, 이것은 조건을 만족한다.

· $n = N+1$일 때, 조건

$x_{N+1} = B\sin(N+1)\kappa\cos\left(\omega_j t + \phi_j\right) = 0$을 만족하기 위해서는

$\sin(N+1)\kappa = 0$, 즉 $(N+1)\kappa = j\pi$, $(j = 1, 2, \cdots, N)$이 되어야 한다.

따라서 이것을 만족하는 상수 κ을 κ_j로 표현하면,

$$\kappa_j = \frac{j}{N+1}\pi,\ (j = 1, 2, 3, \cdots, N) \tag{35}$$

이 된다. 이상으로부터

$$x_n = B\sin\kappa_j n\cos\left(\omega_j t + \phi_j\right) \tag{34}$$

$$\ddot{x}_n = B\sin\kappa_j n\left(-\omega_j^2\right)\cos\left(\omega_j t + \phi_j\right) \tag{36}$$

여기서 $j = 1, 2, 3, \cdots, N;\ \ n = 1, 2, 3, \cdots, N;\ \ \kappa_j = \dfrac{j}{N+1}\pi$

이 된다. 또한 (34)로부터

$$x_{n+1} = B\sin\kappa_j(n+1)\cos\left(\omega_j t + \phi_j\right) \tag{37}$$

$$x_{n-1} = B\sin\kappa_j(n-1)\cos\left(\omega_j t + \phi_j\right) \tag{38}$$

이 된다. (36), (34), (37), (38)을 (31)에 대입하면 다음과 같다.

$$-m\omega_j^2 B\sin\kappa_j n\cos(\omega_j t+\phi_j)$$
$$=-k\{2\sin\kappa_j n-\sin\kappa_j(n+1)-\sin\kappa_j(n-1)\}B\cos(\omega_j t+\phi_j)$$

여기서 양변을 $-B\cos(\omega_j t+\phi_j)(\neq 0)$으로 나누고, $\dfrac{k}{m}=\omega_0^2$으로 두면 다음과 같다.

$$\omega_j^2\sin\kappa_j n=\omega_0^2\{2\sin\kappa_j n-\sin(\kappa_j n+\kappa_j)-\sin(\kappa_j n-\kappa_j)\}$$

여기서 공식 $-\{\sin(\kappa_j n+\kappa_j)+\sin(\kappa_j n-\kappa_j)\}=-2\sin\kappa_j n\cos\kappa_j$, $\sin(\alpha+\beta)+\sin(\alpha-\beta)=2\sin\alpha\cos\beta$를 사용하면 다음과 같다.

$$\omega_j^2\sin\kappa_j n=\omega_0^2\sin\kappa_j n 2(1-\cos\kappa_j)$$

양변을 $\sin\kappa_j n$으로 나누면 다음과 같이 ω_j를 구할 수 있다.

$$\omega_j^2=2\omega_0^2(1-\cos\kappa_j)$$
$$=4\omega_0^2\sin^2\frac{\kappa_j}{2}=\left(2\omega_0\sin\frac{\kappa_j}{2}\right)^2$$
$$\therefore\omega_j=2\omega_0\sin\frac{\kappa_j}{2},\ (j=1,2,3,\cdots,N) \tag{39}$$

여기에서 κ_j는 j번째의 기준 모드의 **"파수"**(wave number)라고 부르고, 이것에 대응하는 각진동수 ω_j를 **"고유 각진동수"**라고 부른다. 그리고 이 κ_j와 ω_j의 관계식을 **"분산 함수"**(dispersion relation)라고 하는 것도 알아두자.

이상을 정리하면 다음과 같다.

▶ 자유도 N의 결합 수평 용수철 진자

자유도 N의 결합 수평 용수철 진자의 운동 방정식은

$$\ddot{x}_n = -\omega_0^2(2x_n - x_{n+1} - x_{n-1}),$$

$$(n = 1, 2, \cdots, N,\ x_0 = x_{N+1} = 0,\ \omega_0 = \sqrt{\frac{k}{m}}\ )$$

이고, j번째의 기준 모드의 파수 $\kappa_j = \dfrac{j}{N+1}\pi$, 분산 함수 $\omega_j = 2\omega_0 \sin\dfrac{\kappa_j}{2}$, $(j = 1, 2, \cdots, N)$이고, 이때의 $\mathrm{P_n}$의 변위 x_n은 $x_n = B\sin\kappa_j n\cos(\omega_j t + \phi_j)$, $(n = 1, 2, \cdots, N)$이다. 여기서 $B\sin\kappa_j n$는 계수 $B_1, B_2, \cdots, B_N$은 비율을 알면 된다.

§ 자유도 N의 결합 수평 용수철 진자의 공식

자유도 N의 결합 수평 용수철 진자의 공식을 $N = 3$의 결합 수평 용수철 진자의 문제에 응용해 보자. 이것은 예제 14와 같은 문제이므로 같은 결과가 도출되는 것을 확인하자.

예제 15. 그림과 같이 질량이 m인 3개의 질점(진동자) $\mathrm{P_1}$, $\mathrm{P_2}$, $\mathrm{P_3}$과 각각 자연 길이 $\dfrac{L}{4}$, 용수철 상수가 k인 질량을 무시할 수 있는 4개의 용수철을 연결하여 매끄러운 수평면에 놓고, 양 끝점을 L 만큼 떨어진 벽면에 고정한다.

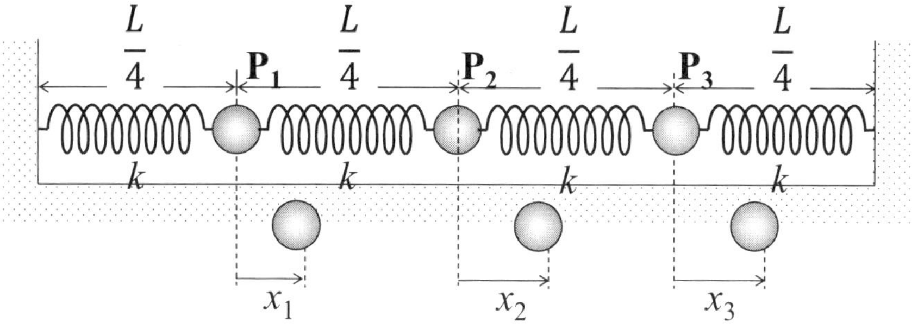

자유도 3의 결합 수평 용수철 진자

여기서 P_1, P_2, P_3을 평형 위치로부터 떨어뜨려 진동시킨다. 질점 P_1, P_2, P_3의 평형 위치로부터의 변위를 x_1, x_2, x_3으로 둔다. 이때 $N=3$으로 두고, 이 결합 진동에 대한 3개의 기준 모드를 다음 공식을 이용하여 구하라.

$$\text{(i)}\ \kappa_j = \frac{j}{N+1}\pi \tag{40}$$

$$\text{(ii)}\ \omega_j = 2\omega_0 \sin\frac{\kappa_j}{2} \tag{41}$$

$$\text{(iii)}\ x_n = B\sin\kappa_j n\cos(\omega_j t + \phi_j) \tag{42}$$

$$(j=1,\ 2,\ 3,\ \ n=1, 2, 3,\ \ \omega_0 = \sqrt{\frac{k}{m}}\ )$$

해답: 자유도 $N=3$의 결합 수평 용수철 진자에 대하여,

(I) $j=1$일 때의 기준 모드(기준 진동)를 구한다.

(i) (40)으로부터 파수 $\kappa_1 = \dfrac{1}{3+1}\pi = \dfrac{\pi}{4}$

(ii) (41)로부터 고유 각 진동

$$\omega_1 = 2\omega_0 \sin\frac{\pi}{8} = 2\omega_0 \times \frac{\sqrt{2-\sqrt{2}}}{2} = \sqrt{2-\sqrt{2}}\,\omega_0$$

여기서 반각의 공식 $\sin^2\frac{\theta}{2}=\frac{1-\cos\theta}{2}$를 이용하여

$\sin^2\frac{\pi}{8}=\frac{1-\cos\frac{\pi}{4}}{2}=\frac{1-\frac{\sqrt{2}}{2}}{2}=\frac{2-\sqrt{2}}{4}$로부터,

$\sin\frac{\pi}{8}=\sqrt{\frac{2-\sqrt{2}}{4}}=\frac{\sqrt{2-\sqrt{2}}}{2}$임을 알았다.

(iii) x_1, x_2, x_3의 계수를 순서대로 B_1, B_2, B_3로 두면, (42)로부터

$$B_1=B\sin(\kappa_1\times 1)=B\sin\frac{\pi}{4}=\frac{\sqrt{2}}{2}B$$

$$B_2=B\sin(\kappa_1\times 2)=B\sin\frac{\pi}{2}=B$$

$$B_3=B\sin(\kappa_1\times 3)=B\sin\frac{3}{4}\pi=\frac{\sqrt{2}}{2}B$$

따라서 $B_1=B_3=C_1$로 두면, $B_2=\sqrt{2}\,C_1$이 된다.

이것으로부터 $j=1$일 때의 기준 모드는 $\omega_1=\sqrt{2-\sqrt{2}}\,\omega_0$이 되어 다음과 같이 된다.

$$x_1=C_1\cos\left(\sqrt{2-\sqrt{2}}\,\omega_0 t+\phi_1\right)$$
$$x_2=\sqrt{2}\,C_1\cos\left(\sqrt{2-\sqrt{2}}\,\omega_0 t+\phi_1\right)$$
$$x_3=C_1\cos\left(\sqrt{2-\sqrt{2}}\,\omega_0 t+\phi_1\right)\ \left(\omega_0=\sqrt{\frac{k}{m}},\ \phi_1\text{: 초기 위상}\right) \qquad (43)$$

(II) $j=2$일 때의 기준 모드를 구한다.

(i) (40)으로부터 $\kappa_2=\frac{2}{3+1}\pi=\frac{\pi}{2}$

(ii) (41)로부터

$$\omega_2=2\omega_0\sin\frac{\frac{\pi}{2}}{2}=2\omega_0\sin\frac{\pi}{4}=2\omega_0\frac{\sqrt{2}}{2}=\sqrt{2}\,\omega_0$$

(iii) x_1, x_2, x_3의 계수를 순서대로 B_1, B_2, B_3으로 두면, (42)로부터

$$B_1 = B\sin\left(\frac{\pi}{2}\times 1\right) = B\sin\frac{\pi}{2} = B\times 1 = B$$

$$B_2 = B\sin\left(\frac{\pi}{2}\times 2\right) = B\sin\pi = B\times 0 = 0$$

$$B_3 = B\sin\left(\frac{\pi}{2}\times 3\right) = B\sin\frac{3}{2}\pi = B\times(-1) = -B$$

따라서 $B_1 = C_2$로 두면, $B_2 = 0$, $B_3 = -C_2$가 된다.

이것으로부터 $j=2$일 때의 기준 모드는 $\omega_2 = \sqrt{2}\,\omega_0$으로부터 다음과 같이 된다.

$$x_1 = C_2\cos\left(\sqrt{2}\,\omega_0 t + \phi_2\right)$$

$$x_2 = 0$$

$$x_3 = -C_2\cos\left(\sqrt{2}\,\omega_0 t + \phi_2\right)\ \left(\omega_0 = \sqrt{\frac{k}{m}},\ \phi_2\text{: 초기 위상}\right) \tag{44}$$

(III) $j=3$일 때의 기준 모드를 구한다.

(i) (40)으로부터 $\kappa_2 = \dfrac{3}{3+1}\pi = \dfrac{3}{4}\pi$

(ii) (41)로부터

$$\omega_3 = 2\omega_0\sin\frac{3}{8}\pi = 2\omega_0\frac{\sqrt{2+\sqrt{2}}}{2} = \sqrt{2+\sqrt{2}}\,\omega_0$$

여기서 $\sin^2\dfrac{3}{8}\pi = \dfrac{1-\cos\dfrac{3}{4}\pi}{2} = \dfrac{1-\left(-\dfrac{\sqrt{2}}{2}\right)}{2} = \dfrac{2+\sqrt{2}}{4}$로,

$\sin\dfrac{3}{8}\pi = \sqrt{\dfrac{2+\sqrt{2}}{4}} = \dfrac{\sqrt{2+\sqrt{2}}}{2}$임을 알았다.

(iii) x_1, x_2, x_3의 계수를 순서대로 B_1, B_2, B_3으로 두면, (42)로부터

$$B_1 = B\sin\left(\frac{3}{4}\pi \times 1\right) = B\sin\frac{3}{4}\pi = B\frac{\sqrt{2}}{2} = \frac{\sqrt{2}}{2}B$$

$$B_2 = B\sin\left(\frac{3}{4}\pi \times 2\right) = B\sin\frac{3}{2}\pi = B(-1) = -B$$

$$B_3 = B\sin\left(\frac{3}{4}\pi \times 3\right) = B\sin\frac{9}{4}\pi = B\sin\frac{\pi}{4} = B\frac{\sqrt{2}}{2} = \frac{\sqrt{2}}{2}B$$

따라서 $B_1 = B_3 = C_3$으로 두면, $B_2 = -\sqrt{2}\,C_3$이 된다.

이것으로부터 $j=3$일 때의 기준 모드는 $\omega_3 = \sqrt{2+\sqrt{2}}\,\omega_0$으로부터

$$x_1 = C_3\cos\left(\sqrt{2+\sqrt{2}}\,\omega_0 t + \phi_3\right)$$

$$x_2 = -\sqrt{2}\,C_3\cos\left(\sqrt{2+\sqrt{2}}\,\omega_0 t + \phi_3\right)$$

$$x_3 = C_3\cos\left(\sqrt{2+\sqrt{2}}\,\omega_0 t + \phi_3\right) \ \left(\omega_0 = \sqrt{\frac{k}{m}},\ \phi_3\text{: 초기 위상}\right) \tag{45}$$

이 된다. 그리고 (I), (II), (III)의 각 기준 모드 (43), (44), (45)를 x_1, x_2, x_3에 대해 각각 합한 것이 x_1, x_2, x_3의 일반해이며, 이는 예제 14에서 해설한 결과와 모두 일치한다. 이제 자유도 N의 결합 수평 용수철 진자의 공식이 $N=3$일 때 올바른 결과를 이끌어 낼 수 있다는 것을 알게 되었다. 이 공식을 이용하면 더 이상 미분방정식을 푸는 일 없이 일반해를 구할 수 있다.

마지막으로 그림 5에 나타내는 것과 같은 $N=5$(자유도 5)의 결합 수평 용수철 진자의 $j=2$일 때의 기준 모드를 구해 보자.

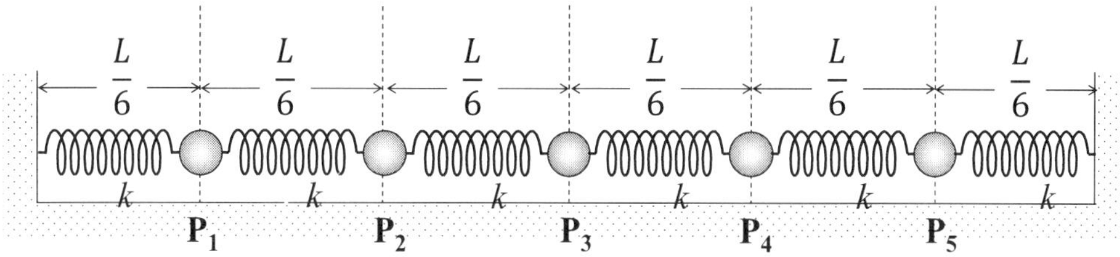

그림 5 자유도 5의 결합 수평 용수철 진자

$N=5$, $j=2$임으로,

(40)으로부터, $\kappa_2 = \dfrac{2}{5+1}\pi = \dfrac{\pi}{3}$

(41)로부터, $\omega_2 = 2\omega_0 \sin\dfrac{\pi}{6} = 2\omega_0 \times \dfrac{1}{2} = \omega_0$

(42)로부터, x_1, x_2, x_3, x_4, x_5의 계수를 순서대로 B_1, B_2, B_3, B_4, B_5로 두면,

$$B_1 = B\sin\left(\frac{\pi}{3}\times 1\right) = B\sin\frac{\pi}{3} = B\frac{\sqrt{3}}{2} = \frac{\sqrt{3}}{2}B$$

$$B_2 = B\sin\left(\frac{\pi}{3}\times 2\right) = B\sin\frac{2}{3}\pi = B\frac{\sqrt{3}}{2} = \frac{\sqrt{3}}{2}B$$

$$B_3 = B\sin\left(\frac{\pi}{3}\times 3\right) = B\sin\pi = B\times 0 = 0$$

$$B_4 = B\sin\left(\frac{\pi}{3}\times 4\right) = B\sin\frac{4}{3}\pi = B\left(-\frac{\sqrt{3}}{2}\right) = -\frac{\sqrt{3}}{2}B$$

$$B_5 = B\sin\left(\frac{\pi}{3}\times 5\right) = B\sin\frac{5}{3}\pi = B\left(-\frac{\sqrt{3}}{2}\right) = -\frac{\sqrt{3}}{2}B$$

따라서 $B_1 = B_2 = C_2$로 두면, $B_3 = 0$, $B_4 = B_5 = -C_2$가 된다.

이것으로부터 $N=5$, $j=2$일 때의 기준 모드는 $\omega_2 = \omega_0$으로부터

$$x_1 = C_2\cos(\omega_0 t + \phi_2)$$

$$x_2 = C_2\cos(\omega_0 t + \phi_2)$$

$$x_3 = 0$$

$$x_4 = -C_2\cos(\omega_0 t + \phi_2)$$

$$x_5 = -C_2\cos(\omega_0 t + \phi_2)$$

이 된다. 그러면 $N=5$, $j=1$일 때의 기준 모드는 다음의 연습 문제로 풀어 보도록 하자.

■ 연습 문제 5 ◎ 자유도 5의 결합 수평 용수철 진자 ◎

그림에 나타나듯이, 질량이 m인 5개의 질점 P_1, P_2, P_3, P_4, P_5와 각각의 자연 길이 $\frac{L}{6}$, 용수철 상수가 k인 질량을 무시할 수 있는 6개의 용수철을 연결시켜, 매끄러운 평면에 놓고, 양 끝점을 L만큼 떨어뜨린 벽면에 고정한다. 여기에서 P_1, P_2, P_3, P_4, P_5의 평형 위치로부터의 변위를 x_1, x_2, x_3, x_4, x_5로 둔다. 이때, $N=5$로서 이 결합 진동의 $j=1$번째의 기준 모드를 다음 공식을 이용하여 구하라.

$$\text{(i)}\ \kappa_j = \frac{j}{N+1}\pi \tag{40}$$

$$\text{(ii)}\ \omega_j = 2\omega_0 \sin\frac{\kappa_j}{2} \tag{41}$$

$$\text{(iii)}\ x_n = B\sin\kappa_j n\cos(\omega_j t + \phi_j),\ (j=1, n=1, 2, \cdots, 5, \omega_0 = \sqrt{\frac{k}{m}}\ ) \tag{42}$$

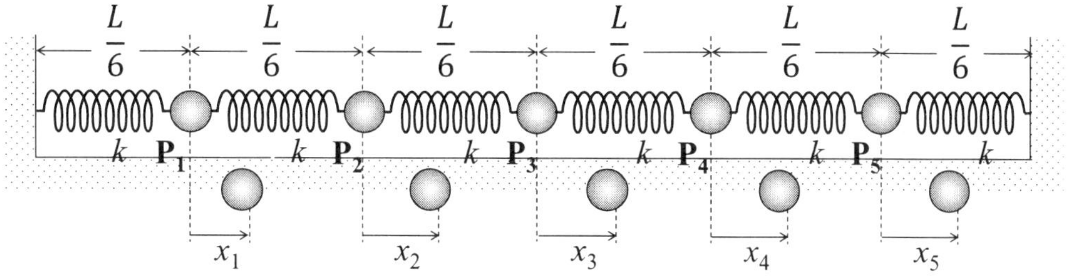

자유도 5의 결합 수평 용수철 진자

◇ 힌트

자유도 $N=5$의 결합 수평 용수철 진자의 기준 모드는 5가지로 존재하지만 여기에서는 $j=1$일 때의 기준 모드를 3개의 공식 (40), (41), (42)를 이용하여 구하자.

□ 해답 및 해설

자유도 $N=5$의 결합 수평 용수철 진자에 대하여 $j=1$일 때의 기준 모드(기준 진동)를 구한다.

(i) (40)으로부터 $\kappa_1 = \dfrac{1}{5+1}\pi = \dfrac{\pi}{6}$

(ii) (41)로부터

$$\omega_1 = 2\omega_0 \sin\left(\frac{1}{2}\times\frac{\pi}{6}\right) = 2\omega_0 \sin\frac{\pi}{12} = 2\omega_0\frac{\sqrt{2-\sqrt{3}}}{2} = \sqrt{2-\sqrt{3}}\,\omega_0$$

여기서 반각공식: $\sin^2\dfrac{\theta}{2} = \dfrac{1-\cos\theta}{2}$를 이용하여

$\sin^2\dfrac{\pi}{12} = \dfrac{1-\cos\dfrac{\pi}{6}}{2} = \dfrac{1-\dfrac{\sqrt{3}}{2}}{2} = \dfrac{2-\sqrt{3}}{4}$ 으로부터

$\sin\dfrac{\pi}{12} = \sqrt{\dfrac{2-\sqrt{3}}{4}} = \dfrac{\sqrt{2-\sqrt{3}}}{2}$ 임을 알았다.

(iii) x_1, x_2, x_3, x_4, x_5의 계수를 순서대로 B_1, B_2, B_3, B_4, B_5로 두면 (42)로부터

$$B_1 = B\sin\left(\frac{\pi}{6}\times 1\right) = B\sin\frac{\pi}{6} = B\times\frac{1}{2} = \frac{1}{2}B$$

$$B_2 = B\sin\left(\frac{\pi}{6}\times 2\right) = B\sin\frac{\pi}{3} = B\times\frac{\sqrt{3}}{2} = \frac{\sqrt{3}}{2}B$$

$$B_3 = B\sin\left(\frac{\pi}{6}\times 3\right) = B\sin\frac{\pi}{2} = B\times 1 = B$$

$$B_4 = B\sin\left(\frac{\pi}{6}\times 4\right) = B\sin\frac{2}{3}\pi = B\times\frac{\sqrt{3}}{2} = \frac{\sqrt{3}}{2}B$$

$$B_5 = B\sin\left(\frac{\pi}{6}\times 5\right) = B\sin\frac{5}{6}\pi = B\times\frac{1}{2} = \frac{1}{2}B$$

따라서 $B_1 = B_5 = C_1$로 두면, $B_2 = B_4 = \sqrt{3}\,C_1$, $B_3 = 2C_1$이 된다.

이것으로부터 $N=5$, $j=1$의 기준 모드는 $\omega_1 = \sqrt{2-\sqrt{3}}\,\omega_0$으로부터

$$x_1 = C_1\cos\left(\sqrt{2-\sqrt{3}}\,\omega_0 t + \phi_1\right)$$

$$x_2 = \sqrt{3}\,C_1\cos\left(\sqrt{2-\sqrt{3}}\,\omega_0 t + \phi_1\right)$$

$$x_3 = 2C_1\cos\left(\sqrt{2-\sqrt{3}}\,\omega_0 t + \phi_1\right)$$

$$x_4 = \sqrt{3}\,C_1\cos\left(\sqrt{2-\sqrt{3}}\,\omega_0 t + \phi_1\right)$$

$$x_5 = C_1\cos\left(\sqrt{2-\sqrt{3}}\,\omega_0 t + \phi_1\right) \qquad \text{(답)}$$

이다.

〈참고〉 : $\omega_1 = \sqrt{2-\sqrt{3}}\,\omega_0$의 계수 $\sqrt{2-\sqrt{3}}$ 의 2중 근호는 공식 $\sqrt{(a+b)-2\sqrt{ab}} = \sqrt{a}-\sqrt{b}$ $(a > b > 0)$를 이용하여, 다음과 같이 뺄 수 있다.

$$\sqrt{2-\sqrt{3}} = \sqrt{\frac{4-2\sqrt{3}}{2}} = \frac{\sqrt{3}-\sqrt{1}}{\sqrt{2}} = \frac{\sqrt{6}-\sqrt{2}}{2}$$

따라서 $\omega_1 = \dfrac{\sqrt{6}-\sqrt{2}}{2}\omega_0$으로서 예를 들면

$x_1 = C_1 \cos\left(\dfrac{\sqrt{6}-\sqrt{2}}{2}\omega_0 t + \phi_1\right)$ 등으로 표시해도 된다.

제 3 장 ▲ 결합 진동

1. 자유도 2의 결합 수평 용수철 진자

운동 방정식

$$\ddot{x}_1 = -\omega_0^2(2x_1 - x_2)$$
$$\ddot{x}_2 = -\omega_0^2(-x_1 + 2x_2) \quad (\omega_0 = \sqrt{\frac{k}{m}})$$

는 2개의 기준 모드

$$x_1 = C_1\cos(\omega_0 t + \phi_1),\ x_2 = C_1\cos(\omega_0 t + \phi_1)$$
$$x_1 = C_2\cos(\sqrt{3}\,\omega_0 t + \phi_2),\ x_2 = -C_2\cos(-\sqrt{3}\,\omega_0 t + \phi_2)$$

을 가진다.

2. 맥놀이

2개의 기준 모드의 각진동수가 $\omega + \Delta\omega$, $\omega - \Delta\omega$ $(\Delta\omega \ll \omega)$로, 그 차이가 작기 때문에 다음의 식에 의하여 맥놀이가 생긴다.

$$x = C\cos(\omega + \Delta\omega)t + C\cos(\omega - \Delta\omega)t = 2C\cos\Delta\omega t\cos\omega t$$

3. 자유도 3의 결합 수평 용수철 진자

운동 방정식

$$\ddot{x}_1 = -\omega_0^2(2x_1 - x_2)$$
$$\ddot{x}_2 = -\omega_0^2(2x_2 - x_1 - x_3) \quad (\omega_0 = \sqrt{\frac{k}{m}})$$

$$\ddot{x}_3 = -\omega_0^2(2x_3 - x_2)$$

는 3개의 기준 모드를 가진다.

$$x_1 = C_1\cos\left(\sqrt{2-\sqrt{2}}\,\omega_0 t + \phi_1\right)$$
$$x_2 = \sqrt{2}\,C_1\cos\left(\sqrt{2-\sqrt{2}}\,\omega_0 t + \phi_1\right)$$
$$x_3 = C_1\cos\left(\sqrt{2-\sqrt{2}}\,\omega_0 t + \phi_1\right)$$

$$x_1 = C_2\cos\left(\sqrt{2}\,\omega_0 t + \phi_2\right)$$
$$x_2 = 0$$
$$x_3 = -C_2\cos\left(\sqrt{2}\,\omega_0 t + \phi_2\right)$$

$$x_1 = C_3\cos\left(\sqrt{2+\sqrt{2}}\,\omega_0 t + \phi_3\right)$$
$$x_2 = -\sqrt{2}\,C_3\cos\left(\sqrt{2+\sqrt{2}}\,\omega_0 t + \phi_3\right)$$
$$x_3 = C_3\cos\left(\sqrt{2+\sqrt{2}}\,\omega_0 t + \phi_3\right)$$

4. 자유도 N의 결합 수평 용수철 진자

운동 방정식

$$\ddot{x}_n = -\omega_0^2(2x_n - x_{n+1} - x_{n-1})\ (n=1,2,\cdots,N,\ x_0 = x_{N+1} = 0,\ \omega_0 = \sqrt{\frac{k}{m}}\,)$$

는 N개의 기준 모드를 가진다.

$$x_n = B\sin\kappa_j n\cos(\omega_j t + \phi_j)\ (n=1,\ 2,\ \cdots,\ N,\ j=1,\ 2,\ \cdots,\ N)$$
$$(\kappa_j = \frac{j}{N+1}\pi,\ \omega_j = 2\omega_0\sin\frac{\kappa_j}{2})$$

4장

연속체의 진동

\- 테마 -

◆ 1차원 파동 방정식

$$\frac{\partial^2 u}{\partial t^2} = v^2 \frac{\partial^2 u}{\partial x^2}$$

◆ 푸리에 사인 급수 전개

$$f(x) = \sum_{j=1}^{\infty} b_j \sin\frac{j\pi}{L}x,\ b_j = \frac{2}{L}\int_0^L f(x)\sin\frac{j\pi}{L}x dx$$

◆ 푸리에 코사인 급수 전개

$$f(x) = \frac{a_0}{2} + \sum_{j=1}^{\infty} a_j \cos\frac{j\pi}{L}x,\ a_j = \frac{2}{L}\int_0^L f(x)\cos\frac{j\pi}{L}x dx$$

4.1 1차원 파동 방정식

지금부터는 **"연속체의 진동"**에 대해 설명해 본다. 여기에서는 우선 x축 상의 구간 $[0, L]$에 고정된 현의 진동에 대해서 이 진동을 나타내는 "1차원 파동 방정식"을 도출해 보자.

현의 진동은 횡파로 x축과는 수직인 방향으로 진동하므로 이 변위를 표현하는 변수를 u라고 두면 u는 위치 x와 시각 t의 2 변수 함수 $u(x, t)$가 되기 때문에 이 1차원 파동 방정식은 **"편미분방정식"**이 된다. 이것을 푸는 방법으로 **"변수 분리법"**에 대해서도 공부해 보도록 한다. 또한 이 미분방정식식을 풀 때 양 끝점이 고정단이 되는지, 자유단이 되는지에 따라 경계조건이 달라진다.

§ 1차원의 파동 방정식

그림 1과 같이 x축 상의 구간 $[0, L]$에 놓인 현이 양 끝점을 고정단으로 하여 미소 진동하는 경우를 생각하자.

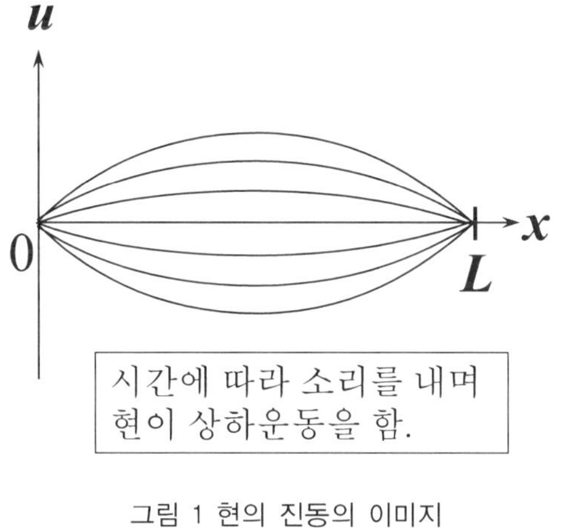

그림 1 현의 진동의 이미지

이때의 현은 밀도가 일정한 연속체이고, x축과 수직상하로 진동하기 때문에 x축과 수직으로 u축을 잡고 이 변위를 u로 나타내면 u는 2개의 독립 변수 x(위치)와 t(시각)의 2 변수 함수 $u(x, t)$가 된다. 이 u의 운동 방정식은 "1차원 파동 방정식"(one-dimensional wave equation)이라고 불리고 다음 식으로 나타낸다.

$$\frac{\partial^2 u}{\partial t^2} = v^2 \frac{\partial^2 u}{\partial x^2} \quad (v\text{: 양의 상수}) \tag{1}$$

일반적으로 u가 t만의 1 변수 함수라고 하면, 이 2계 미분은 $\frac{d^2u}{dt^2}$의 상미분으로 나타나지만 u는 t와 x의 2 변수 함수이기 때문에 각각의 2계 미분은 $\frac{\partial^2 u}{\partial t^2}$, $\frac{\partial^2 u}{\partial x^2}$인 편미분의 기호로 나타난다. 여기서 상수 v^2은 물리 상수로 다음과 같다.

$$v^2 = \frac{T}{\rho} \tag{2}$$

여기서 T: 장력(N), ρ: 현의 선밀도(kg/m)

v^2의 단위는 (2)로부터

$$\left[\frac{N}{kg/m}\right] = \left[\frac{kg\,m/s^2}{kg/m}\right] = \left[\left(\frac{m}{s}\right)^2\right]$$

이 된다. v는 실제로 파의 전달 속도를 나타내게 된다.

그림 2에 나타나는 바와 같이 수평 방향으로 x축, 연직 방향으로 u축을 취한다. 단, 현은 일정한 선밀도 ρ(kg/m)와 단면적을 갖는 것으로 하고, 또한 장력 T(N)은 현의 어디에서나 일정하다.

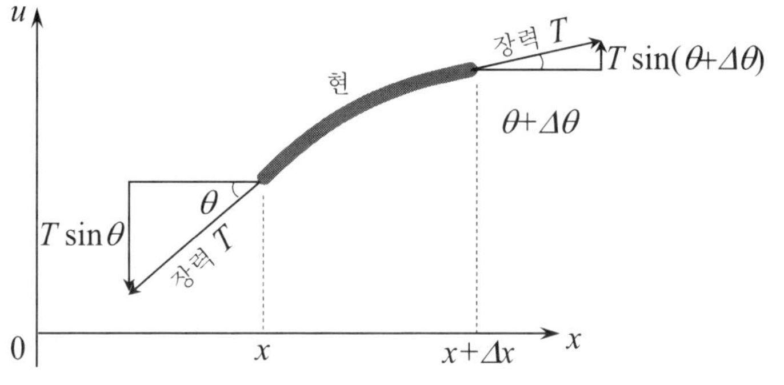

그림 2 현의 $[x, x+\Delta x]$

이때 현의 미소 부분 $[x, x+\Delta x]$에 대하여, 수직 방향에 "뉴턴의 운동 방정식"을 세워보자.

$$F = ma \tag{3}$$

여기서 F는 힘(N), m은 질량: $\Delta x\rho$(kg), a는 가속도: $\frac{\partial^2 u}{\partial t^2}$(m/s²)이라 두면 (3)의 우변은 다음과 같다.

$$ma = \Delta x\rho\frac{\partial^2 u}{\partial t^2} \tag{4}$$

(3)의 좌변은 현의 미소 부분 $[x, x+\Delta x]$에 연직 방향으로 작용하는 힘으로, 그림 2로부터 다음과 같다.

$$T\sin(\theta+\Delta\theta) - T\sin\theta$$

여기서 θ는 아주 작다고 생각해도 되기 때문에 $\sin\theta \fallingdotseq \tan\theta$,

$\sin(\theta + \Delta\theta) \fallingdotseq \tan(\theta + \Delta\theta)$의 관계가 성립한다. 따라서 (3)의 좌변은 다음과 같이 된다.

$$T\tan(\theta + \Delta\theta) - T\tan\theta$$

여기서 $\tan(\theta + \Delta\theta) = \left(\frac{\partial u}{\partial x}\right)_{x+\Delta x}$, $\tan\theta = \left(\frac{\partial u}{\partial x}\right)_x$ 이므로 (3)의 좌변은 다음과 같이 된다.

$$T\left(\frac{\partial u}{\partial x}\right)_{x+\Delta x} - T\left(\frac{\partial u}{\partial x}\right)_x = T\left\{\left(\frac{\partial u}{\partial x}\right)_{x+\Delta x} - \left(\frac{\partial u}{\partial x}\right)_x\right\} = T\Delta x\frac{\partial^2 u}{\partial x^2} \tag{5}$$

여기에서 도함수의 정의 $g'(x) \fallingdotseq \frac{g(x+\Delta x) - g(x)}{\Delta x}$를 사용하였다.

(4)와 (5)로부터 다음이 성립한다.

$$\Delta x\rho\frac{\partial^2 u}{\partial t^2} = T\Delta x\frac{\partial^2 u}{\partial x^2}$$

양변을 $\Delta x\rho$ (>0)로 나누어서

$$\frac{\partial^2 u}{\partial t^2} = \frac{T}{\rho}\frac{\partial^2 u}{\partial x^2}$$

여기서 $\frac{T}{\rho} = v^2$ (>0)으로 두면

· 1차원 파동 방정식 $\frac{\partial^2 u}{\partial t^2} = v^2\frac{\partial^2 u}{\partial x^2}$ (1)

가 나온다. 이 생각을 확장하여,

· 2차원 파동 방정식 $\frac{\partial^2 u}{\partial t^2}=a^2\left(\frac{\partial^2 u}{\partial x^2}+\frac{\partial^2 u}{\partial y^2}\right)$

· 3차원 파동 방정식 $\frac{\partial^2 u}{\partial t^2}=a^2\left(\frac{\partial^2 u}{\partial x^2}+\frac{\partial^2 u}{\partial y^2}+\frac{\partial^2 u}{\partial z^2}\right)$

도 나온다. 이 3차원 파동 방정식에 대하여 다음 장에서 또 취급하기 때문에 기억해 두자.

§ 고정단을 가진 1차원의 파동 방정식

1차원의 파동 방정식 $u_{tt}=v^2 u_{xx}$를 도출하였으므로 이것을 풀어 보자.

편미분은 $\frac{\partial u}{\partial t}=u_t$, $\frac{\partial u}{\partial x}=u_x$, $\frac{\partial^2 u}{\partial t^2}=u_{tt}$, $\frac{\partial^2 u}{\partial x^2}=u_{xx}$ 등으로 간략화해도 된다.

예제 16. 다음의 1차원 파동 방정식(편미분방정식)을 풀어 보자.

$$\frac{\partial^2 u}{\partial t^2}=v^2\frac{\partial^2 u}{\partial x^2}\quad (0<x<L,\ 0<t) \tag{6}$$

경계 조건 $u(0,t)=u(L,t)=0$

초기 조건 $u(x,0)=f(x)$, $u_t(x,0)=0$

해답: x축 상의 구간 $[0,L]$에 현의 양 끝점을 고정하고 시각 $t=0$일 때 초기 조건으로서 그림에 나타나듯이 $x=\frac{L}{2}$인 부분을 손가락으로 $u=\frac{1}{10}$까지 집어 올린 상태에서 손가락을 떼어, 현을 진동시키는 모델을 생각해 보자.

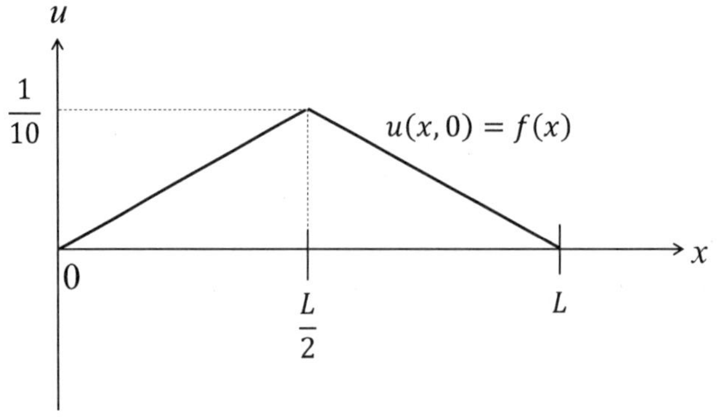

(6)의 파동 방정식에서 변위 u는 x와 t의 함수이므로 이것은 x만의 함수 $\chi(x)$와 t만의 함수 $\tau(t)$의 곱으로 다음과 같이 표현할 수 있다.

$$u(x,t)=\chi(x)\tau(t) \tag{7}$$

여기서 각각 $\chi(x)$와 $\tau(t)$을 독립적으로 구하는 방법을 **"변수 분리법"**이라고 한다. t로 편미분할 때에 x는 상수로 취급할 수 있고, 반대로 x로 편미분할 때에 t는 상수로서 취급할 수 있으므로 (7)로부터 u_{tt}와 u_{xx}는 다음과 같이 된다.

$$\frac{\partial^2 u}{\partial t^2}=u_{tt}=(\chi\tau)_{tt}=\chi\tau_{tt}\ (\chi\text{는 상수 취급}) \tag{8}$$

$$\frac{\partial^2 u}{\partial x^2}=u_{xx}=(\chi\tau)_{xx}=\tau\chi_{xx}\ (\tau\text{는 상수 취급}) \tag{9}$$

여기에서 (8), (9)를 (6)에 대입하여

$$\chi\tau_{tt}=v^2\tau\chi_{xx}$$

이 양변을 $\chi\tau$로 나누면 다음과 같다.

$$\frac{\tau_{tt}}{\tau} = v^2 \frac{\chi_{xx}}{\chi}$$

위의 좌변은 t만의 식이고, 우변은 x만의 식이기 때문에 이 등식이 항등적으로 성립하기 위해서 이것들은 어떤 상수 α와 같지 않으면 안 된다. 따라서 $\frac{\tau_{tt}}{\tau} = v^2 \frac{\chi_{xx}}{\chi} = \alpha$ (상수)로 둘 수 있다. 이것으로부터 다음과 같이 2개의 상미분방정식이 나온다.

$$\text{(i)}\ v^2 \chi_{xx} = \alpha\chi \tag{10}$$

χ는 x의 1 변수 함수이기 때문에 이것은 $v^2 \frac{d^2\chi}{dx^2} = \alpha\chi$ (상미분방정식), 혹은 $v^2\chi'' = \alpha\chi$로 나타낸다.

$$\text{(ii)}\ \tau_{tt} = \alpha\tau \tag{11}$$

τ는 t의 1 변수 함수이기 때문에, 이것은 $\frac{d^2\tau}{dx^2} = \alpha\tau$ (상미분방정식), 혹은 $\ddot{\tau} = \alpha\tau$로 나타낸다.

(i) $v^2\chi_{xx} = \alpha\chi$의 경우, $\alpha \geqq 0$일 때에는 부적절하다.

그 이유는 $\alpha > 0$일 때, $\frac{\alpha}{v^2} = \beta(>0)$로 두면, 특성 방정식 $\lambda^2 - \beta = 0$으로부터

$\lambda = \pm\sqrt{\beta}$가 되어 $\therefore \chi(x) = A_1 e^{\sqrt{\beta}x} + A_2 e^{-\sqrt{\beta}x}$가 된다.

이것을 경계 조건 $u(0,t) = u(L,t) = 0$와 $\chi(0) = \chi(L) = 0$에 적용하면,

$A_1 = A_2 = 0$이 되어 부적절하다. 또한 $\alpha = 0$일 때, $\chi'' = 0$으로부터 해는 $\chi(x) = px + q$와 같이 나오고 같은 방법으로 경계 조건으로부터 $p = q = 0$이 되어 부적절하다. 따라서 $\alpha < 0$으로부터 $\alpha = -\omega^2$ $(\omega > 0)$으로 두면 (10)은

$$\chi'' = -\left(\frac{\omega}{v}\right)^2 \chi \tag{12}$$

여기에서 각진동수 $\omega = \frac{2\pi}{T}$, 전파속도 $v = \frac{\lambda}{T}$이므로, 다음의 관계가 성립한다.

$$\frac{\omega}{v} = \frac{2\pi}{T} \times \frac{T}{\lambda} = \frac{2\pi}{\lambda} = \kappa \ (\text{파수}) \tag{13}$$

따라서 (12)는 다음과 같이 된다.

$$\chi'' = -\kappa^2 \chi \tag{14}$$

이것은 단진동의 미분방정식이므로 (14)의 일반해 $\chi(x)$는

$$\chi(x) = A_1 \cos \kappa x + A_2 \sin \kappa x \tag{15}$$

가 된다.

경계 조건을 적용하면 다음과 같다.

· $u(0, t) = \chi(0)\tau(t) = 0$으로부터, $\chi(0) = 0$이고 $\tau(t)$는 여러 값을 가진다. 따라서 (15)에 $x = 0$을 대입하여

$$\chi(0) = A_1 \cos 0 + A_2 \sin 0 = A_1 = 0 \qquad \therefore A_1 = 0$$

이제 (15)는 다음과 같이 된다.

$$\chi(x) = A_2 \sin \kappa x \tag{16}$$

다음으로

· $u(L,t)=\chi(L)\tau(t)=0$으로부터, $\chi(L)=0$이고 $\tau(t)$는 여러 값을 가진다. 따라서 (16)에 $x=L$을 대입하면 $\chi(L)=A_2\sin\kappa L=0$이 된다. 여기에서 $A_2=0$이라고 하면, $\chi(x)=0$ (항등식에 0)이 되어 부적절하다. 따라서 $\sin\kappa L=0$이므로 $\kappa L=j\pi$ $(j=1,2,3,\cdots)$가 되고 파수 κ는 이산적인 값만 취하기 때문에 이것을 κ_j로 두면

$$\kappa_j=\frac{j\pi}{L}\ \ (j=1,2,3,\cdots) \tag{17}$$

이 되기 때문에 (16)은

$$\chi(x)=A_2\sin\kappa_j x=A_2\sin\frac{j\pi}{L}x\ \ (j=1,2,3,\cdots) \tag{18}$$

이 된다. 또한

$$\frac{\omega}{v}=\kappa\ \ (v\text{는 상수, }\kappa=\kappa_j) \tag{19}$$

로부터 각진동수 ω도 이산적인 값만 가지기 때문에 이것도 ω_j로 두면 분산 함수의 식

$$\omega_j=v\kappa_j=\frac{jv\pi}{L} \tag{20}$$

가 된다.

(ii) $\tau_{tt}=\alpha\tau$인 경우, $\alpha=-\omega^2=-\omega_j^2$ $\left(=-\dfrac{j^2v^2\pi^2}{L^2}\right)$과 단진동의 미분방정식 $\tau_{tt}=-\omega_j^2\tau$으로부터 이 일반해 $\tau(t)$는

$$\tau(t) = B_1 \cos\omega_j t + B_2 \sin\omega_j t \tag{21}$$

가 된다. 여기에서 예제 16의 초기 조건에 $u_t(x, 0)$이 있는 것에 주목하자. 이것은 시각 $t=0$일 때, 그 변위의 미분 계수가 0이기 때문에, 현은 정지 상태로부터 진동을 시작하는 것을 나타낸다. 따라서 $u_t(x, 0) = \{\chi(x)\tau(0)\}_t = \chi(x)\tau_t(0)$으로부터 ($\chi(x)$는 상수 취급) $\tau_t(0) = \dfrac{d\tau(0)}{dt} = 0$이 된다. 따라서 (21)의 양변을 t로 미분하면

$\tau_t(t) = \dot{\tau}(t) = -B_1\omega_j \sin\omega_j t + B_2\omega_j \cos\omega_j t$로부터 이것에 $t=0$을 대입하면

$\tau_t(0) = -B_1\omega_j \sin 0 + B_2\omega_j \cos 0 = B_2\omega_j = 0 \qquad \therefore B_2 = 0$

이것을 (21)에 대입하면

$$\tau(t) = B_1 \cos\omega_j t = B_1 \cos\frac{j v\pi}{L} t \;\; (j = 1, 2, 3, \cdots) \tag{22}$$

이 된다.

이상 (i)의 (18)과 (ii)의 (22)의 곱이 되어 계수 A_1과 B_1을 생략하면 $u(x, t)$의 기본해가 요구된다. 이것을 $u_j(x, t)$로 두면

$$\begin{aligned} u_j(x, t) &= \chi(x)\tau(t) \\ &= \sin\kappa_j x \cos\omega_j t \\ &= \sin\frac{j\pi}{L} x \cos\frac{j v\pi}{L} t \;\; (j = 1, 2, 3, \cdots) \end{aligned} \tag{23}$$

이 된다. 즉 고정단을 가진 현의 진동 운동의 미분방정식

$$u_{tt} = v^2 u_{xx} \tag{6}$$

의 기본해는 $u_j(x, t)(j = 1, 2, 3, \cdots)$로 무한개 존재하게 된다.

따라서 수학적으로는 **"해의 선형성"**에 의하여 또한 물리적으로는 **"진동의 중첩 원리"**에 의하여 일반해 $u(x,t)$는 계수 b_j $(j=1,2,3,\cdots)$을 이용하여

$$u(x,t)=\sum_{j=1}^{\infty}b_j u_j(x,t)=\sum_{j=1}^{\infty}b_j \sin\frac{j\pi}{L}x\cos\frac{jv\pi}{L}t \tag{24}$$

가 된다.
어떤 파들의 중첩인지 파장 λ_j $(j=1,2,\cdots)$로 알아보면 다음 그림과 같이 파장이 $\lambda_j=\dfrac{2L}{j}$ $(j=1,2,\cdots)$인 파동의 무한 중첩임을 알 수 있다.

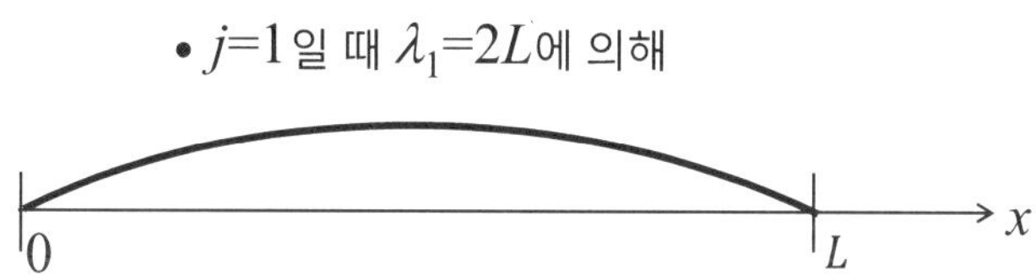

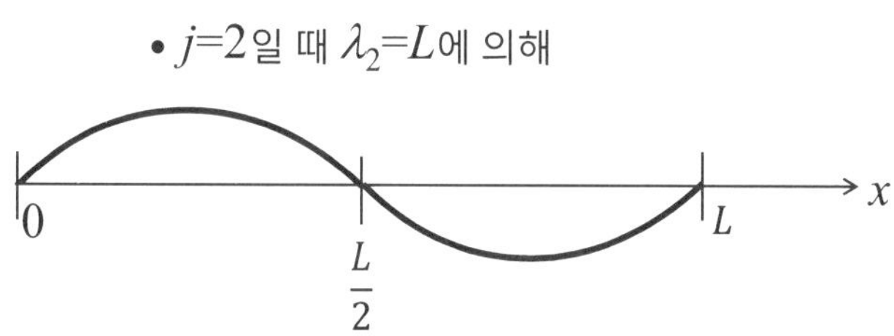

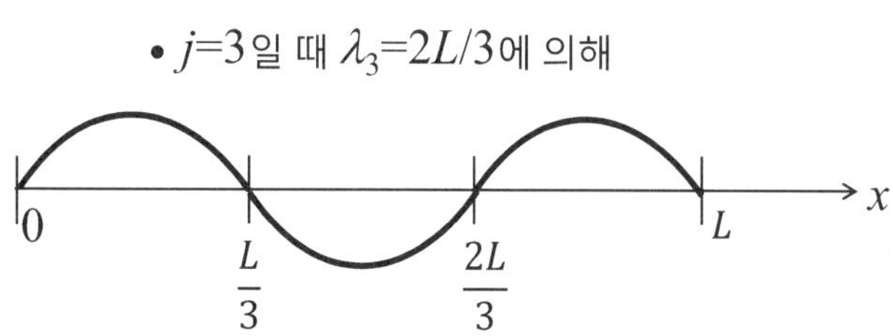

$t=0$일 때의 초기 조건으로서 아래 그림에 나타나듯이 $u(x,0)=f(x)$라는 꺾인 선의 함수 $f(x)$를 생각하자.

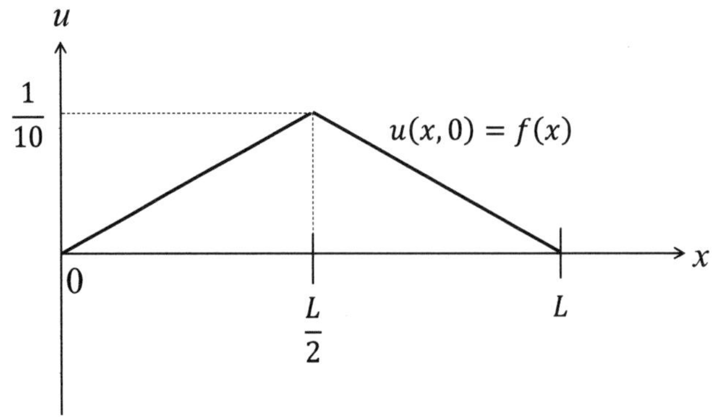

이것은 일반해인 (24)에 $t=0$을 대입한 것이 $f(x)$가 되어야하기 때문에

$$f(x)=u(x,0)=\sum_{j=1}^{\infty} b_j \sin\frac{j\pi}{L}x\cos\frac{jv\pi}{L}0=\sum_{j=1}^{\infty} b_j \sin\frac{j\pi}{L}x,$$

즉

$$f(x)=\sum_{j=1}^{\infty} b_j \sin\frac{j\pi}{L}x \tag{25}$$

이 성립하지 않으면 안 된다. 여기서, $f(x)$는 꺾인 선의 함수 $\sum_{j=1}^{\infty} b_j \sin\frac{j\pi}{L}x$이고 이것은 삼각 함수의 1차 결합의 무한급수이다. 이것이 **"푸리에 급수"**의 개념이다.

4.2 푸리에 정현 급수의 개략

주기를 갖는 어떠한 신호라도 삼각함수의 조합으로 나타낼 수 있다는 것이 푸리에 급수 정리이다. 반대로 삼각함수의 적절한 조합에 의해 주기를 갖는 임의의 파형을 합성할 수도 있다.

예를 들어 정수배의 주파수를 갖는 사인 함수들을 그 진폭을 적절히 변화시켜가며 조합하면 임의의 시간파형이 합성되는 예를 아래에 나타내었다.

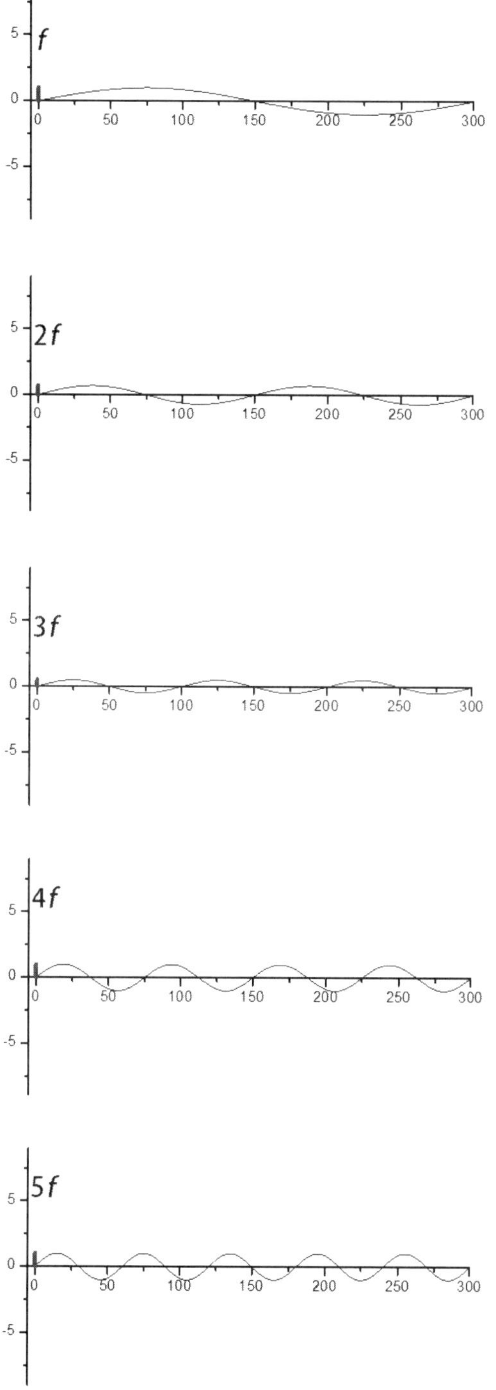

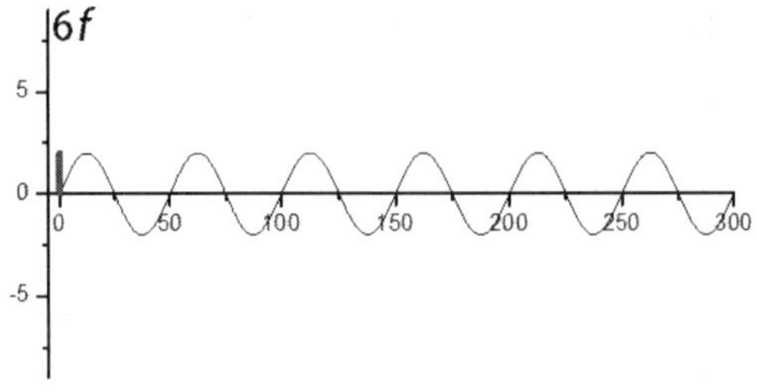
6f
5
0
-5
0
50
100
150
200
250
300

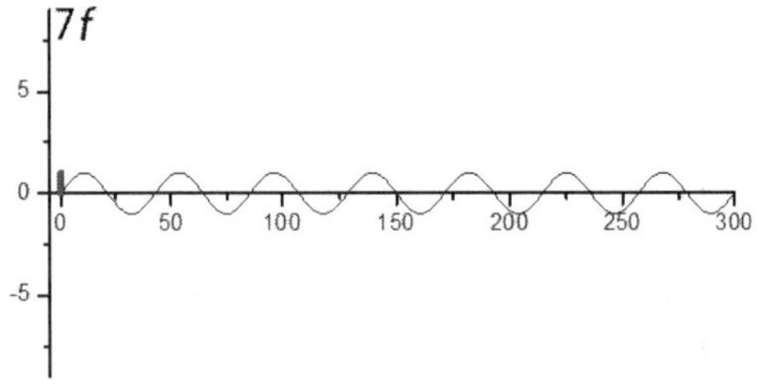
7f
5
0
-5
0
50
100
150
200
250
300

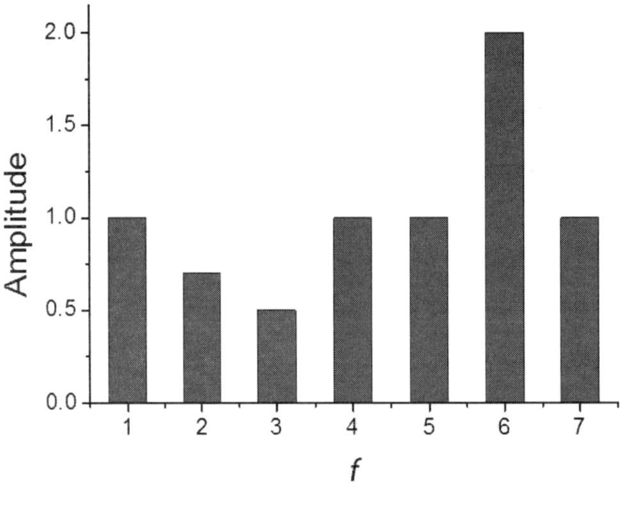
Amplitude
2.0
1.5
1.0
0.5
0.0
1
2
3
4
5
6
7
f

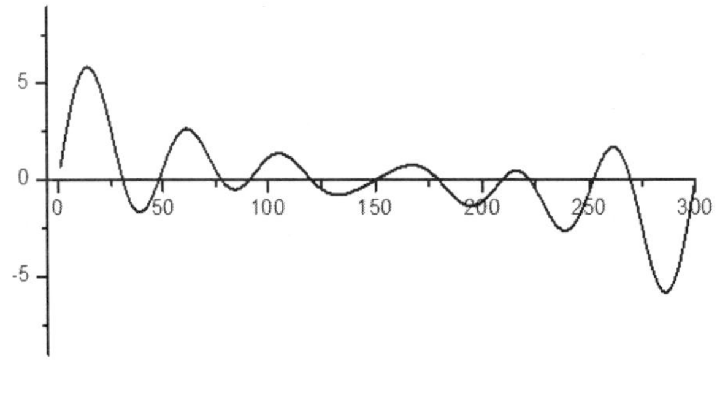
5
0
-5
0
50
100
150
200
250
300

§ 함수 $f(x)$의 푸리에 급수 전개

어떤 함수 $f(x)$가 주기 $2L$을 갖는 연속함수일 때 직류성분과 주기 $2L$의 역수 $\frac{1}{2L}$로 주어지는 주파수 성분, 또 그 정수배 $\frac{n}{2L}$의 주파수 성분의 합으로 표현가능하다. 즉,

$$f(x) = \frac{a_0}{2} + a_1\cos\left(\frac{\pi x}{L}\right) + a_2\cos\left(\frac{2\pi x}{L}\right) + a_3\cos\left(\frac{3\pi x}{L}\right) + \cdots,$$
$$+ b_1\sin\left(\frac{\pi x}{L}\right) + b_2\sin\left(\frac{2\pi x}{L}\right) + b_3\sin\left(\frac{3\pi x}{L}\right) + \cdots$$

$$f(x) = \frac{a_0}{2} + \sum_{j=1}^{\infty} a_j\cos\left(\frac{j\pi x}{L}\right) + \sum_{j=1}^{\infty} b_j\sin\left(\frac{j\pi x}{L}\right) \tag{1}$$

여기서 $\frac{a_0}{2}$는 직류성분이다. 또한 a_n, b_n는 Fourier 계수라고 부르며 각 성분파의 진폭을 의미한다. 또한 Fourier 계수를 구하는 식은 다음과 같이 알려져 있다.

$$a_j = \frac{1}{L}\int_{-L}^{L} f(x)\cos\frac{j\pi}{L}x dx \quad (j = 0, 1, 2, \cdots) \tag{2}$$

$$b_j = \frac{1}{L}\int_{-L}^{L} f(x)\sin\frac{j\pi}{L}x dx \quad (j = 1, 2, 3, \cdots) \tag{3}$$

여기서는 (2)식 및 (3)식의 증명을 보이도록 한다.
식(1)을 식(2)에 대입하면 다음과 같다.

$$a_j = \frac{1}{L}\int_{-L}^{L} \left\{ \begin{aligned} &\frac{a_0}{2} cos\left(\frac{j\pi x}{L}\right) + a_1\cos\left(\frac{\pi x}{L}\right)\cos\left(\frac{j\pi x}{L}\right) \\ &+ a_2\cos\left(\frac{2\pi x}{L}\right)\cos\left(\frac{j\pi x}{L}\right) + \cdots \\ &+ b_1\sin\left(\frac{\pi x}{L}\right)\cos\left(\frac{j\pi x}{L}\right) + b_2\sin\left(\frac{2\pi x}{L}\right)\cos\left(\frac{j\pi x}{L}\right) + \cdots \end{aligned} \right\} dx$$

여기서

$$\int_{-L}^{L}\left\{\frac{a_0}{2}cos\left(\frac{j\pi x}{L}\right)\right\}dx=\frac{a_0}{2}\left[\frac{L}{j\pi}sin\left(\frac{j\pi x}{L}\right)\right]_{-L}^{L}=0$$ 이므로

$\int_{-L}^{L}\cos\left(\frac{n\pi x}{L}\right)\cos\left(\frac{j\pi x}{L}\right)dx$와 $\int_{-L}^{L}\sin\left(\frac{n\pi x}{L}\right)\cos\left(\frac{j\pi x}{L}\right)dx$의 항만 계산하면 된다.

먼저

$$\int_{-L}^{L}\cos\left(\frac{n\pi x}{L}\right)\cos\left(\frac{j\pi x}{L}\right)dx=\int_{-L}^{L}\frac{1}{2}\left\{\cos\left(\frac{\pi(n+j)x}{L}\right)+\cos\left(\frac{\pi(n-j)x}{L}\right)\right\}dx$$

에서 다음과 같은 2가지 경우에 대하여 계산할 수 있다.

i) $n\neq j$경우

$$=\frac{1}{2}\left[\frac{L}{\pi(n+j)}sin\left(\frac{\pi(n+j)x}{L}\right)+\frac{L}{\pi(n-j)}sin\left(\frac{\pi(n-j)x}{L}\right)\right]_{-L}^{L}=0$$

ii) $n=j$경우

$$=\int_{-L}^{L}\frac{1}{2}\left\{\cos\left(\frac{2j\pi x}{L}\right)+1\right\}dx=\frac{1}{2}\left[\frac{L}{2j\pi}sin\left(\frac{2j\pi x}{L}\right)+x\right]_{-L}^{L}=L$$

다음으로

$\int_{-L}^{L}\sin\left(\frac{n\pi x}{L}\right)\cos\left(\frac{j\pi x}{L}\right)dx=\int_{-L}^{L}\frac{1}{2}\left\{\sin\left(\frac{\pi(n+j)x}{L}\right)+\sin\left(\frac{\pi(n-j)x}{L}\right)\right\}dx$에서도

다음과 같은 2가지 경우에 대하여 계산한다.

i) $n\neq j$경우

$$=\frac{1}{2}\left[\frac{-L}{\pi(n+j)}cos\left(\frac{2\pi(n+j)x}{L}\right)-\frac{L}{\pi(n-j)}cos\left(\frac{2\pi(n-j)x}{L}\right)\right]_{-L}^{L}=0$$

ii) $n=j$경우

$$=\int_{-L}^{L}\frac{1}{2}\left\{\sin\left(\frac{2j\pi x}{L}\right)\right\}dx=\frac{1}{2}\left[-\frac{L}{2j\pi}cos\left(\frac{2j\pi x}{L}\right)\right]_{-L}^{L}=0$$

즉, $\int_{-L}^{L}\cos\left(\frac{n\pi x}{L}\right)\cos\left(\frac{j\pi x}{L}\right)dx$항의 $n=j$경우에만 해가 존재하므로

$$a_1=\frac{1}{L}\int_{-L}^{L}f(x)\cos\left(\frac{\pi x}{L}\right)dx=\frac{1}{L}\int_{-L}^{L}a_1\cos\left(\frac{\pi x}{L}\right)\cos\left(\frac{\pi x}{L}\right)dx=a_1\frac{1}{L}L=a_1$$

$$a_2=\frac{1}{L}\int_{-L}^{L}f(x)\cos\left(\frac{2\pi x}{L}\right)dx=\frac{1}{L}\int_{-L}^{L}a_2\cos\left(\frac{2\pi x}{L}\right)\cos\left(\frac{2\pi x}{L}\right)dx=a_2\frac{1}{L}L=a_2$$

$$a_3=\frac{1}{L}\int_{-L}^{L}f(x)\cos\left(\frac{3\pi x}{L}\right)dx=\frac{1}{L}\int_{-L}^{L}a_3\cos\left(\frac{3\pi x}{L}\right)\cos\left(\frac{3\pi x}{L}\right)dx=a_3\frac{1}{L}L=a_3$$

$$\vdots$$

$$a_j=\frac{1}{L}\int_{-L}^{L}f(x)\cos\left(\frac{j\pi x}{L}\right)dx=\frac{1}{L}\int_{-L}^{L}a_j\cos\left(\frac{j\pi x}{L}\right)\cos\left(\frac{j\pi x}{L}\right)dx=a_j\frac{1}{L}L=a_j$$

가 되어 계수 a_j에 대한 증명은 보여졌다. 한편 (2)에서 $j=0$의 경우에도

$$a_0=\frac{1}{L}\int_{-L}^{L}f(x)\cos\frac{0\pi}{L}xdx=\frac{1}{L}\int_{-L}^{L}f(x)dx$$

(1)을 대입하면

$$a_0=\frac{1}{L}\int_{-L}^{L}\begin{bmatrix}\frac{a_0}{2}+a_1\cos\left(\frac{\pi x}{L}\right)+a_2\cos\left(\frac{2\pi x}{L}\right)+a_3\cos\left(\frac{3\pi x}{L}\right)+\cdots\\+b_1\sin\left(\frac{\pi x}{L}\right)+b_2\sin\left(\frac{2\pi x}{L}\right)+b_3\sin\left(\frac{3\pi x}{L}\right)+\cdots\end{bmatrix}dx$$

$$a_0=\frac{1}{L}\frac{a_0}{2}2L=a_0$$

이 되어 증명되었다. 다음으로 계수 b_j에 대해서도 앞에서와 유사하게 다음과 같이 증명할 수 있다.

식(1)을 식(4)에 대입하면 다음과 같다.

$$b_j = \frac{1}{L}\int_{-L}^{L}\begin{Bmatrix} \frac{a_0}{2}sin\left(\frac{j\pi x}{L}\right)+a_1\cos\left(\frac{\pi x}{L}\right)\sin\left(\frac{j\pi x}{L}\right) \\ +a_2\cos\left(\frac{2\pi x}{L}\right)\sin\left(\frac{j\pi x}{L}\right)+\cdots \\ +b_1\sin\left(\frac{\pi x}{L}\right)\sin\left(\frac{j\pi x}{L}\right)+b_2\sin\left(\frac{2\pi x}{L}\right)\sin\left(\frac{j\pi x}{L}\right)+\cdots \end{Bmatrix}dx$$

여기서

$\int_{-L}^{L}\left\{\frac{a_0}{2}sin\left(\frac{j\pi x}{L}\right)\right\}dx = \frac{a_0}{2}\left[-\frac{L}{j\pi}cos\left(\frac{j\pi x}{L}\right)\right]_{-L}^{L} = -\frac{a_0L}{j\pi}+\frac{a_0L}{j\pi}=0$이므로

$\int_{-L}^{L}\sin\left(\frac{n\pi x}{L}\right)\sin\left(\frac{j\pi x}{L}\right)dx$항과 $\int_{-L}^{L}\sin\left(\frac{n\pi x}{L}\right)\cos\left(\frac{j\pi x}{L}\right)dx$항만 계산하면 된다. 그러나 이미 위에서

$\int_{-L}^{L}\sin\left(\frac{n\pi x}{L}\right)\cos\left(\frac{j\pi x}{L}\right)dx=0$임을 알고 있다. 따라서

$\int_{-L}^{L}\sin\left(\frac{n\pi x}{L}\right)\sin\left(\frac{j\pi x}{L}\right)dx = -\int_{-L}^{L}\frac{1}{2}\left\{\cos\left(\frac{\pi(n+j)x}{L}\right)-\cos\left(\frac{\pi(n-j)x}{L}\right)\right\}dx$

에서도 다음과 같은 2가지 경우에 대하여 계산한다.

i) $n\neq j$경우

$$=-\frac{1}{2}\left[\frac{L}{\pi(n+j)}sin\left(\frac{\pi(n+j)x}{L}\right)-\frac{L}{\pi(n-j)}sin\left(\frac{\pi(n-j)x}{L}\right)\right]_{-L}^{L}=0$$

ii) $n=j$경우

$$=-\int_{-L}^{L}\frac{1}{2}\left\{\cos\left(\frac{2j\pi x}{L}\right)-1\right\}dx = -\frac{1}{2}\left[\frac{L}{2j\pi}sin\left(\frac{2j\pi x}{L}\right)-x\right]_{-L}^{L}=L$$

즉 $\int_{-L}^{L}\sin\left(\frac{n\pi x}{L}\right)\sin\left(\frac{j\pi x}{L}\right)dx$항의 $n=j$경우에만 해가 존재하므로

$$b_1=\frac{1}{L}\int_{-L}^{L}f(x)\sin\left(\frac{\pi x}{L}\right)dx=\frac{1}{L}\int_{-L}^{L}b_1\sin\left(\frac{\pi x}{L}\right)\sin\left(\frac{\pi x}{L}\right)dx=b_1\frac{1}{L}L=b_1$$

$$b_2=\frac{1}{L}\int_{-L}^{L}f(x)\sin\left(\frac{2\pi x}{L}\right)dx=\frac{1}{L}\int_{-L}^{L}b_2\sin\left(\frac{2\pi x}{L}\right)\sin\left(\frac{2\pi x}{L}\right)dx=b_2\frac{1}{L}L=b_2$$

$$b_3=\frac{1}{L}\int_{-L}^{L}f(x)\sin\left(\frac{3\pi x}{L}\right)dx=\frac{1}{L}\int_{-L}^{L}b_3\sin\left(\frac{3\pi x}{L}\right)\sin\left(\frac{3\pi x}{L}\right)dx=b_3\frac{1}{L}L=b_3$$

$$\vdots$$

$$b_j=\frac{1}{L}\int_{-L}^{L}f(x)\sin\left(\frac{j\pi x}{L}\right)dx=\frac{1}{L}\int_{-L}^{L}b_j\sin\left(\frac{j\pi x}{L}\right)\sin\left(\frac{j\pi x}{L}\right)dx=b_j\frac{1}{L}L=b_j$$

이 되어 모든 항에 대한 증명을 보였다.

▶ 푸리에 여현 급수와 푸리에 정현 급수

i) $f(x)$가 기함수일 경우

$f(x)$가 아래 그림과 같이 임의의 기함수일 경우

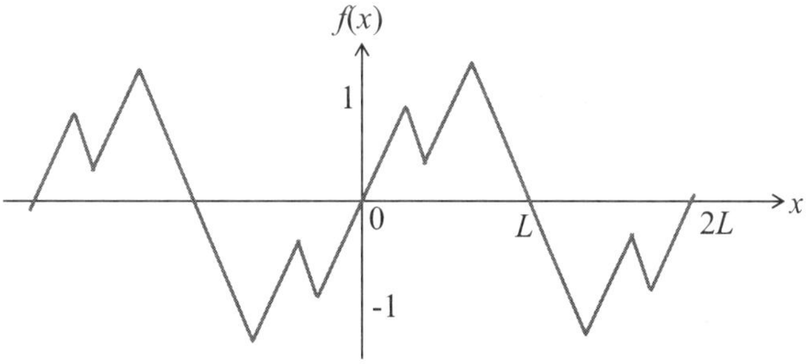

원점에 대해 대칭이 되므로

$$f(x)=-f(-x) \tag{4}$$

(1)식에서 cos항은 우함수이므로 식(4)를 만족 못한다. 즉, cos항은 모두 0이 됨을 알 수 있다. 또한 sin항은 기함수이므로 한 주기에 대한 적분은 0이 되어야 하므로 직류성분 a_0은 0이 되어야 한다. 따라서 (1)식은 다음과 같이 된다.

$$f(x)=\sum_{j=1}^{\infty} b_j \sin\left(\frac{j\pi x}{L}\right) \tag{5}$$

또한 $b_j = \frac{1}{L}\int_{-L}^{L} f(x)\sin\frac{j\pi}{L}x dx$에서 $\int_0^L f(x)\sin\left(\frac{j\pi x}{L}\right)dx = \int_{-L}^{0} f(x)\sin\left(\frac{j\pi x}{L}\right)dx$의 관계가 있으므로 다음과 같이 쓸 수 있다.

$$b_j = \frac{2}{L}\int_0^L f(x)\sin\frac{j\pi}{L}x dx \tag{6}$$

기함수의 Fourier 급수는 $a_0 = 0$, $a_n = 0$이며 $f(x)=\sum_{j=1}^{\infty} b_j \sin\left(\frac{j\pi x}{L}\right)$ 이고 $b_j = \frac{2}{L}\int_0^L f(x)\sin\frac{j\pi}{L}x dx$

예제 17. 다음 파형의 푸리에 급수 전개를 구하라.

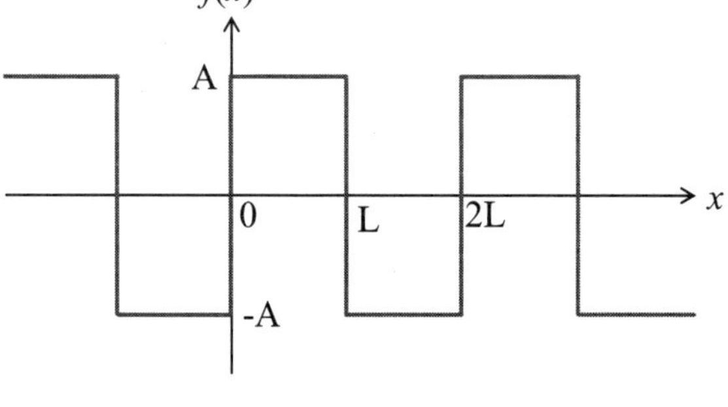

해답: $f(x)=-f(-x)$ 이므로 기함수 $a_0=0$, $a_n=0$

$$\begin{aligned}
b_j &= \frac{2}{L}\int_0^L f(x)\sin\frac{j\pi}{L}xdx \\
&= \frac{2}{L}\int_0^L A\sin\frac{j\pi}{L}xdx \\
&= \frac{2}{L}\frac{AL}{j\pi}\left[-\cos\left(\frac{j\pi x}{L}\right)\right]_0^L \\
&= \frac{2A}{j\pi}(1-\cos j\pi) \ = \begin{cases} 0 & j\text{가 우수일때} \\ \dfrac{4A}{j\pi} & j\text{가 기수일때} \end{cases}
\end{aligned}$$

$$\begin{aligned}
\therefore f(x) &= \sum_{j=1}^{\infty} b_n \sin\left(\frac{j\pi x}{L}\right) \\
&= \frac{4A}{\pi}\left[\sin\left(\frac{\pi t}{L}\right)+\frac{1}{3}sin\left(\frac{3\pi x}{L}\right)+\frac{1}{5}sin\left(\frac{5\pi x}{L}\right)+\cdots\right]
\end{aligned}$$

ii) 우함수의 경우

$f(x)$가 아래 그림과 같이 임의의 우함수일 경우

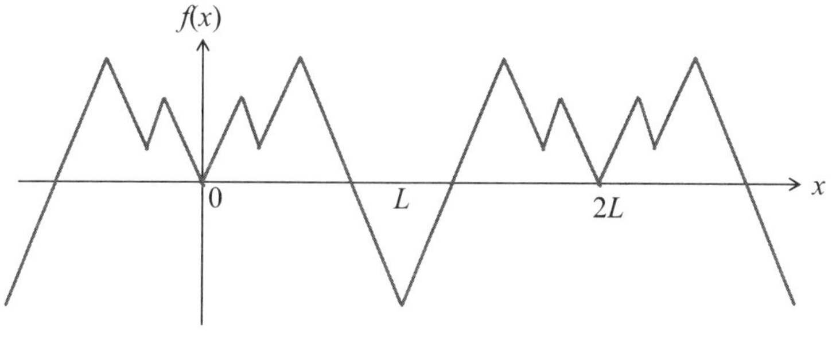

y축에 대해 대칭이 되므로

$$f(x)=f(-x) \tag{7}$$

(1)식 $f(x)=\frac{a_0}{2}+\sum_{j=1}^{\infty}\left(a_j\cos\frac{j\pi}{L}x+b_j\sin\frac{j\pi}{L}x\right)$에서 sin항은 기함수이므로 식 (7)을 만족 못한다. 즉, sin항은 모두 0이 됨을 알 수 있다. 따라서 (1)식은 다음과 같이 된다.

$$f(x)=\frac{a_0}{2}+\sum_{j=1}^{\infty}\left(a_j\cos\frac{j\pi}{L}x\right) \tag{8}$$

또한 다음과 같이 쓸 수 있다.

$$a_j=\frac{2}{L}\int_0^L f(x)\cos\frac{j\pi}{L}xdx \tag{9}$$

> 우함수의 Fourier 급수는 $b_n=0$
>
> $f(x)=\frac{a_0}{2}+\sum_{j=1}^{\infty}\left(a_j\cos\frac{j\pi}{L}x\right)$ 이고, $a_j=\frac{2}{L}\int_0^L f(x)\cos\frac{j\pi}{L}xdx$

예제 18. 다음 파형의 푸리에 급수 전개를 구하라.

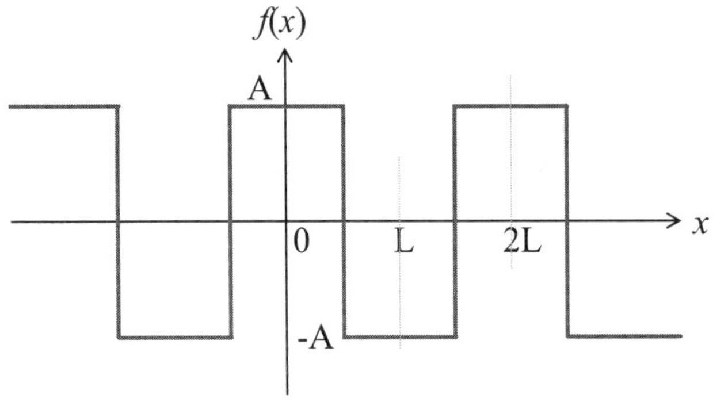

해답: $f(x)=f(-x)$ 이므로 우함수 , $b_n=0$

$$a_0 = \frac{2}{L}\left[\int_0^{\frac{L}{2}} A\cos 0x dx + \int_{\frac{L}{2}}^{L} -A\cos 0x dx\right] = \frac{2}{L}\left[\int_0^{\frac{L}{2}} A dx + \int_{\frac{L}{2}}^{L} -A dx\right] = 0$$

$$a_j = \frac{2}{L}\int_0^L f(x)\cos\frac{j\pi}{L}x dx$$

$$= \frac{2}{L}\left\{\int_0^{L/2} A\cos\frac{j\pi}{L}x dx - \int_{L/2}^{L} A\cos\frac{j\pi}{L}x dx\right\}$$

$$= \frac{2A}{L}\left\{\left[\frac{L}{j\pi}\sin\left(\frac{j\pi x}{L}\right)\right]_0^{\frac{L}{2}} - \left[\frac{L}{j\pi}\sin\left(\frac{j\pi x}{L}\right)\right]_{\frac{T}{2}}^{L}\right\} = \frac{4A}{j\pi}\sin\left(\frac{j\pi}{2}\right)$$

$f(x)= \dfrac{a_0}{2} + \displaystyle\sum_{j=1}^{\infty}\left(a_j\cos\frac{j\pi}{L}x\right)$에서 $j=0$일 때 $a_0 = 0$

$$f(x)= \frac{4A}{\pi}\left[\cos\frac{\pi x}{L} - \frac{1}{3}cos\frac{3\pi x}{L} + \frac{1}{5}cos\frac{5\pi x}{L} - \frac{1}{7}cos\frac{7\pi x}{L} + \cdots\right]$$

§ 복소 푸리에 급수 전개

구간 $[-L, L]$로 정의되는 주기 $2L$의 함수 $f(x)$는 다음과 같이 복소 지수 함수를 이용하여 **"복소 푸리에 급수"**로 전개할 수도 있다.

▶ 주기 $2L$의 주기 함수 $f(x)$의 복소 푸리에 급수

$-L < x \leqq L$로 정의되는 주기 $2L$의 부분적으로 연속적인 주기 함수 $f(x)$는 다음 식으로 나타낼 수 있다.

$$f(x)= \sum_{j=0,\pm 1}^{\pm\infty} c_j e^{i\frac{j\pi}{L}x} \tag{10}$$

$$c_j = \frac{1}{2L}\int_{-L}^{L} f(x)e^{-i\frac{j\pi}{L}x}dx \quad (j=0, \pm 1, \pm 2, \cdots) \tag{11}$$

단, c_0만은 따로 $c_0 = \dfrac{1}{2L}\displaystyle\int_{-L}^{L} f(x)dx$로부터 구한다.

오일러의 공식

$$e^{i\theta} = \cos\theta + i\sin\theta \tag{12}$$

로부터

$$e^{-i\theta} = \cos(-\theta) + i\sin(-\theta) \tag{13}$$

가 되기 때문에 $\dfrac{(12)+(13)}{2}$ 으로부터

$$\cos\theta = \frac{e^{i\theta} + e^{-i\theta}}{2} \tag{14}$$

와 $\dfrac{(12)-(13)}{2i}$ 으로부터

$$\sin\theta = \frac{e^{i\theta} - e^{-i\theta}}{2i} \tag{15}$$

가 나온다. 이 (14), (15)를 이용하면 실함수 $f(x)$의 실 푸리에 급수로부터 복소 푸리에 급수를 다음과 같이 구할 수 있다.

$$f(x) = \frac{a_0}{2} + \sum_{j=1}^{\infty}\left(a_j \cos\frac{j\pi}{L}x + b_j \sin\frac{j\pi}{L}x\right)$$

여기서 $\cos\dfrac{j\pi}{L}x = \dfrac{e^{i\frac{j\pi}{L}x} + e^{-i\frac{j\pi}{L}x}}{2}$ 이고, $\sin\dfrac{j\pi}{L}x = \dfrac{e^{i\frac{j\pi}{L}x} - e^{-i\frac{j\pi}{L}x}}{2i}$ 이므로

$$f(x) = \frac{a_0}{2} + \sum_{j=1}^{\infty}\left\{\frac{a_j}{2}\left(e^{i\frac{j\pi}{L}x} + e^{-i\frac{j\pi}{L}x}\right) + \frac{b_j}{2i}\left(e^{i\frac{j\pi}{L}x} - e^{-i\frac{j\pi}{L}x}\right)\right\}$$

$$= \frac{a_0}{2} + \sum_{j=1}^{\infty}\left(\frac{a_j - ib_j}{2}e^{i\frac{j\pi}{L}x} + \frac{a_j + ib_j}{2}e^{-i\frac{j\pi}{L}x}\right) \tag{16}$$

여기서 첫 항 $\frac{a_0}{2}$은 $c_0 = c_0 e^{i\frac{0\pi}{L}x}$, 괄호 안의 $\frac{a_j - ib_j}{2} = c_j$, $\frac{a_j + ib_j}{2} = c_{-j} = \overline{c_j}$ 로 두면 두 번째 항은 다음과 같다.

$$\sum_{j=1}^{\infty}\left(\frac{a_j - ib_j}{2}e^{i\frac{j\pi}{L}x} + \frac{a_j + ib_j}{2}e^{i\frac{(-j)\pi}{L}x}\right)$$

$$= \left(c_1 e^{i\frac{1\pi}{L}x} + c_{-1}e^{i\frac{(-1)\pi}{L}x}\right)\ (j=1\text{일 때})$$

$$+ \left(c_2 e^{i\frac{2\pi}{L}x} + c_{-2}e^{i\frac{(-2)\pi}{L}x}\right)\ (j=2\text{일 때})$$

$$+ \left(c_3 e^{i\frac{3\pi}{L}x} + c_{-3}e^{i\frac{(-3)\pi}{L}x}\right)\ (j=3\text{일 때}) + \cdots\cdots \tag{17}$$

(15)의 $e^{i\frac{j\pi}{L}x}$ 의 계수를 c_j로 두면, 당연히 $e^{i\frac{(-j)\pi}{L}x}$ 의 계수는 c_{-j}가 된다. c_{-j}는 c_j의 공액 복소수이기 때문에, $c_{-j} = \overline{c_j}$도 성립한다.

여기서 $\frac{a_0}{2} = c_0 = c_0 e^{i\frac{0\pi}{L}x}$로 두면 (16)은

$f(x) = c_0 e^{i\frac{0\pi}{L}x} + \sum_{j=1}^{\infty}\left(c_j e^{i\frac{j\pi}{L}x} + c_{-j}e^{i\frac{(-j)\pi}{L}x}\right)$가 되고, $\sum$ 계산의 ( )안은 $j = \pm 1,\ \pm 2,\ \pm 3,\ \cdots$로 2개씩 짝지어 합을 맞추어가기 때문에 이 형식을 갖추어 나타내면 $f(x) = c_0 e^{i\frac{0\pi}{L}x} + \sum_{j=\pm 1}^{\pm\infty} c_j e^{i\frac{j\pi}{L}x} = \sum_{j=0,\pm 1}^{\pm\infty} c_j e^{i\frac{j\pi}{L}x}$ 가 되어 매우 간단히 표현할 수가 있다.

이상으로부터 $f(x)$의 복소 푸리에 급수 전개는 다음과 같이 된다.

$$f(x) = \sum_{j=0,\pm 1}^{\pm\infty} c_j e^{i\frac{j\pi}{L}x} \tag{10}$$

$$\text{단, } c_0 = \frac{a_0}{2},\ c_j = \frac{a_j - ib_j}{2},\ c_{-j} = \overline{c_j} = \frac{a_j + ib_j}{2} \ \ (j = 1, 2, \cdots).$$

다음으로 복소 푸리에 계수 c_k에 대해서는 다음의 관계를 이용한다.

$$\begin{aligned}
&\int_{-L}^{L} e^{i\frac{m\pi}{L}x} dx \\
&\qquad = \int_{-L}^{L} \left(\cos\frac{m\pi}{L}x + i\sin\frac{m\pi}{L}x \right) dx \\
&\qquad = \begin{cases} 2L & (m=0) \\ 0 & (m \neq 0) \end{cases} \\
&\qquad \text{단, } m = 0,\ \pm 1,\ \pm 2,\ \cdots.
\end{aligned} \tag{18}$$

이것의 증명은 다음과 같다.

(i) $m = 0$일 때

$$\int_{-L}^{L} e^0 dx = \int_{-L}^{L} 1 \times dx = [x]_{-L}^{L} = 2L$$

(ii) $m \neq 0$일 때

$$\begin{aligned}
&\int_{-L}^{L} \left(\cos\frac{m\pi}{L}x + i\sin\frac{m\pi}{L}x \right) dx \\
&\qquad = \left[\frac{L}{m\pi}\sin\frac{m\pi}{L}x - i\frac{L}{m\pi}\cos\frac{m\pi}{L}x \right]_{-L}^{L} = 0
\end{aligned}$$

(10)의 양변에 $e^{-i\frac{j\pi}{L}x}$를 곱하여 구간 $[-L, L]$로 적분할 때 (18)의 관계를 사용하면

다음과 같다.

$$\int_{-L}^{L} f(x)e^{-i\frac{j\pi}{L}x}dx = \int_{-L}^{L} e^{-i\frac{j\pi}{L}x}\left(\cdots + c_{-1}e^{i\frac{-1\times\pi}{L}x} + c_0 + c_1 e^{i\frac{1\times\pi}{L}x} + \cdots \right.$$

$$\left. + c_j e^{i\frac{j\pi}{L}x} + \cdots\right)dx$$

$$= \int_{-L}^{L}\left(\cdots + c_{-1}e^{i\frac{\pi}{L}x(-j-1)} + c_0 e^{i\frac{\pi}{L}x(-j)} + c_1 e^{i\frac{\pi}{L}x(-j+1)}\right.$$

$$\left. + \cdots c_j e^{i\frac{\pi}{L}x(-j+j)} + \cdots\right)dx$$

(18)로부터 $-j+j=0$인 경우만 남으므로

$$\int_{-L}^{L} f(x)e^{-i\frac{j\pi}{L}x}dx = c_j 2L$$

따라서

$$c_j = \frac{1}{2L}\int_{-L}^{L} f(x)e^{-i\frac{j\pi}{L}x}dx \tag{11}$$

가 되어 c_j를 구하는 공식이 구해졌다.

■ 연습 문제 6 ◎ 푸리에 정현 급수 ◎

$0 < x < 2$로 정의된 함수 $f(x) = x$를 다음의 푸리에 정현 급수의 공식

$$f(x) = \sum_{j=1}^{\infty} b_j \sin\frac{j\pi}{L}x \tag{5}$$

$$b_j = \frac{2}{L}\int_0^L f(x)\sin\frac{j\pi}{L}x dx \tag{6}$$

를 이용하여 전개하시오.

◇ 힌트

구간 $(0, 2)$에서 정의된 함수 $f(x)=x$의 푸리에 정현 급수 전개의 문제 등에서 (5)와 (6)의 공식 L은 $L=2$가 된다. (6)에 의해 b_j를 구하고, 이것을 (5)에 대입하면 된다.

□ 해답 및 설명

$f(x)=x \ (0 < x < 2)$를 (5)의 푸리에 사인 급수로 전개하면, $L=2$로부터

$$f(x)=\sum_{j=1}^{\infty} b_j \sin\frac{j\pi}{2}x \tag{19}$$

이 된다.

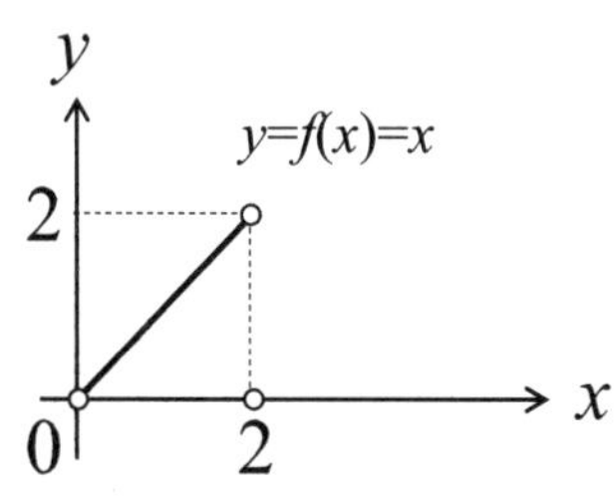

위 식에서 분모 2가 L에 해당된다. (19)의 계수 b_j를 (6)을 이용하여 구하면,

$b_j = \frac{2}{2}\int_0^2 f(x)\sin\frac{j\pi}{2}x dx$ 로부터

$$b_j = \int_0^2 x \times \sin\frac{j\pi}{2} x dx$$

$$= \int_0^2 x \left(-\frac{2}{j\pi} \cos\frac{j\pi}{2} x \right)' dx$$

(부분 적분의 공식 $\int fg' dx = fg - \int f' g dx$)

$$=- \frac{2}{j\pi} \left[x \cos\frac{j\pi}{2} x \right]_0^2 + \frac{2}{j\pi} \int_0^2 1 \times \cos\frac{j\pi}{2} x dx$$

$$=- \frac{2}{j\pi} (2\cos j\pi - 0 \times \cos 0) + \frac{4}{j^2 \pi^2} \left[\sin\frac{j\pi}{2} x \right]_0^2$$

괄호 안의 첫 번째 항 $2\cos j\pi = (-1)^j$,

두 번째 항의 $\left[\sin\frac{j\pi}{2} x \right]_0^2 = \sin j\pi - \sin 0 = 0 - 0 = 0$이다.

$$b_j =- \frac{4(-1)^j}{j\pi}$$

$$\therefore b_j = \frac{4(-1)^{j+1}}{j\pi} \tag{20}$$

이 된다. 따라서 (20)을 (19)에 대입하면, 함수 $f(x) = x \ (0 < x < 2)$는 다음과 같이 푸리에 사인 급수로 전개된다.

$$f(x) = \sum_{j=1}^{\infty} \frac{4(-1)^{j+1}}{j\pi} \sin\frac{j\pi}{2} x = \frac{4}{\pi} \sum_{j=1}^{\infty} \frac{(-1)^{j+1}}{j} \sin\frac{j\pi}{2} x \qquad \text{(답)} \tag{21}$$

구체적으로 $f(x)$를 나타내면 다음과 같이 된다.

$$f(x) = \frac{4}{\pi} \left(\sin\frac{\pi}{2} x - \frac{1}{2} \sin \pi x + \frac{1}{3} \sin\frac{3\pi}{2} x - \frac{1}{4} \sin 2\pi x + \cdots \right)$$

<참고>

실제로 무한급수를 계산할 수는 없지만 (21)에서 n을 $n=3,\ 10,\ 100$으로 근사하였을 때의 그래프를 컴퓨터로 그리면 다음과 같다.

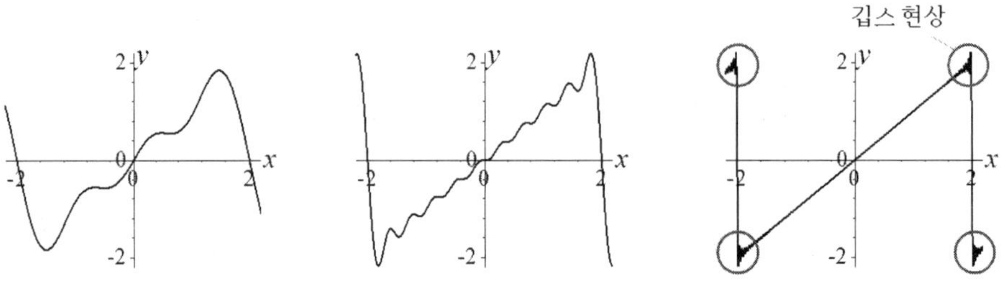

(i) n=3일 때　　(ii) n=10일 때　　(iii) n=100일 때

$n=3,\ 10,\ 100$으로 증가할수록, $0<x<2$에서 $y=f(x)=x$로 수렴해 가는 것을 잘 알 수 있다. 단, $x=2$에서의 불연속점에서는 **"깁스 현상"**이라고 불리는 모서리가 나와 있다는 것을 알게 될 것이다. 이것은 n을 아무리 크게 해도 존재한다는 것을 수학적으로 증명할 수 있다. 지금과 같은 문제는 $f(x)=x\ (-2<x<2)$를 푸리에 사인 급수 전개한 것과 같다.

4.3 1차원 파동 방정식의 해법

푸리에 급수 전개의 개략적인 설명이 끝났으므로, 지금부터는 실제로 1차원의 파동 방정식을 풀어서 현의 진동을 완벽하게 기술할 수 있게 된다. 우선 예제 16에서 양 끝이 고정된 현의 진동 문제를 초기 조건도 포함해서 풀어보도록 하자. 이때에 푸리에 사인 급수 전개를 이용하게 된다. 그리고 양 끝이 자유인 현의 진동 문제도 풀어 보기로 하자. 이때에 푸리에 코사인 급수 전개를 이용하게 된다.

§ 고정단의 진동 문제

예제 16 문제의 v와 L을 $v=1\,(\mathrm{m/s})$과 $L=2\,(\mathrm{m})$로 두고 이것을 새롭게 예제 19에서

양 끝이 고정된 현의 진동 문제로 풀어 보자.

예제 19. 다음의 1차원 파동 방정식(미분방정식)을 풀어 보자.

$$\frac{\partial^2 u}{\partial t^2} = \frac{\partial^2 u}{\partial x^2} \tag{1}$$

$(0 < x < 2,\ t > 0$, 여기에서는 $v = 1,\ L = 2$로 하였다)

경계 조건 $u(0, t) = u(2, t) = 0$ (고정단의 조건)

초기 조건

$$u(x, 0) = \begin{cases} \frac{1}{10}x & (0 \leqq x \leqq 1) \\ -\frac{1}{10}(x-2) & (1 < x \leqq 2) \end{cases} \tag{2}$$

$u_t(x, 0) = 0$ (처음 정지 상태로부터 진동을 시작한다)

해답: 구간 $[0, 2]$에 놓인 현의 양 끝점을 고정하고 (2)의 초기 조건에 따라 그림에 나타내는 것과 같은 상태에서 진동을 개시하게 된다.

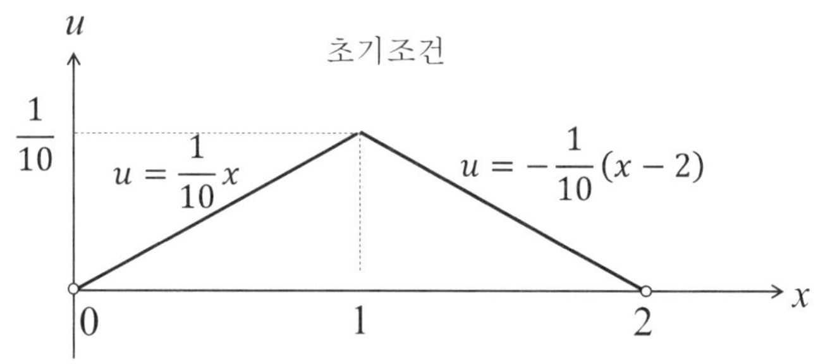

현의 변위 $u(x, t)$가 변수 분리법에 의하여

$$u(x,t) = \chi(x)\tau(t) \tag{3}$$

로 가정하면

$$\frac{\partial^2 u}{\partial t^2} = u_{tt} = (\chi\tau)_{tt} = \chi\tau_{tt} \text{ (χ는 상수 취급)} \tag{4}$$

$$\frac{\partial^2 u}{\partial x^2} = u_{xx} = (\chi\tau)_{xx} = \chi\tau_{xx} \text{ (τ는 상수 취급)} \tag{5}$$

이 되기 때문에 이것들을 (1)의 파동 함수에 대입하여

$$\chi\tau_{tt} = \tau\chi_{xx}$$

양변을 $\chi\tau$로 나누면

$$\frac{\chi_{xx}}{\chi} = \frac{\tau_{tt}}{\tau}$$

가 되어 좌변 $\frac{\chi_{xx}}{\chi}$는 x만의 함수, 우변 $\frac{\tau_{tt}}{\tau}$는 t만의 함수이고, 이 등식이 항등적으로 성립하기 위해서는 이것은 어떤 상수 α가 되어야 한다. 따라서

$$\frac{\chi_{xx}}{\chi} = \frac{\tau_{tt}}{\tau} = \alpha \tag{6}$$

(6)으로부터 2개의 상미분방정식

$$\text{(i) } \chi_{xx} = \alpha\chi \text{ (즉, } \frac{d^2\chi}{dx^2} = \alpha\chi) \tag{7}$$

$$\text{(ii)}\ \tau_{tt} = \alpha\tau\ (\text{즉, } \frac{d^2\tau}{dt^2} = \alpha\tau) \tag{8}$$

이 나온다.

(i) (7)에 있어서, $\alpha \geqq 0$의 경우는 물리적 의미가 없는 해이므로, $\alpha = -\omega^2\ (<0)\ (\omega > 0)$으로 두면 $\chi_{xx} = -\omega^2\chi$ (단진동의 미분방정식)가 되고 따라서

$$\chi(x) = A_1\cos\omega x + A_2\sin\omega x \tag{9}$$

가 된다. 여기서 경계 조건에 의하여, $u(0,t) = \chi(0)\tau(t) = 0$이고,

$u(2,t) = \chi(2)\tau(t) = 0$이므로,

· $\chi(0) = A_1\cos 0 + A_2\sin 0 = A_1 = 0$

· $\chi(2) = A_2\sin 2\omega = 0\ \ (2\omega = j\pi\ \ (j = 1, 2, 3, \cdots))$

$\therefore 2\omega = j\pi$로부터, ω를 ω_j로 두면, $\omega_j = \dfrac{j\pi}{2}\ \ (j = 1, 2, 3, \cdots)$이 된다.

이상으로부터

$$\chi(x) = A_2\sin\omega_j x = A_2\sin\frac{j\pi}{2}x \tag{10}$$

가 된다.

(ii) 다음으로 $\tau(t)$의 미분방정식 (8)은

$\alpha = -\omega^2 = -\omega_j^2 = -\left(\dfrac{j\pi}{2}\right)^2$으로부터

$\tau_{tt} = -\omega_j^2\tau$ (단진동의 미분방정식)

$$\therefore \tau(t) = B_1\cos\omega_j t + B_2\sin\omega_j t \tag{11}$$

가 된다. 여기에서 초기 조건 $u_t(x, 0)=\chi(x)\tau_t(0)=0$로부터 $\tau_t(0)=0$. 따라서 (11)을 t로 미분하여 $\tau_t(t)=-B_1\omega_j\sin\omega_j t+B_2\omega_j\cos\omega_j t$로부터

$$\tau_t(0)=-B_1\omega_j\sin 0+B_2\omega_j\cos 0=B_2\omega_j=0$$
$$\therefore B_2=0$$

따라서 (11)의 해는

$$\tau(t)=B_1\cos\omega_j t=B_1\cos\frac{j\pi}{2}t \tag{12}$$

가 된다. 이상, (i), (ii)의 (10), (12)로부터 $u(x, t)$의 기본해를 $u_j(x, t)$로 두면

$$u_j(x, t)=\sin\frac{j\pi}{2}x\cos\frac{j\pi}{2}t \ \ (j=1, 2, 3, \cdots) \tag{13}$$

이 된다. 따라서 진동의 중첩의 원리로부터 일반해 $u(x, t)$는

$$u(x, t)=\sum_{j=1}^{\infty}b_j u_j(x, t)=\sum_{j=1}^{\infty}b_j\sin\frac{j\pi}{2}x\cos\frac{j\pi}{2}t \tag{14}$$

여기까지의 해법의 흐름은 예제 16일 때와 유사하기 때문에 좋은 복습이 되었을 것이다. 이제부터 초기 조건

$$u(x, 0)=f(x)=\begin{cases}\dfrac{1}{10}x & (0\leqq x\leqq 1)\\ -\dfrac{1}{10}(x-2) & (1<x\leqq 2)\end{cases} \tag{2}$$

을 고려하자. (14)의 t에 $t=0$을 대입하면

$$u(x,0)=\sum_{j=1}^{\infty}b_j\sin\frac{j\pi}{2}x\cos 0=\sum_{j=1}^{\infty}b_j\sin\frac{j\pi}{2}x \tag{15}$$

가 된다.

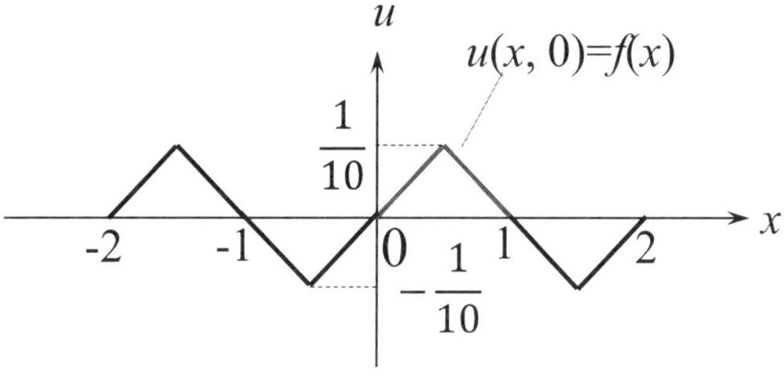

따라서 (2), (15)로부터

$$f(x)=\sum_{j=1}^{\infty}b_j\sin\frac{j\pi}{2}x \tag{16}$$

가 된다. 이것은 $f(x)$의 푸리에 사인 급수 전개의 식이기 때문에 4-2 절의 (6)식을 이용하여 계수 b_j를 구하면 다음과 같다.

$$\begin{aligned}
b_j &= \frac{2}{2}\int_0^2 f(x)\sin\frac{j\pi}{2}xdx \\
&= \int_0^1 \frac{1}{10}x\sin\frac{j\pi}{2}xdx+\int_1^2\frac{1}{10}(2-x)\sin\frac{j\pi}{2}xdx \\
&= \frac{1}{10}\int_0^1 x\left(-\frac{2}{j\pi}\cos\frac{j\pi}{2}x\right)'dx+\frac{1}{10}\int_1^2(2-x)\left(-\frac{2}{j\pi}\cos\frac{j\pi}{2}x\right)'dx
\end{aligned}$$

$$=\frac{1}{10}I_1+\frac{1}{10}I_2$$

$$I_1=-\frac{2}{j\pi}\left[x\cos\frac{j\pi}{2}x\right]_0^1+\frac{2}{j\pi}\int_0^1 1\times\cos\frac{j\pi}{2}xdx$$ (부분 적분의 공식대로)

$$=-\frac{2}{j\pi}\times1\times\cos\frac{j\pi}{2}+\frac{4}{j^2\pi^2}\left[\sin\frac{j\pi}{2}x\right]_0^1$$

$$=-\frac{2}{j\pi}\cos\frac{j\pi}{2}+\frac{4}{j^2\pi^2}\sin\frac{j\pi}{2}$$

$$I_2=-\frac{2}{j\pi}\left[(2-x)\cos\frac{j\pi}{2}x\right]_1^2+\frac{2}{j\pi}\int_1^2(-1)\cos\frac{j\pi}{2}xdx$$ (부분 적분의 공식대로)

$$=\frac{2}{j\pi}\times1\times\cos\frac{j\pi}{2}-\frac{4}{j^2\pi^2}\left[\sin\frac{j\pi}{2}x\right]_1^2$$

$$=\frac{2}{j\pi}\cos\frac{j\pi}{2}-\frac{4}{j^2\pi^2}\left(\sin j\pi-\sin\frac{j\pi}{2}\right)\quad(\sin j\pi=0)$$

$$=\frac{2}{j\pi}\cos\frac{j\pi}{2}+\frac{4}{j^2\pi^2}\sin\frac{j\pi}{2}$$ 이므로

$$b_j=\frac{1}{10}\left(-\frac{2}{j\pi}\cos\frac{j\pi}{2}+\frac{4}{j^2\pi^2}\sin\frac{j\pi}{2}\right)+\frac{1}{10}\left(\frac{2}{j\pi}\cos\frac{j\pi}{2}+\frac{4}{j^2\pi^2}\sin\frac{j\pi}{2}\right)$$

$$=2\times\frac{2}{5}\times\frac{1}{j^2\pi^2}\sin\frac{j\pi}{2}$$

$$\therefore b_j=\frac{4}{5\pi^2}\frac{\sin\frac{j\pi}{2}}{j^2}\tag{17}$$

가 된다. (17)을 (14)에 대입함으로서, 특이해 $u(x,t)$는

$$u(x,t)=\frac{4}{5\pi^2}\sum_{j=1}^{\infty}\frac{\sin\frac{j\pi}{2}}{j^2}\sin\frac{j\pi}{2}x\cos\frac{j\pi}{2}t \tag{18}$$

이것이 예제 19의 해가 된다.

그렇다면 이 함수가 정말 현의 진동 현상을 나타내는 것인가? 이 (18)은 무한급수의 식이므로 이것을 그대로 계산할 수는 없지만 이 무한 합을 $n=100$ 항까지의 부분 합으로 근사한

$$u(x,t)\fallingdotseq\frac{4}{5\pi^2}\sum_{j=1}^{100}\frac{\sin\frac{j\pi}{2}}{j^2}\sin\frac{j\pi}{2}x\cos\frac{j\pi}{2}t \tag{19}$$

으로 계산해 보자. 이 주기함수 $f(x)$는 연속 함수이므로 푸리에 정현 급수로 전개할 때 **"깁스 현상"**도 존재하지 않는다. 이렇게 해도 아주 좋은 근사치가 된다.

$t=0$, 0.4, 0.8, 1.2, 1.6, 2.0(초)에서 양 끝이 고정된 현의 진동 모습을 그림 1에 나타낸다. 현이 이렇게 각진 형태로 진동하는 것이 의외로 생각될지 모르지만, 이것이 수학적으로 도출되는 엄밀한 진동 현상이 된다. 이 현의 진동은 $t=4$초 후에 원위치로 돌아오는 주기 4초인 파동을 나타내는 것을 알 수 있을 것이다.

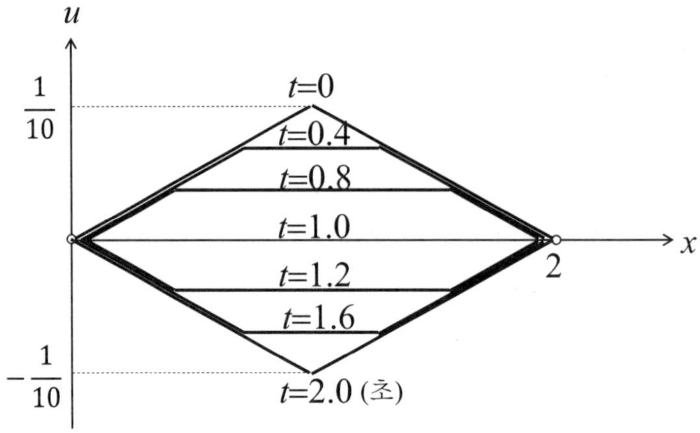

그림 1 고정단의 현의 진동

§ 양 끝이 자유인 현의 진동

자유단의 현의 진동이란, 그림 2에 나타내듯이 양 끝점 $x=0$과 L에 대한 현의 변위의 미분 계수가 시각 t에 관계없이 항상 0이 되는 진동을 말한다. 이것은 물리적인 현상으로서는 생각하기 어렵지만 수학적으로는 경계 조건이 (i) 고정단일 경우의 $u(0,t)=u(L,t)=0$으로부터, (ii) 자유단의 경우는 $u_x(0,t)=u_x(L,t)=0$으로 바뀔 뿐이다. 단, 이후에 초기 조건 $u(x,0)=f(x)$를 푸리에 급수로 나타내는 경우, 푸리에 코사인 급수를 이용하게 되는 것에 주의하자. 그럼 다음 예제로 공부해 보자.

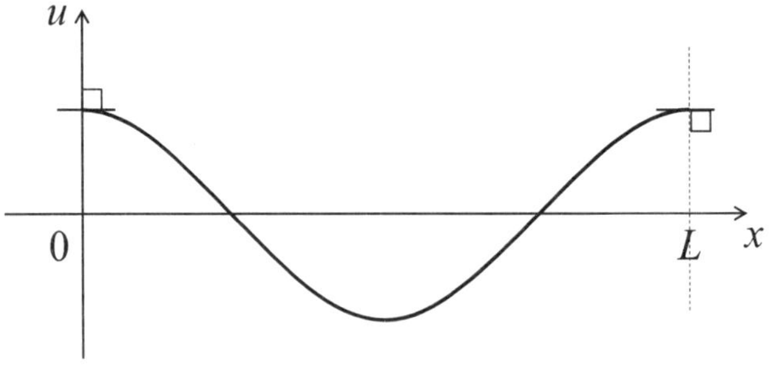

그림 2 자유단의 현의 진동의 이미지

예제 20. 다음의 1차원 파동 방정식(미분방정식)을 풀어 보자.

$$\frac{\partial^2 u}{\partial t^2} = \frac{\partial^2 u}{\partial x^2} \quad (0 < x < 2,\ t > 0) \tag{20}$$

여기에서는 $v = 1,\ L = 2$로 하였다.

경계 조건 $u_x(0, t) = u_x(2, t) = 0$ (자유단의 조건)

$$\text{초기 조건 } u(x, 0) = \begin{cases} -\dfrac{1}{10} & \left(0 \leq x \leq \dfrac{1}{2}\right) \\ \dfrac{1}{5}(x-1) & \left(\dfrac{1}{2} < x \leq \dfrac{3}{2}\right) \\ \dfrac{1}{10} & \left(\dfrac{3}{2} < x \leq 2\right) \end{cases} \tag{21}$$

$u_t(x, 0) = 0$ (정지 상태로부터 진동을 개시)

해답: 구간 $[0, 2]$의 현은 양 끝점을 자유단으로 하고 (21)의 초기 조건에 의하여, 처음에는 다음 그림에 나타내는 것과 같은 상태로부터 진동을 개시한다고 한다.

초기조건

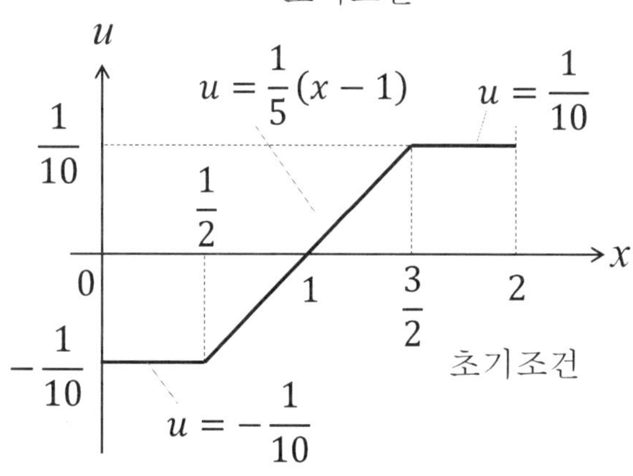

이번에도 변수 분리법을 이용하여

$$u(x,t) = \chi(x)\tau(t) \tag{22}$$

으로 표현된다고 하면 예제 19와 같이

$$u_{tt} = \chi\tau_{tt} \tag{23}$$

$$u_{xx} = \tau\chi_{xx} \tag{24}$$

가 되기 때문에 이것들을 (20)에 대입하여 양변을 $\chi\tau$로 나누면, $\dfrac{\chi_{xx}}{\chi} = \dfrac{\tau_{tt}}{\tau}$이 된다. 이 좌변은 x, 우변은 t만의 식으로 이 등식이 성립하기 위해서는 이것이 어떤 상수 α여야 한다. 여기에서 물리적인 의미가 있는 해를 구하기 위해 $\alpha < 0$으로부터 $\alpha = -\omega^2$으로 두면

$$\frac{\chi_{xx}}{\chi} = \frac{\tau_{tt}}{\tau} = -\omega^2 \ \ (\omega > 0) \tag{25}$$

가 된다. (25)로부터 2개의 상미분방정식

$$\text{(i)} \ \chi_{xx} = -\omega^2\chi \tag{26}$$

$$\text{(ii)} \ \tau_{tt} = -\omega^2\tau \tag{27}$$

이 나온다. 이것의 해를 각각 구하면 다음과 같다.

$$\text{(i)} \ \chi_{xx} = -\omega^2\chi \ (\text{단진동의 운동 방정식}) \tag{26}$$

따라서

$$\chi(x) = A_1\cos\omega x + A_2\sin\omega x \tag{28}$$

가 된다. 이후 자유단의 경계 조건을 고려하게 된다. (28)을 x로 미분하여

$$\chi_x(x) = -A_1\omega\sin\omega x + A_2\omega\cos\omega x \tag{29}$$

경계 조건

$u_x(0, t) = \chi_x(0)\tau(t) = 0$으로부터, $\chi_x(0) = 0$ ($\tau(t)$는 여러 값을 가진다)

$u_x(2, t) = \chi_x(2)\tau(t) = 0$으로부터, $\chi_x(2) = 0$ ($\tau(t)$는 여러 값을 가진다)

따라서 (29)에 $x = 0$과 2를 대입하여

$$\chi_x(0) = -A_1\omega\sin 0 + A_2\omega\cos 0 = A_2\omega = 0 \qquad \therefore A_2 = 0 \ (\omega\text{는 “+”})$$

$$\chi_x(2) = -A_1\omega\sin 2\omega = 0$$

여기서, $A_1\omega \neq 0$, $\sin 2\omega$에서 $2\omega = j\pi$ ($j = 1, 2, 3, \cdots$).

따라서 $2\omega = j\pi$ ($j = 1, 2, 3, \cdots$)가 되기 때문에, 이 ω를 ω_j로 두면, $\omega_j = \dfrac{j\pi}{2}$ ($j = 1, 2, 3, \cdots$)가 된다.

$A_2 = 0$과 $\omega_j = \dfrac{j\pi}{2}$를 (28)에 대입하면

$$\chi(x) = A_1\cos\frac{j\pi}{2}x \ (j = 1, 2, 3, \cdots) \tag{30}$$

가 된다.

(ii) 다음으로, $\omega = \omega_j = \dfrac{j\pi}{2}$로부터

$$\tau_{tt} = -\omega_j^2 \tau \tag{31}$$

의 일반해는

$$\tau(t) = B_1 \cos\omega_j t + B_2 \sin\omega_j t \tag{32}$$

가 된다.

초기 조건 $u_t(x, 0) = \chi(x)\tau_t(0) = 0$으로부터

$$\tau_t(0) = 0$$

따라서 (32)를 t로 미분하여, $t=0$을 대입하면

$\tau_t(t) = -B_1\omega_j \sin\omega_j t + B_2\omega_j \cos\omega_j t$로부터

$\tau_t(0) = -B_1\omega_j \sin 0 + B_2\omega_j \cos 0 = B_2\omega_j = 0$ (ω_j는 "+") $\quad \therefore B_2 = 0$

따라서 (32)의 해는

$$\tau(t) = B_1 \cos\omega_j t = B_1 \cos\frac{j\pi}{2}t \tag{33}$$

이 된다.

이상, (i), (ii)의 (30), (33)으로부터 $u(x, t)$의 기본해를 $u_j(x, t)$로 두면

$$u_j(x, t) = \cos\frac{j\pi}{2}x \cos\frac{j\pi}{2}t \quad (j = 1, 2, 3, \cdots) \tag{34}$$

이 된다. 이 식에서 $\cos\frac{j\pi}{2}x\cos\frac{j\pi}{2}t$의 계수 A_1, B_1은 생략하였다. 따라서 파동의 중첩 원리로부터 일반해 $u(x, t)$는

$$u(x,t)=\sum_{j=1}^{\infty}a_j\cos\frac{j\pi}{2}x\cos\frac{j\pi}{2}t \tag{35}$$

가 된다.

여기에서 초기 조건을 적용한다.

$$u(x,0)=f(x)=\begin{cases}-\frac{1}{10} & \left(0\leqq x\leqq\frac{1}{2}\right)\\ \frac{1}{5}(x-1) & \left(\frac{1}{2}<x\leqq\frac{3}{2}\right)\\ \frac{1}{10} & \left(\frac{3}{2}<x\leqq 2\right)\end{cases} \tag{21}$$

(35)의 t에 $t=0$을 대입하여

$$u(x,0)=\sum_{j=1}^{\infty}a_j\cos\frac{j\pi}{2}x\cos 0=\sum_{j=1}^{\infty}a_j\cos\frac{j\pi}{2}x \tag{36}$$

이 된다. 따라서 (21)의 $f(x)$는 (36)으로부터

$$f(x)=\sum_{j=1}^{\infty}a_j\cos\frac{j\pi}{2}x \tag{37}$$

이 된다.

이 식은 푸리에 여현 급수에서 $\frac{a_0}{2}$의 항이 없는 경우지만,

$a_0=\frac{2}{2}\int_0^2 f(x)dx=0$이 되기 때문에 푸리에 여현 급수로 볼 수 있다.

따라서 계수 a_j를 구하기 위해서 (21)을 적용하면 다음과 같다.

$$a_j = \frac{2}{2}\int_0^2 f(x)\cos\frac{j\pi}{2}x dx$$

$$= \int_0^{\frac{1}{2}}\left(-\frac{1}{10}\right)\cos\frac{j\pi}{2}x dx$$

$$+ \int_{\frac{1}{2}}^{\frac{3}{2}}\frac{1}{5}(x-1)\cos\frac{j\pi}{2}x dx + \int_{\frac{3}{2}}^{2}\frac{1}{10}\cos\frac{j\pi}{2}x dx$$

$$= -\frac{1}{10}\int_0^{\frac{1}{2}}\cos\frac{j\pi}{2}x dx + \frac{1}{5}\int_{\frac{1}{2}}^{\frac{3}{2}}(x-1)\cos\frac{j\pi}{2}x dx + \frac{1}{10}\int_{\frac{3}{2}}^{2}\cos\frac{j\pi}{2}x dx$$

여기서

$$\int_0^{\frac{1}{2}}\cos\frac{j\pi}{2}x dx = \frac{2}{j\pi}\left[\sin\frac{j\pi}{2}x\right]_0^{\frac{1}{2}} = \frac{2}{j\pi}\sin\frac{j\pi}{4},$$

$$\int_{\frac{1}{2}}^{\frac{3}{2}}(x-1)\cos\frac{j\pi}{2}x dx$$

$$= \int_{\frac{1}{2}}^{\frac{3}{2}}(x-1)\left(\frac{2}{j\pi}\sin\frac{j\pi}{2}x\right)' dx$$

$$= \frac{2}{j\pi}\left[(x-1)\sin\frac{j\pi}{2}x\right]_{\frac{1}{2}}^{\frac{3}{2}} - \frac{2}{j\pi}\int_{\frac{1}{2}}^{\frac{3}{2}}1\times\sin\frac{j\pi}{2}x dx$$

$$= \frac{1}{j\pi}\sin\frac{3j\pi}{4} + \frac{1}{j\pi}\sin\frac{j\pi}{4} + \frac{4}{j^2\pi^2}\left[\cos\frac{j\pi}{2}x\right]_{\frac{1}{2}}^{\frac{1}{2}}$$

$$= \frac{1}{j\pi}\sin\frac{3j\pi}{4} + \frac{1}{j\pi}\sin\frac{j\pi}{4} + \frac{4}{j^2\pi^2}\left(\cos\frac{3j\pi}{4} - \cos\frac{j\pi}{4}\right)$$

이므로

$$a_j = -\frac{1}{10} \times \frac{2}{j\pi} \sin\frac{j\pi}{4} + \frac{1}{5}\left\{\frac{1}{j\pi}\sin\frac{3j\pi}{4} + \frac{1}{j\pi}\sin\frac{j\pi}{4} + \frac{4}{j^2\pi^2}\left(\cos\frac{3j\pi}{4} - \cos\frac{j\pi}{4}\right)\right\}$$
$$+ \frac{1}{10} \times \left(-\frac{2}{j\pi}\right)\sin\frac{3j\pi}{4}$$

$$\therefore a_j = \frac{4}{5\pi^2} \times \frac{\cos\frac{3j\pi}{4} - \cos\frac{j\pi}{4}}{j^2} \quad (j = 1, 2, 3, \cdots) \tag{38}$$

이 된다. (38)을 (35)에 대입함으로써 특이해 $u(x, t)$가 다음과 같이 구해진다.

$$u(x, t) = \frac{4}{5\pi^2} \sum_{j=1}^{\infty} \frac{\cos\frac{3j\pi}{4} - \cos\frac{j\pi}{4}}{j^2} \cos\frac{j\pi}{2}x \cos\frac{j\pi}{2}t \tag{39}$$

이것이 예제 19의 자유단의 현의 진동을 나타내는 방정식이다. 그럼 이것도 컴퓨터를 사용하여 그래프로 표시하자. 물론 이 무한급수는 계산할 수 없으므로 $n = 100$항까지의 부분 합으로 다음과 같이 근사하기로 한다.

$$u(x, t) \fallingdotseq \frac{4}{5\pi^2} \sum_{j=1}^{100} \frac{\cos\frac{3j\pi}{4} - \cos\frac{j\pi}{4}}{j^2} \cos\frac{j\pi}{2}x \cos\frac{j\pi}{2}t \tag{40}$$

함수 $f(x)$도 푸리에 여현 전개에 의한 우함수의 주기 함수로 했을 경우, 불연속점은 없으므로, "깁스의 현상"은 일어나지 않는다. 따라서 이렇게 해도 상당히 좋은 근사치로 볼 수 있다.

$t = 0$, 0.4, 0.8, 1.2, 1.6, 2.0 (초)에 대한 자유단을 가지는 현의 진동 모습을 그림 3에 나타낸다. 이번에도 현이 각진 형태로 진동하는 것을 알 수 있다. 이것이 수학적으로 도출된 진동 현상이다. 이 현의 진동은 $t = 4$초 후에 원래의 위치로 돌아오는 주기 4초의 진동이다.

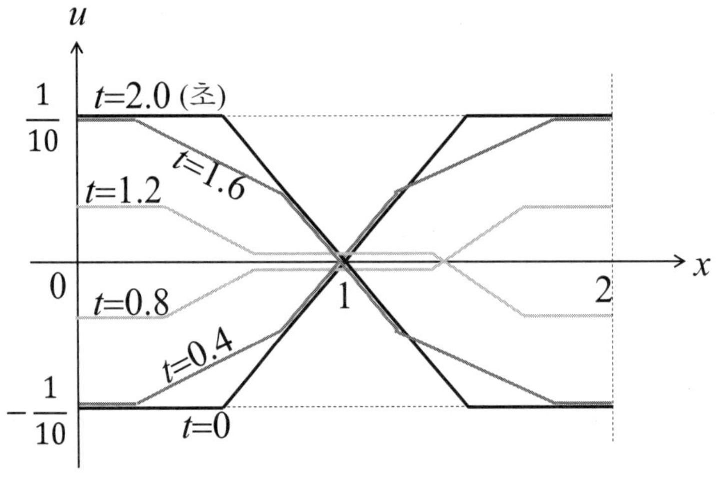

그림 3 자유단의 현의 진동

■ 연습 문제 7 ◎ 양 끝이 고정된 현의 진동 ◎

변위 $u(x,t)$에 대하여, 다음 1차원 파동 방정식(편미분방정식)을 풀어 보자.

$$\frac{\partial^2 u}{\partial t^2} = 9\frac{\partial^2 u}{\partial x^2} \quad (0 < x < 4,\ t > 0) \tag{41}$$

경계 조건 $u(0,t) = u(4,t) = 0$

초기 조건 $u(x,0) = \frac{1}{40}(4x - x^2),\ u_t(x,0) = 0$

◇ 힌트

(41)은 일반적인 1차원 파동 방정식 $u_{tt} = v^2 u_{xx}$에서 $v = 3$일 때의 방정식으로 경계 조건으로 양 끝점이 고정된 현의 진동 문제이다.

초기 조건 $u(x,0) = -\frac{1}{40}(x-2)^2 + \frac{1}{10}$로부터, 처음에 현이 포물선 형태에서 진동이 개시된다. 변수 분리법을 이용하여 풀어 보자.

□ 해답 및 설명

초기 조건 $u(x,0)=f(x)$로 두면,

$$f(x)=-\frac{1}{40}(x-2)^2+\frac{1}{10} \quad (0 \leqq x \leqq 2) \tag{42}$$

으로부터 양 끝점을 고정단으로 구간 $[0,4]$로 고정한 현을 아래 그림과 같이 포물선 모양으로 붙인 상태에서 진동을 개시한다.

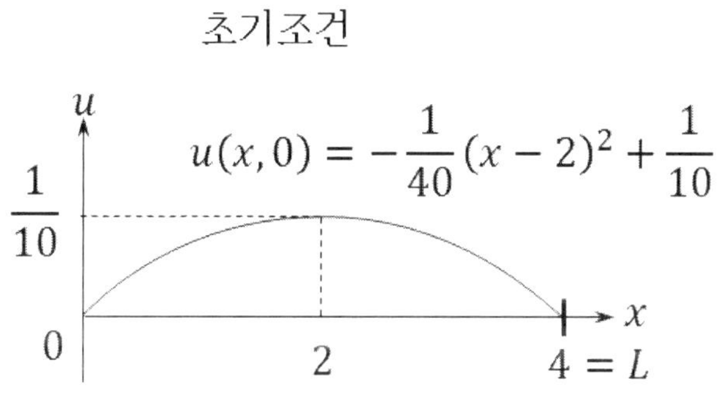

변위 $u(x,t)$가 변수 분리법에 의하여

$$u(x,t)=\chi(x)\tau(t) \tag{43}$$

으로 나타낸다고 하면

$$u_{tt}=(\chi\tau)_{tt}=\chi\tau_{tt} \tag{44}$$

$$u_{xx}=(\chi\tau)_{xx}=\tau\chi_{xx} \tag{45}$$

가 된다. (44), (45)를 (41)에 대입하면 $\chi\tau_{tt}=9\tau\chi_{xx}$가 된다. 또한, 이 양변을 $\chi\tau$로 나누면 $\frac{\tau_{tt}}{\tau}=\frac{9\chi_{xx}}{\chi}$가 되어 좌변은 t만의, 우변은 x만의 식이 된다. 따라서 이 등식이 항등적으로

성립되기 위해서는 이것은 어떤 상수 α가 되지 않으면 안 된다. 여기서 $\alpha \geqq 0$라고 하면 경계 조건으로부터 $\chi = 0$(영 함수)이 되므로 부적절하다. 따라서 $\alpha < 0$으로부터 $\alpha = -\omega^2$ $(\omega > 0)$로 두면

$$\frac{\tau_{tt}}{\tau} = \frac{9\chi_{xx}}{\chi} = -\omega^2 \tag{46}$$

이 된다. (46)으로부터 다음 2개의 상미분방정식

$$\text{(i)}\ \chi_{xx} = -\left(\frac{\omega}{3}\right)^2 \chi \tag{47}$$

와

$$\text{(ii)}\ \tau_{tt} = -\omega^2 \tau \tag{48}$$

이 나온다.

(i) (47)로부터

$$\chi(x) = A_1 \cos\frac{\omega}{3}x + A_2 \sin\frac{\omega}{3}x \tag{49}$$

가 된다. 여기서 경계 조건으로부터

· $\chi(0) = A_1 \cos 0 + A_2 \sin 0 = A_1 = 0$

· $\chi(4) = A_2 \sin\frac{4}{3}\omega = 0$ (여기서, $\frac{4}{3}\omega = j\pi$ $(j = 1, 2, 3, \cdots)$)

$\therefore \frac{4}{3}\omega = j\pi$로부터, $\omega = \omega_j$로 두면,

$\omega_j = \dfrac{3j\pi}{4}$ $(j=1, 2, 3, \cdots)$가 된다.

$\therefore A_1 = 0,\ \omega_j = \dfrac{3j\pi}{4}$ 로부터, (49)는

$$\chi(x) = A_2 \sin\frac{j\pi}{4}x \tag{50}$$

가 된다.

(ii) 다음으로, $\tau(t)$의 미분방정식 (48)은

$$\tau(t) = B_1 \cos\omega_j t + B_2 \sin\omega_j t \tag{51}$$

가 된다.

여기에서, 초기 조건 $u_t(x, 0) = \chi(x)\tau_t(0) = 0$으로부터

$$\tau_t(0) = 0$$

따라서 (51)을 t로 미분하여,

$\tau_t(t) = -B_1\omega_j \sin\omega_j t + B_2\omega_j \cos\omega_j t$로부터,

$\tau_t(0) = -B_1\omega_j \sin 0 + B_2\omega_j \cos 0 = B_2\omega_j = 0\ (\omega_j \neq 0)\quad \therefore B_2 = 0$

$\therefore B_2 = 0$으로부터, (51)은

$$\tau(t) = B_1 \cos\omega_j t = B_1 \cos\frac{3j\pi}{4}t \tag{52}$$

이 된다.

이상, (i), (ii)의 (50), (52)로부터 $u(x,t)$의 기본해를 $u_j(x,t)$로 두면

$$u_j(x,t) = \sin\frac{j\pi}{4}x\cos\frac{3j\pi}{4}t \;\; (j = 1, 2, 3, \cdots) \tag{53}$$

가 된다.

따라서 파동의 중첩 원리에 의하여, 일반해 $u(x,t)$는

$$u(x,t) = \sum_{j=1}^{\infty} b_j u_j(x,t) = \sum_{j=1}^{\infty} b_j \sin\frac{j\pi}{4}x\cos\frac{3j\pi}{4}t \tag{54}$$

가 된다. 여기서 초기 조건은

$$u(x,0) = f(x) = \frac{1}{40}\left(4x - x^2\right) \tag{42}$$

이다. (54)의 t에 $t = 0$을 대입하면

$$u(x,0) = \sum_{j=1}^{\infty} b_j \sin\frac{j\pi}{4}x\cos 0 = \sum_{j=1}^{\infty} b_j \sin\frac{j\pi}{4}x \tag{55}$$

이 된다. (42), (55)로부터

$$f(x) = \sum_{j=1}^{\infty} b_j \sin\frac{j\pi}{4}x \tag{56}$$

이 된다.

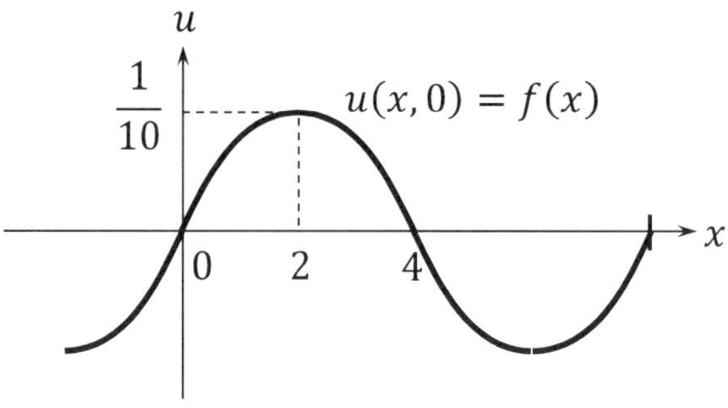

이것은 $f(x)$의 푸리에 사인 급수 전개의 식이기 때문에 계수 b_j는 다음과 같이 나타난다.

$$b_j = \frac{2}{4}\int_0^4 f(x)\sin\frac{j\pi}{4}xdx$$

여기서 $f(x) = \frac{1}{40}(4x - x^2)$을 대입하면

$$b_j = \frac{1}{80}\int_0^4 (4x - x^2)\left(-\frac{4}{j\pi}\cos\frac{j\pi}{4}x\right)' dx$$

따라서

$$\begin{aligned} b_j &= \frac{1}{10j\pi}\int_0^4 (2-x)\left(\frac{4}{j\pi}\sin\frac{j\pi}{4}x\right)' dx \\ &= \frac{1}{10j\pi}\left\{\frac{4}{j\pi}\left[(2-x)\sin\frac{j\pi}{4}x\right]_0^4 - \frac{4}{j\pi}\int_0^4 (-1)\sin\frac{j\pi}{4}xdx\right\} \end{aligned}$$

$$\therefore b_j = \frac{8}{5\pi^3}\frac{1-(-1)^j}{j^3} \tag{57}$$

가 된다. (57)을 (54)에 대입함으로써 특이해 $u(x,t)$는 다음과 같이 구할 수 있다.

$$u(x,t)=\frac{8}{5\pi^3}\sum_{j=1}^{\infty}\frac{1-(-1)^j}{j^3}\sin\frac{j\pi}{4}x\cos\frac{3j\pi}{4}t \qquad \text{(답)} \qquad (58)$$

<참고>

(58)을 근사적으로

$$u(x,t)=\frac{8}{5\pi^3}\sum_{j=1}^{100}\frac{1-(-1)^j}{j^3}\sin\frac{j\pi}{4}x\cos\frac{3j\pi}{4}t \qquad (59)$$

로서 시각 $t=0,\ \frac{1}{6},\ \frac{1}{3},\ \frac{1}{2},\ \frac{2}{3},\ \frac{5}{6},\ 1,\ \frac{7}{6},\ \frac{4}{3}$(초)에 고정단을 가지는 현의 진동의 형태를 다음에 나타낸다.

이 현의 진동은 $t=\frac{8}{3}$초 후에 원래의 상태로 돌아가는 주기 $T=\frac{8}{3}$의 진동을 나타내고 있다.

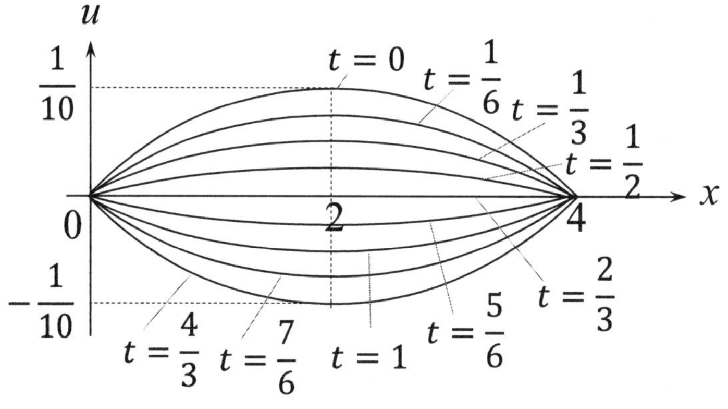

1. 1차원 파동 방정식의 해법

$\frac{\partial^2 u}{\partial t^2} = v^2 \frac{\partial^2 u}{\partial x^2}$에 대하여, 변수 분리법을 이용하여

$u(x, t) = \chi(x)\tau(t)$로 두면, 다음의 2개의 상미분방정식

$\frac{d^2\chi}{dx^2} = -\kappa^2\chi$와 $\frac{d^2\tau}{dt} = -\omega^2\tau$ ($\kappa = \frac{\omega}{v}$, 분산 함수의 식)이 나온다.

이것들을 주어진 초기 조건과 경계 조건하에서 풀면 된다.

2. 주기 $2L$의 주기 함수 $f(x)$의 푸리에 급수

$$f(x) = \frac{a_0}{2} + \sum_{j=1}^{\infty}\left(a_j \cos\frac{j\pi}{L}x + b_j \sin\frac{j\pi}{L}x\right) \quad (j = 1, 2, 3, \cdots)$$

$$a_j = \frac{1}{L}\int_{-L}^{L} f(x)\cos\frac{j\pi}{L}x\,dx,$$

$$b_j = \frac{1}{L}\int_{-L}^{L} f(x)\sin\frac{j\pi}{L}x\,dx$$

3. 주기 $2L$의 주기 함수(우함수) $f(x)$의 푸리에 여현 급수

$$f(x) = \frac{a_0}{2} + \sum_{j=1}^{\infty} a_j \cos\frac{j\pi}{L}x$$

$$a_j = \frac{2}{L}\int_{0}^{L} f(x)\cos\frac{j\pi}{L}x\,dx$$

(ex)

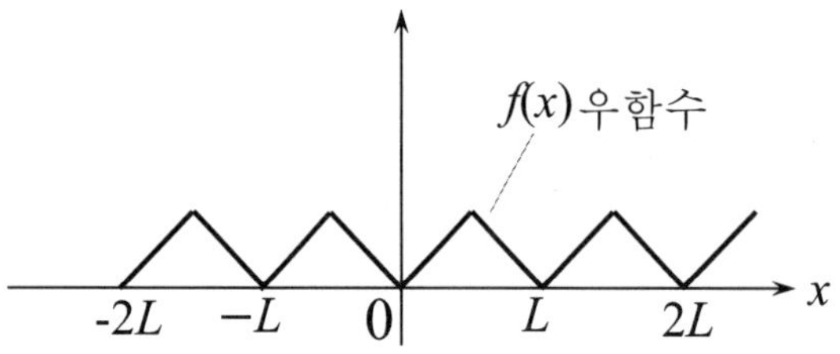

4. 주기 $2L$의 주기 함수(기함수) $f(x)$의 푸리에 정현 급수

$$f(x) = \sum_{j=1}^{\infty} b_j \sin \frac{j\pi}{L} x$$

$$b_j = \frac{2}{L} \int_0^L f(x) \sin \frac{j\pi}{L} x dx$$

(ex)

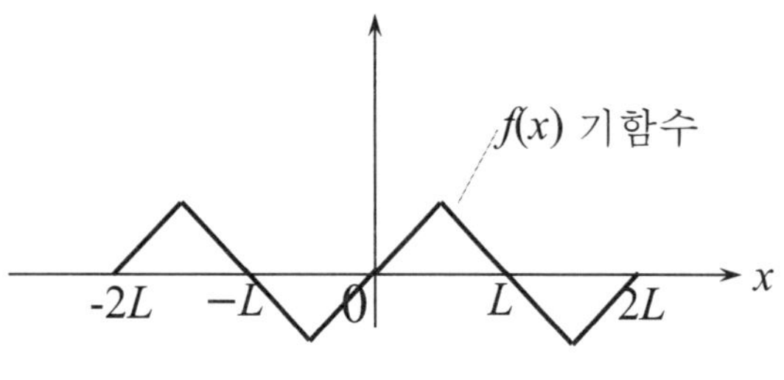

5. 주기 $2L$의 주기 함수(기함수) $f(x)$의 복소 푸리에 급수

$$f(x) = \sum_{j=0,\pm 1}^{\pm\infty} c_j e^{i\frac{j\pi}{L}x}$$

$$c_j = \frac{1}{2L}\int_{-L}^{L} f(x) e^{-i\frac{j\pi}{L}x} dx$$

5장

1차원의 파동(진행파 · 반사파)

\- 테마 -

◆ 1차원 파동 방정식의 d´Alembert's formula

$$u(x,t)=f(x-vt)+g(x+vt)$$

$$u(x,t)=f(\kappa x-wt)+g(\kappa x-\omega t)$$

◆ 군속도

$$u(x,t)=2A\cos(\Delta\kappa x-\Delta\omega t)\cos(\overline{\kappa}x-\overline{\omega}t),\ v_g=\frac{\Delta\omega}{\Delta\kappa}$$

◆ 반사 (고정단, 자유단)

$$u(x,t)=f(x-vt)-f(-x-vt)\ \ (\text{고정단})$$

$$u(x,t)=f(x-vt)+f(-x-vt)\ \ (\text{자유단})$$

5.1 진행파와 반사파

앞의 강의에서는 1차원의 파동 방정식을 풀어서, 고정단과 자유단에 대한 현의 진동을 조사해 보았다. 이번에는 이 고정단과 자유단 등의 경계 조건을 특별히 고려하지 않고, 이 1차원의 파동 방정식 $u_{tt}=v^2 u_{xx}$을 풀면, **"진행파"** $f(x-vt)$와 **"반사파"** $g(x+vt)$가 나온다는 것을 알아보자.

또한 이와 관련하여 "위상속도"와 "군속도"의 관계에 대해서도 설명한다.

§ 1차원 파동의 진행파와 반사파

먼저, 1차원 파동 방정식으로부터 **"진행파"(progressive wave)** $f(x-vt)$와 **"반사파"** (regressive wave) $g(x+vt)$를 풀어 낼 수 있다.
이것을 "d´Alembert's의 **해**"라고 한다.

▶ 진행파와 반사파
변위 $u(x,t)$에 대한 1차원 파동 방정식

$$\frac{\partial^2 u}{\partial t^2}=v^2\frac{\partial^2 u}{\partial x^2} \quad (v\text{: 양의 상수}) \tag{1}$$

의 해는

$$u(x,t)=f(x-vt)+g(x+vt) \tag{2}$$

가 된다. (단, f와 g는 2계 미분 가능한 임의 함수이다)
이것만으로는 무엇을 말하는 것인지 아직 잘 모르겠지만 어쨌든 여기에서는 (1)의 1차원 파동 방정식의 해로서 (2)를 도출할 수 있음을 증명 해보자.

우선 변수 x와 t를 다음과 같이 변수 ζ와 η로 변환하자.

$$\zeta=x-vt \tag{3}$$

$$\eta = x + vt \tag{4}$$

지금부터 x와 t를 ζ와 η로 나타내면, $\dfrac{(3)+(4)}{2}$로부터

$$x = \frac{1}{2}(\zeta + \eta) \tag{5}$$

가 되고 $\dfrac{(4)-(3)}{2v}$으로부터

$$t = \frac{1}{2v}(\eta - \zeta) \tag{6}$$

이 된다. 따라서 u를 η로 편미분하면 (5), (6)으로부터 다음과 같이 된다.

$$\frac{\partial u}{\partial \eta} = \frac{\partial u}{\partial x}\frac{\partial x}{\partial \eta} + \frac{\partial u}{\partial t}\frac{\partial t}{\partial \eta} = \frac{1}{2}\frac{\partial u}{\partial x} + \frac{1}{2v}\frac{\partial u}{\partial t}$$

또한 이것을 ζ로 미분하면 다음과 같다.

$$\begin{aligned}
\frac{\partial^2 u}{\partial \zeta \partial \eta} &= \frac{\partial}{\partial \zeta}\left(\frac{\partial u}{\partial \eta}\right) = \frac{\partial x}{\partial \zeta}\frac{\partial}{\partial x}\left(\frac{\partial u}{\partial \eta}\right) + \frac{\partial t}{\partial \zeta}\frac{\partial}{\partial t}\left(\frac{\partial u}{\partial \eta}\right) \\
&= \frac{1}{2}\frac{\partial}{\partial x}\left(\frac{1}{2}\frac{\partial u}{\partial x} + \frac{1}{2v}\frac{\partial u}{\partial t}\right) - \frac{1}{2v}\frac{\partial}{\partial t}\left(\frac{1}{2}\frac{\partial u}{\partial x} + \frac{1}{2v}\frac{\partial u}{\partial t}\right) \\
&= \frac{1}{4}\frac{\partial^2 u}{\partial x^2} + \frac{1}{4v}\frac{\partial^2 u}{\partial x \partial t} - \frac{1}{4v}\frac{\partial^2 u}{\partial t \partial x} - \frac{1}{4v^2}\frac{\partial^2 u}{\partial t^2} \\
&= \frac{1}{4v^2}\left(v^2\frac{\partial^2 u}{\partial x^2} - \frac{\partial^2 u}{\partial t^2}\right) \\
&= 0
\end{aligned}$$

여기서 괄호 안은 (1)의 파동방정식으로부터 0이 되었다. 따라서

$$\therefore \frac{\partial^2 u}{\partial\zeta\partial\eta} = \frac{\partial}{\partial\zeta}\left(\frac{\partial u}{\partial\eta}\right) = 0 \tag{7}$$

이 된다. u는 2 변수 함수 $u(\zeta,\eta)$인 것에 주의하여, 먼저 (7)을 ζ로 적분하면

$$\frac{\partial u}{\partial\eta} = \tilde{g}(\eta)$$

u는 2 변수 함수이므로 이것은 적분 상수 C_1이 아니라 η의 함수 $\tilde{g}(\eta)$가 된다. 이 양변을 η로 적분하여

$$u = f(\zeta) + \int \tilde{g}(\eta) d\eta$$

η로 적분하였기 때문에 이것은 적분 상수 C_2가 아니라 ζ의 함수 $f(\zeta)$가 된다. 또한 $\int \tilde{g}(\eta)d\eta$는 η의 함수 $g(\eta)$로 둔다.

이것은 $u = f(\zeta) + g(\eta)$가 되므로, 이것에 (3), (4)를 대입하면 다음과 같다.

$$u(x,t) = f(x - vt) + g(x + vt) \tag{2}$$

여기서 $f(x-vt)$는 진행파, $g(x+vt)$는 반사파이다. 따라서 1차원 파동 방정식의 $u(x,t)$는 진행파 $f(x-vt)$와 반사파 $g(x+vt)$의 1차 결합으로서 나타낸다는 것을 알았다.

그렇다면, 왜 이것들이 진행파, 혹은 반사파가 되는가? 그 이유를 설명한다.

(i) 진행파 $f(x-vt)$에 대하여, $t=0$일 때, $x \fallingdotseq 0$ 부근의 파를 그림 1에 나타낸다. v는 양의 상수이기 때문에, $x - vt = 0$을 만족하는 양의 상수 x_1과 t_1이 반드시 존재한다. 즉, $x_1 - vt_1 = 0$을 만족하는 x_1과 t_1이다. $t=0$일 때 $x \fallingdotseq 0$부근에 있던 파는 그림 1에 나타나듯이 시각 $t = t_1$에 $x \fallingdotseq x_1$ 부근으로 진행한 것이 된다.

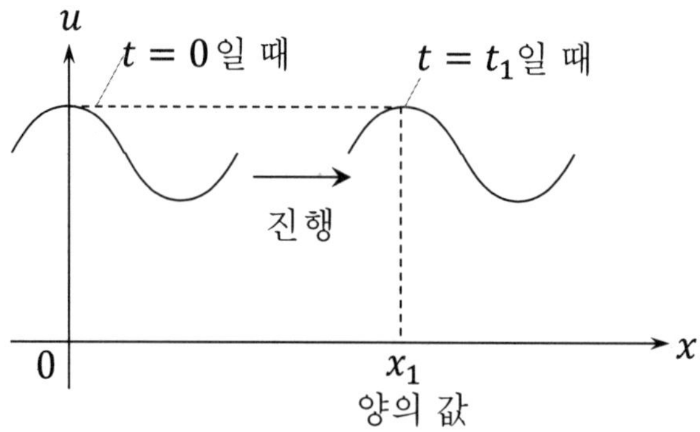

그림 1 진행파 $f(x-vt)$

(ii) 반사파 $g(x+vt)$에 대하여, 같은 방법으로 $t=0$일 때, $x \fallingdotseq 0$ 부근의 파를 그림 2에 나타낸다. v는 양의 상수이기 때문에, $x+vt=0$을 만족하는 어떤 양의 상수 t_1과 음의 상수 x_{-1}이 존재한다. 즉, $x_{-1}+vt_1=0$을 만족하는 x_{-1}과 t_1이다. $t=0$일 때 $x \fallingdotseq 0$ 부근에 있던 파는 시각 $t=t_1$에 $x=x_{-1}$ 부근으로 반사하는 것이다. 이 생각을 이해하면 조금 다른 버전이지만 $f(-x+vt)$는 진행파이고 $g(-x-vt)$는 반사파인 것을 알 수 있다.

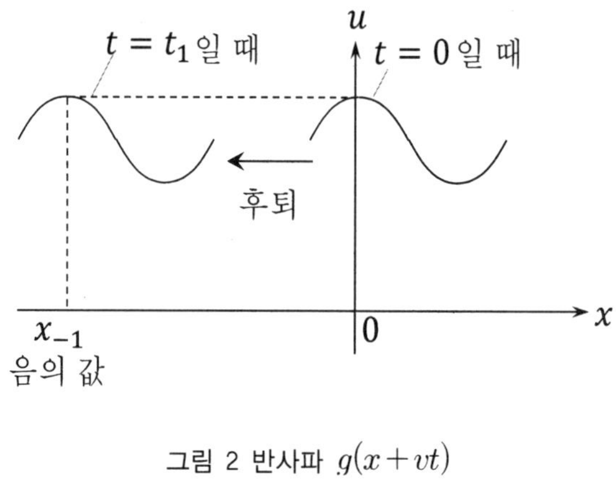

그림 2 반사파 $g(x+vt)$

§ 진행파와 반사파에 의한 정재파

그러나 앞에서 1차원 파동 방정식을 풀고 현의 진동을 조사하였을 때, 이러한 진행파나 반사파와 같은 파동의 이동은 존재하지 않는 이른바 **"정재파"** (standing wave)라고 불리는 파동밖에 얻을 수 없었다. 왜 그럴까? 이 의문에 대해서도 공부해 보자.

여기서 진행파와 반사파의 함수를 조금 변형해 보면, 1차원 파동 방정식에서의 분산 관계는 $\omega = v\kappa$ (ω: 각진동수, v: 위상 속도, κ: 파수)이기 때문에

$$v = \frac{\omega}{\kappa} \tag{8}$$

가 된다.

(i) (8)을 진행파의 함수 $f(x-vt)$에 대입하면 다음과 같다.

$$f(x-vt) = f\left(x - \frac{\omega}{\kappa}t\right) = f\left(\frac{1}{\kappa}(\kappa x - \omega t)\right)$$

여기서 $(\kappa x - \omega t)$를 하나의 변수로 본다.

$f(x-vt)$는 새롭게 $\kappa x - \omega t$의 함수로서 $f(\kappa x - \omega t)$로 표현할 수가 있다.

(ii) 같은 방법으로 (8)을 반사파의 함수 $g(x+vt)$에 대입하면 다음과 같다.

$$g(x+vt) = g\left(x + \frac{\omega}{\kappa}t\right) = g\left(\frac{1}{\kappa}(\kappa x + \omega t)\right)$$

여기서 $(\kappa x + \omega t)$를 하나의 변수로 본다. $g(x+vt)$는 새롭게 $\kappa x + \omega t$의 함수로서, $g(\kappa x + \omega t)$로 표현할 수가 있다.

이상 (i), (ii)로부터, 1차원 파동 방정식의 해는 다음과 같이 나타낼 수 있다.

$$u(x, t) = f(\kappa x - \omega t) + g(\kappa x + \omega t) \tag{9}$$

여기서 $f(-\kappa x+\omega t)$도 진행파를 나타내고, $g(-\kappa x-\omega t)$도 반사파를 나타낸다.

그럼 정재파의 예로서 예제 18의 자유단의 현의 진동 결과와 연습 문제 7의 양 끝이 고정된 현의 진동 결과를 다시 한 번 살펴보자.

예제 21 4.3 절의 자유단의 현의 진동

$$u(x,t)=\frac{4}{5\pi^2}\sum_{j=1}^{\infty}\frac{\cos\frac{3j\pi}{4}-\cos\frac{j\pi}{4}}{j^2}\cos\kappa_j x\cos\omega_j t \tag{10}$$

단, $\kappa_j=\frac{j\pi}{2}$, $\omega_j=\frac{j\pi}{2}$ $(j=1,2,3,\cdots)$

연습 문제 7의 양 끝이 고정된 현의 진동

$$u(x,t)=\frac{8}{5\pi^3}\sum_{j=1}^{\infty}\frac{1-(-1)^j}{j^3}\sin\kappa_j x\cos\omega_j t \tag{11}$$

단, $\kappa_j=\frac{j\pi}{4}$, $\omega_j=\frac{3j\pi}{4}$ $(j=1,2,3,\cdots)$

여기서 (10)의 $\cos\kappa_j x\cos\omega_j t$부분이, 또 (11)의 $\sin\kappa_j x\cos\omega_j t$부분이 파의 진행이나 후퇴가 없는 정재파를 나타내고 있는 것인데 이것들을, 삼각함수의 곱 → 합의 공식을 사용해 변형해 보자. 그러면 각각 다음과 같다.

$$(10)\quad \cos\kappa_j x\cos\omega_j t=\frac{1}{2}\left\{\cos\left(\kappa_j x+\omega_j t\right)+\cos\left(\kappa_j x-\omega_j t\right)\right\}$$

여기서 $\cos\left(\kappa_j x+\omega_j t\right)$는 반사파 $g\left(\kappa_j x+\omega_j t\right)$를, $\cos\left(\kappa_j x-\omega_j t\right)$는 진행파 $f\left(\kappa_j x-\omega_j t\right)$를 나타낸다.

$$(11)\ \sin\kappa_j x\cos\omega_j t = \frac{1}{2}\{\sin(\kappa_j x+\omega_j t)+\sin(\kappa_j x-\omega_j t)\}$$

여기서 $\sin(\kappa_j x+\omega_j t)$는 반사파 $g(\kappa_j x+\omega_j t)$를, $\sin(\kappa_j x-\omega_j t)$는 진행파 $f(\kappa_j x-\omega_j t)$를 나타낸다. 따라서 (10), (11)의 정재파는 실은 진행파 $f(\kappa_j x-\omega_j t)$와 반사파 $g(\kappa_j x+\omega_j t)$의 합에 의해서 형성되어 있는 것을 알 수 있다.

§ 맥놀이와 군속도

파의 진동을 변화시킴으로써 정보를 전달할 수 있다. 이 진폭의 시간적인 변화를 **"진폭 변조"** (amplitude modulation)라고 한다. 이것의 간단한 예로서 맥놀이를 공부해 보자. 3.1 절 맥놀이에서 해설한 바와 같이 $x=0$에서의 맥놀이의 방정식은 그 변위를 $u(0,t)$ (여기서 $0=x$)라고 두면 다음과 같다.

$$u(0,t)=C\cos\omega_1 t+C\cos\omega_2 t \tag{12}$$

단, $\omega_2=\bar{\omega}+\Delta\omega,\ \omega_1=\bar{\omega}-\Delta\omega,\ \Delta\omega\ll\bar{\omega}$로 둔다.

ω_1과 ω_2는 비교적 가까운 값으로, 그 평균이 $\bar{\omega}\left(=\dfrac{\omega_1+\omega_2}{2}\right)$이고, ω_2와 ω_1의 평균으로부터의 편차를 각각 $\Delta\omega,\ -\Delta\omega$, 즉 $\omega_2-\omega_1=2\Delta\omega$로 두었다.

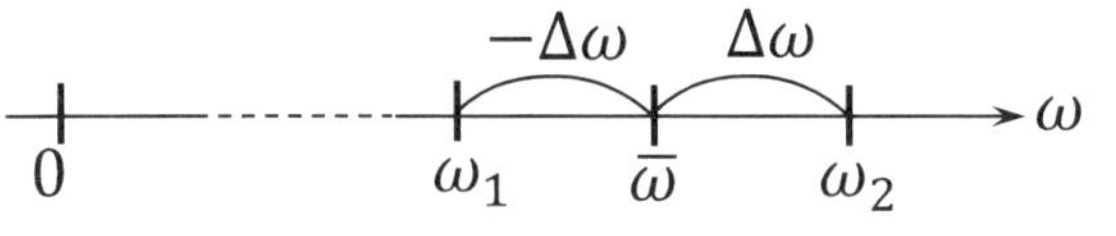

그러면, (12)는 삼각함수의 합 → 곱의 공식을 이용하면 다음과 같이 된다.

$$u(0,t)=2C\cos\frac{\omega_1+\omega_2}{2}t\cos\frac{\omega_2-\omega_1}{2}t$$

$$(\text{여기서, } \frac{\omega_1+\omega_2}{2}=\overline{\omega}, \ \frac{\omega_2-\omega_1}{2}=\Delta\omega)$$

$$=2C\cos\Delta\omega t\cos\overline{\omega}t \ (A(t)\text{: 진폭 변조를 나타내는 항})$$

$$=A(t)\cos\overline{\omega}t$$

따라서 $x=0$에서 맥놀이가 생기는 것을 알 수 있다.

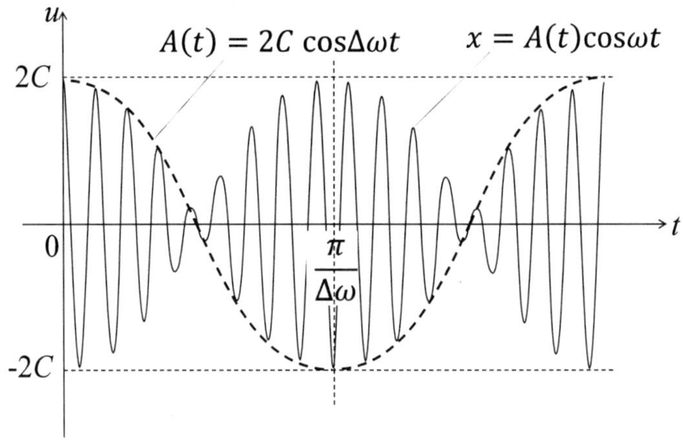

여기에서 (12)의 우변에 있는 2항을 다음과 같은 진행파로 바꿔보자. 그렇게 하면 변위 $u(x,t)$는 다음과 같다.

$$u(x,t)=C\cos(\kappa_1 x-\omega_1 t)+C\cos(\kappa_2 x-\omega_2 t) \tag{13}$$

여기서 $C\cos(\kappa_1 x-\omega_1 t)$와 $C\cos(\kappa_2 x-\omega_2 t)$는 각각 진행파이다.

(13)의 x에, $x=0$을 대입한 것이 (12)의 맥놀이의 식이 되기 때문에, 이것은 공간 좌표 x를 덧붙인 일반식이라고 생각할 수 있다. 여기서 파수 κ_1, κ_2에 대해서도 다음 식이 성립한다.

$\bar{\kappa}=\dfrac{\kappa_1+\kappa_2}{2}$, $\kappa_2-\kappa_1=2\Delta\kappa$ (이 두 식을 나타내는 그림)

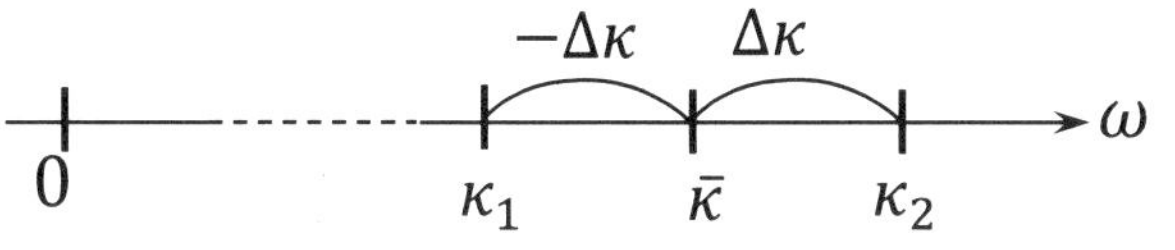

(13)의 우변을 삼각함수의 합 → 곱의 공식을 이용하여 변형하면 다음과 같다.

$$u(x,t)=C\{\cos(\kappa_2 x-\omega_2 t)+\cos(\kappa_1 x-\omega_1 t)\}$$

여기서 $\cos(\kappa_2 x-\omega_2 t)+\cos(\kappa_1 x-\omega_1 t)$

$$=2\cos\left(\frac{\kappa_1+\kappa_2}{2}x-\frac{\omega_1+\omega_2}{2}t\right)\cos\left(\frac{\kappa_2-\kappa_1}{2}x-\frac{\omega_2-\omega_1}{2}t\right),$$

$$\frac{\kappa_1+\kappa_2}{2}x=\bar{\kappa},\quad \frac{\omega_1+\omega_2}{2}t=\bar{\omega},\quad \frac{\kappa_2-\kappa_1}{2}x=\Delta\kappa,\quad \frac{\omega_2-\omega_1}{2}t=\Delta\omega$$

따라서 다음과 같이 나타낼 수 있다.

$$\therefore u(x,t)=2C\cos(\Delta\kappa x-\Delta\omega t)\cos(\bar{\kappa}x-\bar{\omega}t) \tag{14}$$

여기서 $2C\cos(\Delta\kappa x-\Delta E\omega t)$는 진폭 변조를 나타내는 항(진행파), $\cos(\bar{\kappa}x-\bar{\omega}t)$는 진행파를 나타내는 항이다. 따라서 (14)의 $\cos(\bar{\kappa}x-\bar{\omega}t)$는 평균의 파수 $\bar{\kappa}$와 평균의 각진동수 $\bar{\omega}$로 짧은 파장 $\bar{\lambda}=\dfrac{2\pi}{\bar{\kappa}}$를 가진 진행파를 나타내고, 이 진행파의 진폭이 $A(x,t)=2C\cos(\Delta\kappa x-\Delta\omega t)$에 의하여 변조된 것으로 생각할 수 있다. 이 진폭 변조의 파장을 λ_g라고 두면, $\lambda_g=\dfrac{2\pi}{\Delta\kappa}$가 되기 때문에, 이것은 $\bar{\lambda}$보다도 매우 크고 느린 파임을 알 수 있고, 이것으로부터 공간적인 맥놀이 현상이 발생하고 있는 것을 알 수 있다. 이

맥놀이의 파형이 이동(진행)하는 속도를 **"군속도"(group velocity)**라고 부르고, 이것을 v_g로 나타내면

$$v_g = \frac{\Delta\omega}{\Delta\kappa}\left(= \frac{2\Delta\omega}{2\Delta\kappa} = \frac{\omega_2 - \omega_1}{\kappa_2 - \kappa_1}\right) \tag{15}$$

가 된다. 따라서 $\Delta\kappa$와 $\Delta\omega$는 비교적 작은 값이라고 생각되기 때문에, (15)는 근사적으로

$$v_g \fallingdotseq \frac{d\omega}{d\kappa} \tag{16}$$

으로 나타낼 수도 있다.

한편, 파장이 짧고 진동이 빠른 파동의 진행 속도를 **"위상 속도"(phase velocity)**라고 부르고, 이것을 $\overline{v}$로 두면

$$\overline{v} = \frac{\overline{\omega}}{\overline{\kappa}}\left(= \frac{2\overline{\omega}}{2\overline{\kappa}} = \frac{\omega_1 + \omega_2}{\kappa_1 + \kappa_2}\right) \tag{17}$$

가 된다. 여기서 원래의 식 (13)에 대하여, 이 2개의 파에 대한 분산 관계를

$$\omega_1 = v\kappa_1 \tag{18}$$

$$\omega_2 = v\kappa_2 \tag{19}$$

로 두면, (19)-(18)로부터

$$\omega_2 - \omega_1 = v(\kappa_2 - \kappa_1), \quad v = \frac{\omega_2 - \omega_1}{\kappa_2 - \kappa_1} = v_g(\text{군속도})$$

가 되고, (18)+(19)로부터

$$\omega_1+\omega_2=v(\kappa_1+\kappa_2),\ v=\frac{\omega_1+\omega_2}{\kappa_1+\kappa_2}=\bar{v}$$

가 되고, 이때 v_g와 $\bar{v}$는 일치한다.

다시 말해서 파장이 다른 2개의 파동 성분이 마치 고적대나 군대의 행진처럼 같은 속도로 규칙적으로 이동(진행)하고 있는 이미지이다.

구체적인 예를 들자.

$\omega_2=\dfrac{21}{2}$, $\omega_1=\dfrac{19}{2}$ $\left(\bar{\omega}=10,\ \Delta\omega=\dfrac{1}{2}\right)$이고, $\kappa_2=21$, $\kappa_1=19$ $(\bar{\kappa}=20,\ \Delta\kappa=1)$ 일 때, (14)는 다음과 같이 된다.

$$u(x,t)=2C\cos\left(1\times x-\frac{1}{2}t\right)\cos(20x-10t) \tag{20}$$

이때, $v=\bar{v}=v_g=\dfrac{\bar{\omega}}{\bar{\kappa}}=\dfrac{10}{20}=\dfrac{1}{2}$ (m/s)이 된다. 그러면, 시각을 $t=0,\ 2,\ 4,\ 6$ (초)로 변화시키면 2개의 파동 성분은 x축의 양의 방향으로 0, 1, 2, 3만큼 이동하는 것이 된다. 이동의 모습을 알기 쉽도록 진동하는 파도의 한 점에 점 "·"을 붙여 그림 3 (i) (ii) (iii) (iv)에 나타낸다.

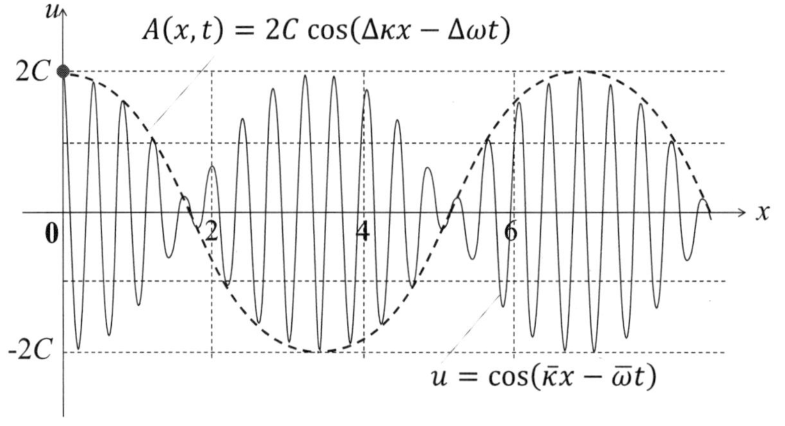

그림 3 군속도 v_g와 파동의 진행

(i) $t=0$ (초)일 때

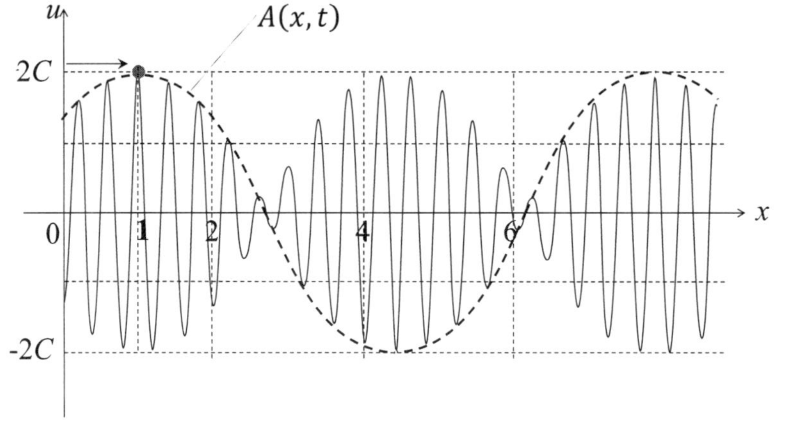

(ii) $t=2$ (초)일 때

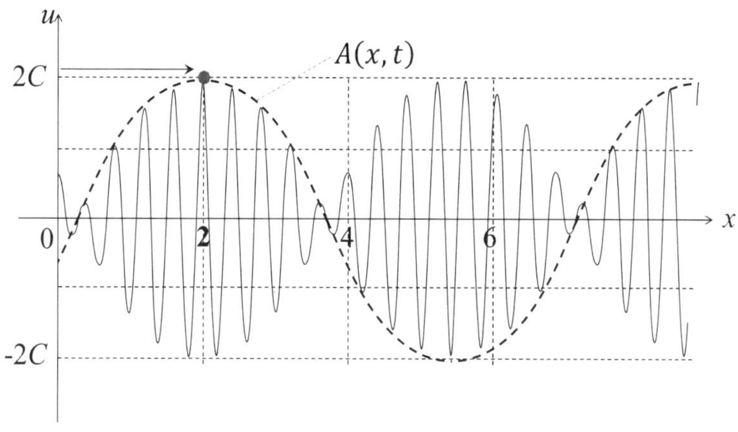

(iii) $t=4$ (초)일 때

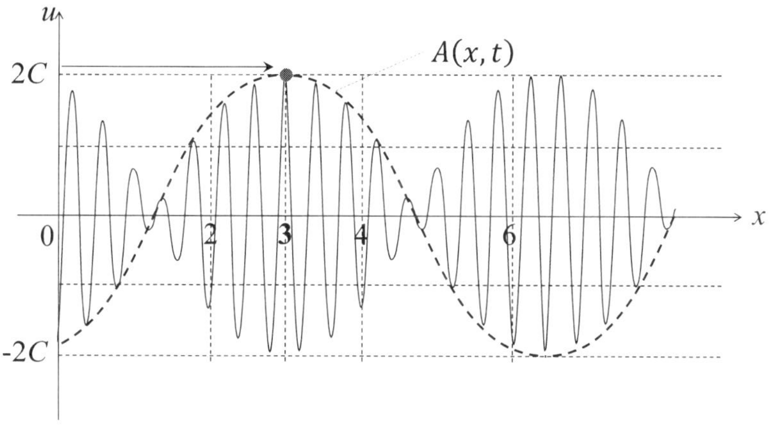

(iv) $t=6$ (초)일 때

3.1 절의 맥놀이에서는 가로 축이 t축 이었지만, 이번의 가로 축은 x인 것에 주의하자. 이것이 공간적인 맥놀이 현상이라고 불리는 이유이다.

■ 연습 문제 8 ◎ 군속도와 위상 속도 ◎

$u(x,t)$가 다음과 같이 2개의 진행파가 중첩된 것이라고 하자.

$$u(x,t) = C\cos\left(\kappa_1 x - \omega_1 t\right) + C\cos\left(\kappa_2 x - \omega_2 t\right) \tag{21}$$

단, C: 양의 상수, $\kappa_1=31$, $\kappa_2=29$, $\omega_1=62$, ω_2=58로 한다.

(1) $\Delta\kappa=\dfrac{\kappa_1-\kappa_2}{2}$, $\overline{\kappa}=\dfrac{\kappa_1+\kappa_2}{2}$, $\Delta\omega=\dfrac{\omega_1-\omega_2}{2}$, $\overline{\omega}=\dfrac{\omega_1+\omega_2}{2}$로 둔다.
(21)을 변형하여

$$u(x,t)=A(x,t)\cos\left(\overline{\kappa}x-\overline{\omega}t\right) \tag{22}$$

로 둘 때, 진폭 변조 $A(x,t)$를 구하라. 또한 위상 속도 $\overline{v}=\dfrac{\overline{\omega}}{\overline{\kappa}}$와 군속도 $v_g=\dfrac{\Delta\omega}{\Delta\kappa}$를 구하라.
(2) 시각 $t=0$, 1, 2, 3에 대한 (22)의 그래프의 개략을 그리시오.

◇ 힌트

(1) 삼각함수의 합 → 곱의 공식 $\cos A+\cos B=2\cos\dfrac{A+B}{2}\cos\dfrac{A-B}{2}$를 이용하여, (21)로부터 (22)의 형태로 변형하면 된다.
문제 (2)의 그래프를 컴퓨터를 사용하지 않고 손으로 그리는 것은 어려울지 모르지만 진폭 변조를 나타내는 큰 파의 부분은 정확하게 그리도록 유의하자.

□ 해답 및 설명

(1) $\kappa_1=31$, $\kappa_2=29$, $\omega_1=62$, $\omega_2=58$을 (21)에 대입하여, 합 → 곱의 공식을 이용하여 변형하면 다음과 같다.

$$\begin{aligned} u(x,t)&=C\cos(31x-62t)+C\cos(29x-58t)\\ &=C\{\cos(31x-62t)+\cos(29x-58t)\}\\ &=2C\cos\frac{31x-62t+29x-58t}{2}\cos\frac{31x-62t-29x+58t}{2}\end{aligned}$$

$$= 2C\cos\left(\frac{31-29}{2}x - \frac{62-58}{2}t\right)\cos\left(\frac{31+29}{2}x - \frac{62+58}{2}t\right)$$

여기서 $\frac{31-29}{2} = \Delta\kappa$, $\frac{62-58}{2} = \Delta\omega$, $\frac{31+29}{2} = \bar{\kappa}$, $\frac{62+58}{2} = \bar{\omega}$

$$\therefore u(x,t) = 2C\cos(1\times x - 2t)\cos(30x - 60t) \tag{23}$$

여기서 $2C\cos(1\times x - 2t)$는 $A(x,t)$(진폭 변조), $30 = \bar{\kappa}$, $60 = \bar{\omega}$

$$\therefore \text{ 진폭 변조 } A(x,t) = 2C\cos(x-2t) \quad \text{(답)} \tag{24}$$

다음으로 $\cos(30x - 60t)$의 위상 속도 $\bar{v}$는

$$\bar{v} = \frac{\bar{\omega}}{\bar{\kappa}} = \frac{60}{30} = 2 \text{ (m/s)이다.} \quad \text{(답)}$$

진폭 변조 $A(x,t)$의 군속도 v_g는

$$v_g = \frac{\Delta\omega}{\Delta\kappa} = \frac{2}{1} = 2 \text{ (m/s)이다.} \quad \text{(답)}$$

(2) 군속도 $v_g = 2$ (m/s)로부터 시각 $t = 0,\ 1,\ 2,\ 3$ (초)로 변화시키면, 공간적인 맥놀이 형태의 파는 순서대로 x축의 양의 방향으로 0, 2, 4, 6 (m)으로 이동한다. 따라서 처음 $t = 0$일 때, $x = 0$의 위치를 "·"으로 나타내어 이 점의 이동의 형태를 나타내면, (23)의 그래프의 형태는 이하와 같이 된다.(답)

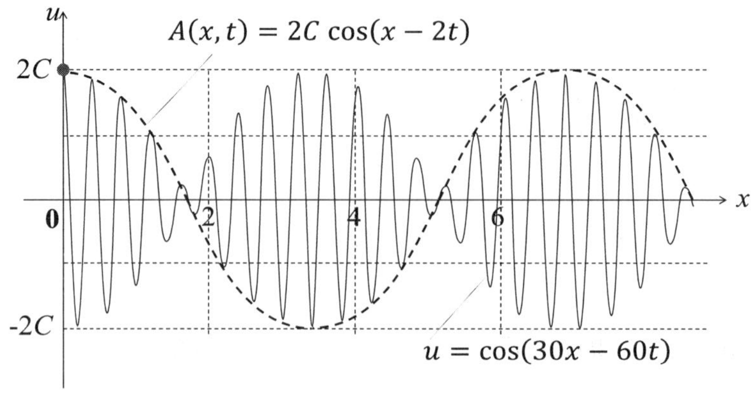

(i) $t=0$ (초)일 때

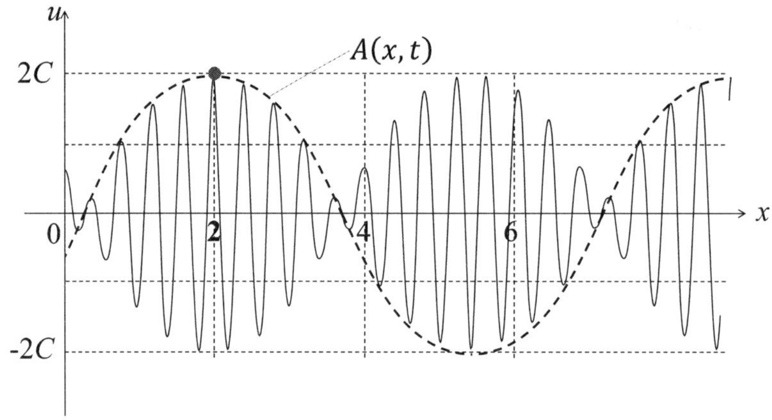

(ii) $t=1$ (초)일 때

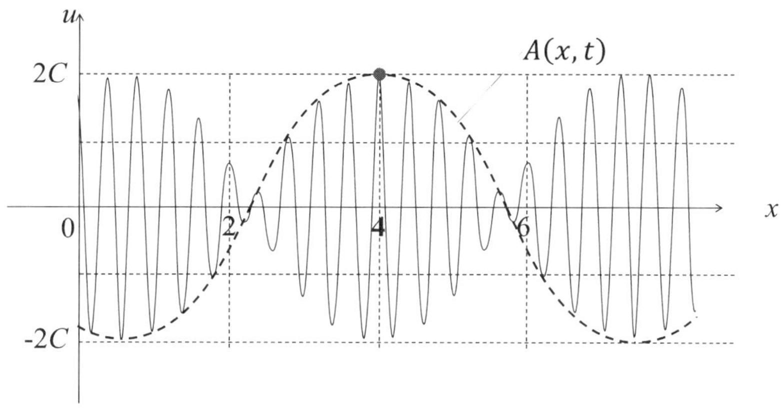

(iii) $t=2$ (초)일 때

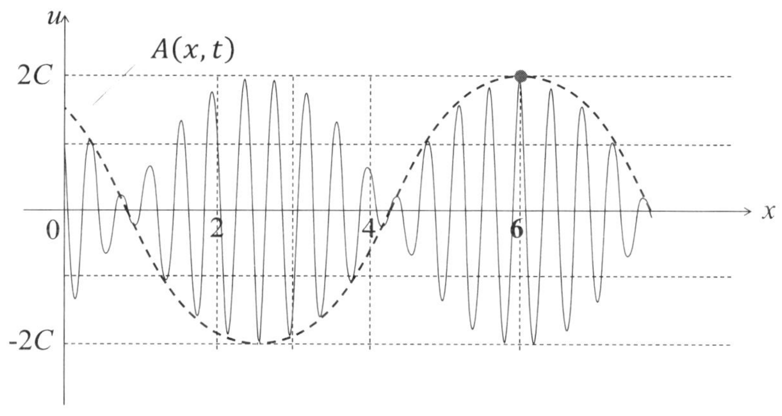

(iv) $t=3$ (초)일 때

5.2 분산, 파의 반사

복수의 파동을 겹쳐도 그것들의 각진동수 ω와 파수 κ 사이에는 $v=\dfrac{\omega}{\kappa}$의 관계가 성립될 때 **"분산이 없다"**고 한다. 이에 대하여, 이번에는 **"분산이 있는"** 경우에 대해서 구체적인 예와 함께 알아본다.

또한 1차원 파동 방정식의 파동이 끝점에서 반사될 때의 모습을 (i) 고정단과 (ii) 자유단의 경우로 나누어 각각 자세히 설명한다.

분산이 있는 경우, 1차원 파동의 경시 변화뿐만 아니라 고정단과 자유단에서의 파동의 변화 모습도 그래프를 사용하여 시각적으로 설명한다.

§ 분산성

1차원 파동 방정식

$$u_{tt} = v^2 u_{xx} \tag{1}$$

의 기본해로서

$$u(x,t) = C\cos(\kappa x - \omega t) \tag{2}$$

가 얻어졌을 때, **"분산성"**(dispersion)의 관계식으로서

$$v = \frac{\omega}{\kappa} \tag{3}$$

이 나온다. 이 경우, v는 상수이기 때문에, (3)을 만족하는 여러 ω와 κ에 대하여 (2)의 파동의 위상 속도 (진행 속도, 전파 속도)는 모두 같으며, v가 된다. 이 경우, (2)의 형태를 가지는 복수의 파가 존재하여, 그것들이 중첩되어도 이들은 모두 동일한 위상 속도 v로 진행함으로 마치 군대의 행진과 마찬가지로 파형을 바꾸지 않고 정연하게 이동하게 된다. 이와 같이 v를 비례 상수로서 ω와 κ가 비례 관계에 있음을 나타내는 (3)의 관계식이 성립될 때, 이것을 **"분산이 없다"**라고 한다. 그러면, (3)이 성립되지 않는, 즉, "분산이 있는" 경우의 복수의 파동 성분을 겹쳤을 때의 경시 변화는 어떻게 될까?

각 파동 성분의 위상 속도가 각각 다르면 중첩된 파형도 당연히 변화하면서 진행(이동)해 가게 될 것이다. 말 그대로 파가 분산되어 있는 이미지가 있기 때문에 이것을 **"분산이 있는"** 경우라고 표현한다.

그럼, 구체적으로 **"분산이 있다"**라는 경우에 대해 생각해 보자. (1)의 1차원 파동 방정식을 이루는 파동은 **"분산이 없다"**는 것이 되므로, **"분산이 있다"**는 경우의 파동 방정식의 예로서는 (1)의 우변에 $-\omega_0^2 u$를 더하고, 또한 v를 상수 v_0로 대체한 다음의 방정식을 생각한다.

$$\frac{\partial^2 u}{\partial t^2} = -\omega_0^2 u + v_0^2 \frac{\partial^2 u}{\partial x^2} \quad (\omega_0,\ v_0\text{: 양의 상수}) \tag{4}$$

(4)식은 단진동의 미분방정식 $u_{tt} = -\omega_0^2 u$와 1차원 파동 방정식 $u_{tt} = v_0^2 u_{xx}$의 2개의 우변을 합친 형태의 편미분방정식이다.

(4)의 ω_0과 v_0은 이제 (4)를 이루는 파동의 각진동수나 위상 속도를 나타내는 것이 아니라, 이것들은 단지 2개의 양의 상수라고 생각하는 것이 중요하다. (4)를 이루는 파동을 다음과 같이 두면

$$u(x,t) = A\cos(\kappa x - \omega t) \tag{5}$$

κ와 ω가 이 파동의 파수와 각진동수가 되고 위상 속도는

$$v = \frac{\omega}{\kappa} \quad (\omega > 0,\ \kappa > 0) \tag{6}$$

로 구해진다. 이 경우의 v는 상수가 아니고, κ(파수)와 ω(각진동수)의 함수로서 나타나는 것이다. 한편 (3)식은 여기에서는 $\frac{\omega}{\kappa} = v_0$(상수)를 말한다.

그러면 3개의 변수 κ와 ω와 v의 관계식을 구하기 위해서 먼저 (5)를 t로 2계, x로 2계 각각 미분하면

$$u_t = A(-1)\sin(\kappa x - \omega t)(-\omega) = A\omega\sin(\kappa x - \omega t)$$

$$u_{tt} = A\omega\cos(\kappa x - \omega t)(-\omega) = -A\omega^2\cos(\kappa x - \omega t) \tag{7}$$

$$u_x = A(-1)\sin(\kappa x - \omega t)\kappa = -A\kappa\sin(\kappa x - \omega t)$$

$$u_{xx} = -A\kappa\cos(\kappa x - \omega t)\kappa = -A\kappa^2\cos(\kappa x - \omega t) \tag{8}$$

따라서 (5), (7), (8)을 (4)에 대입하면 다음과 같다.

$$-A\omega^2\cos(\kappa x - \omega t) = -\omega_0^2 A\cos(\kappa x - \omega t) + v_0^2(-A)\kappa^2\cos(\kappa x - \omega t)$$

$$-\omega^2 = -\omega_0^2 - v_0^2\kappa^2$$

이 양변에 -1을 곱하여

$$\therefore \omega^2 = \omega_0^2 + v_0^2\kappa^2 \ (\omega_0,\ v_0\text{: 양의 상수})\ (\omega > 0,\ \kappa > 0) \tag{9}$$

여기서 (9)로부터

$$v_0^2\kappa^2 - \omega^2 = -\omega_0^2 \rightarrow \frac{\kappa^2}{\left(\frac{\omega_0}{v_0}\right)^2} - \frac{\omega^2}{\omega_0^2} = -1 \ \left(\frac{x^2}{a^2} - \frac{y^2}{b^2} = -1 \text{ 상하의 쌍곡선}\right),$$

점근선은 $\omega = \pm\dfrac{\omega_0}{\dfrac{\omega_0}{v_0}}\kappa = \pm v_0\kappa.$

(9)로부터, κ와 ω의 그래프를 그림 1에 나타낸다. 그림 1의 점근선 $\omega = v_0\kappa$가 분산이 없는 경우의 κ와 ω의 관계식이며, 곡선으로 나타나는 (9)식의 결과와는 다른 것을 알 수 있다.

또한, (9)식으로부터

$$\omega = \sqrt{\omega_0^2 + v_0^2\kappa^2} \tag{10}$$

(10)을 (6)에 대입하여, 이번에는 위상 속도 v와 파수 κ의 관계식과 그 그래프를 구해 보자.

$$v = \frac{\sqrt{\omega_0^2 + v_0^2\kappa^2}}{\kappa} = \sqrt{\frac{\omega_0^2}{\kappa^2} + v_0^2} \quad (v_0,\ \omega_0\text{: 양의 상수}) \tag{11}$$

이 된다. (11)로부터, κ가 증가하면, v는 단순하게 감소한다. 또한 극한을 조사해 보면 다음과 같다.

$$\lim_{\kappa \to +0} v = \sqrt{\frac{\omega_0^2}{\kappa^2} + v_0^2} = \infty \quad \left(\text{근의 괄호 안의 } \frac{\omega_0^2}{\kappa^2}\text{는 } +\infty\right)$$

$$\lim_{\kappa \to \infty} v = \sqrt{\frac{\omega_0^2}{\kappa^2} + v_0^2} = v_0 \quad \left(\text{근의 괄호 안의 } \frac{\omega_0^2}{\kappa^2}\text{는 } 0\right)$$

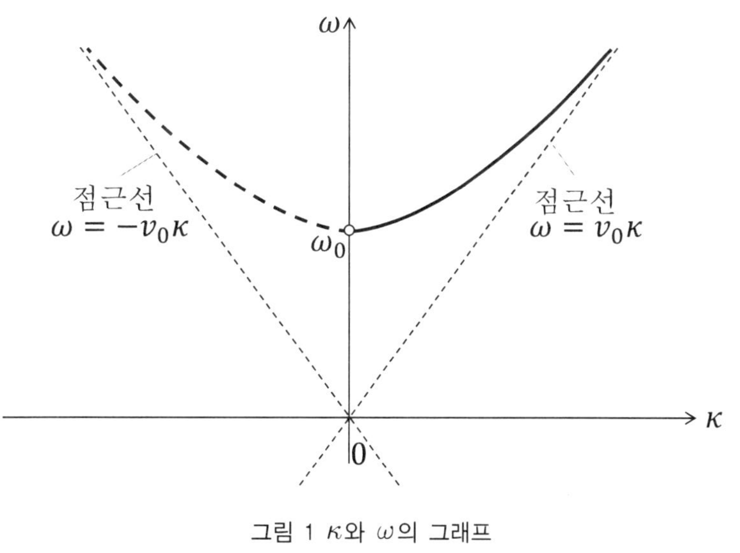

그림 1 κ와 ω의 그래프

또한, ω와 v의 그래프는 그림 1과 그림 2를 이용하여 다음과 같이 그려서 구할 수도 있다.(그림 3 참조)

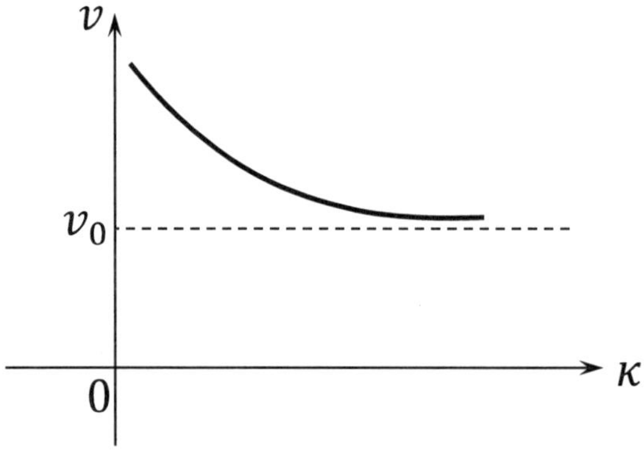

그림 2 κ와 ω의 그래프

그림 3의 그래프로부터, $v > v_0$이고 $\omega > \omega_0$인 영역에서 단조롭게 감소하는 함수인 것도 알 수 있다.

이와 같은 **"분산이 있는"** 상태의 예로서 플라즈마 상태로 되어 있는 전리층에 있어서의 전자파의 분산 관계가

$$\omega = \sqrt{\omega_p^2 + c^2\kappa^2} \tag{12}$$

가 되는 것으로 알려져 있다.

위 식에서 ω_0 대신에 ω_p(플라즈마의 각진동수), v_0 대신에 c(광속)이 대입되어 있다.

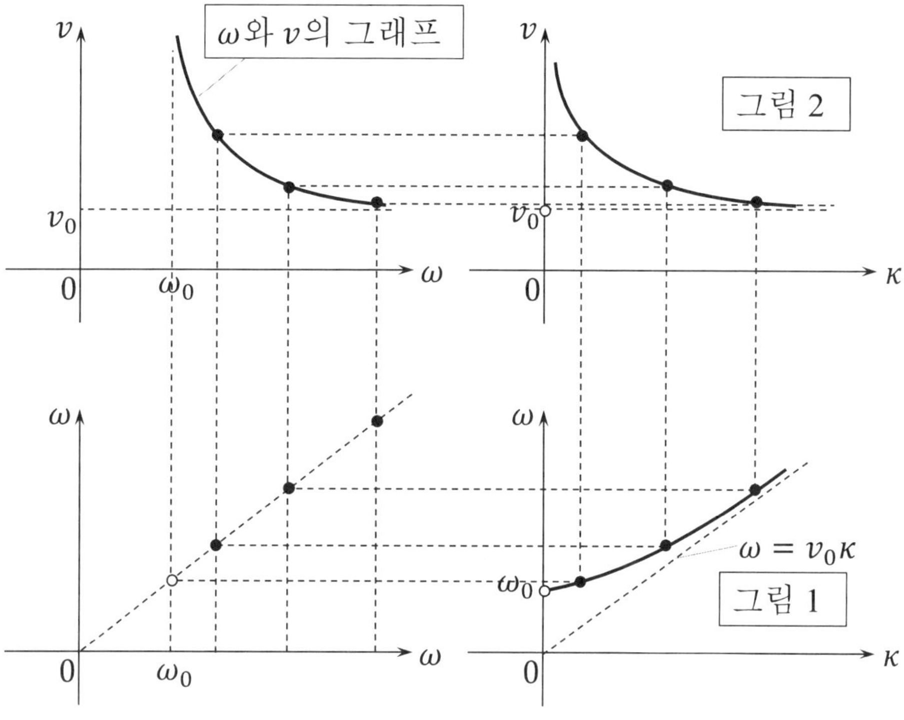

그림 3 ω와 v의 그래프

예제 22. 플라즈마 상태에 있는 전리층에 대한 전자파의 각진동수 ω와 파수 κ의 관계식이

$$\omega = \sqrt{\omega_p^2 + c^2\kappa^2} \quad (\omega_p,\ c\text{: 양의 상수}) \tag{13}$$

로 주어졌을 때 전자파의 위상 속도 v와 군속도 v_g를 κ의 식으로 나타내어 보자.

해답: 위상 속도

$$v = \frac{\omega}{\kappa} \tag{14}$$

로부터 (14)에 (13)을 대입하면 다음과 같다.

$$\therefore v = \frac{\sqrt{\omega_p^2 + c^2\kappa^2}}{\kappa} = \sqrt{\frac{\omega_p^2}{\kappa^2} + c^2} \tag{15}$$

다음으로 군속도 v_g는 $v_g = \dfrac{d\omega}{d\kappa}$로 구해지기 때문에 이것에 (13)을 대입하여

$$v_g = \frac{d}{d\kappa}\left\{\left(\omega_p^2 + c^2\kappa^2\right)^{\frac{1}{2}}\right\} = \frac{1}{2}\left(\omega_p^2 + c^2\kappa^2\right)^{-\frac{1}{2}} 2c^2\kappa$$

$$\therefore v_g = \frac{c^2\kappa}{\sqrt{\omega_p^2 + c^2\kappa^2}} = \frac{c^2}{\sqrt{\dfrac{\omega_p^2}{\kappa^2} + c^2}} \tag{16}$$

이 된다.

이 예제 22의 결과에 관해서는 (15)와 (16)의 변들을 곱하면

$$vv_g = \sqrt{\frac{\omega_p^2}{\kappa^2} + c^2} \times \frac{c^2}{\sqrt{\dfrac{\omega_p^2}{\kappa^2} + c^2}} = c^2 \text{ 으로부터, } vv_g = c^2$$

이라는 흥미 있는 결과도 얻는다.

§ 분산이 있는 경우의 경시 변화

분산이 있는 경우의, ω와 κ의 분산 관계식

$$\omega = \sqrt{\omega_0^2 + v_0^2\kappa^2} \tag{17}$$

에 대하여 $\omega_0 = 1$, $v_0 = 1$로 두면

$$\omega = \sqrt{1+\kappa^2} \tag{18}$$

이 된다. 따라서 (18)로부터, (i) $\kappa = 1$일 때 $\omega = \sqrt{2}$, (ii) $\kappa = 2$일 때 $\omega = \sqrt{5}$, 그리고 (iii) $\kappa = 3$일 때 $\omega = \sqrt{10}$이 된다. 이러한 3개의 진행파를 중첩한, 다음의 파동 함수 $u(x,t)$를 생각해 보자.

$$u(x,t) = C\cos\left(1x - \sqrt{2}\,t\right) + C\cos\left(2x - \sqrt{5}\,t\right) + C\cos\left(3x - \sqrt{10}\,t\right) \tag{19}$$

단, C: 양의 상수.

여기서 다음과 같이 구해진다.

$C\cos\left(1x - \sqrt{2}\,t\right)$는 위상 속도 $v_1 = \dfrac{\omega}{\kappa} = \dfrac{\sqrt{2}}{1} = \sqrt{2}$,

$C\cos\left(2x - \sqrt{5}\,t\right)$는 위상 속도 $v_2 = \dfrac{\sqrt{5}}{2}$,

$C\cos\left(3x - \sqrt{10}\,t\right)$는 위상 속도 $v_3 = \dfrac{\sqrt{10}}{3}$.

이 경우, 3개의 파동 요소의 위상 속도를 순서대로 v_1, v_2, v_3으로 두면, $v_1 = \sqrt{2}$, $v_2 = \dfrac{\sqrt{5}}{2}$, $v_3 = \dfrac{\sqrt{10}}{3}$이 되어 전부 다르다. 즉, (19)는 분산이 있는 경우의 파동 함수이다. 여기서 시각 $t = 0$, 2, 4, 6 (초)로 변화시켰을 때의 이 파동의 그래프를 그림 4 (i) (ii) (iii) (iv) 에 나타낸다. 경시 변화의 모습을 알기 쉽도록, 각 시각에 있어서 대응하는 점을 "·"로 나타내었다. 그러나 이번에도 시각의 경과와 함께 양의 x방향으로 파동이 진행되어 가는 것은 알 수 있지만 분산이 존재하고 각 파동 성분의 위상 속도가 다르기 때문에 이제는 규칙적인 이동이 아니라 서서히 파형이 변화하여 분산되어 무너져 가는 모습이 이 그래프들로부터 알 수 있다.

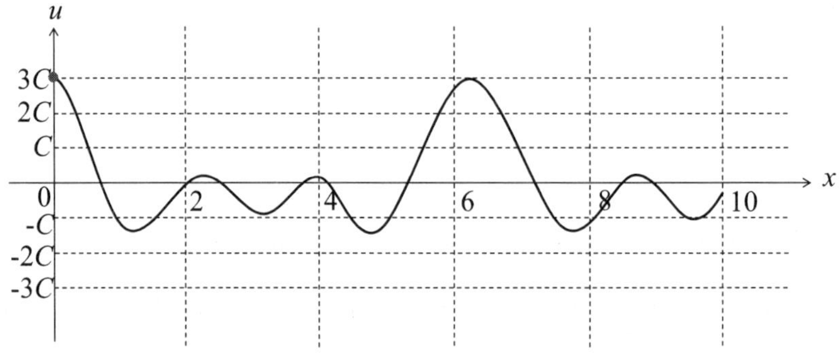

그림 4 분산이 있는 파동의 경시 변화

(i) $t=0$일 때

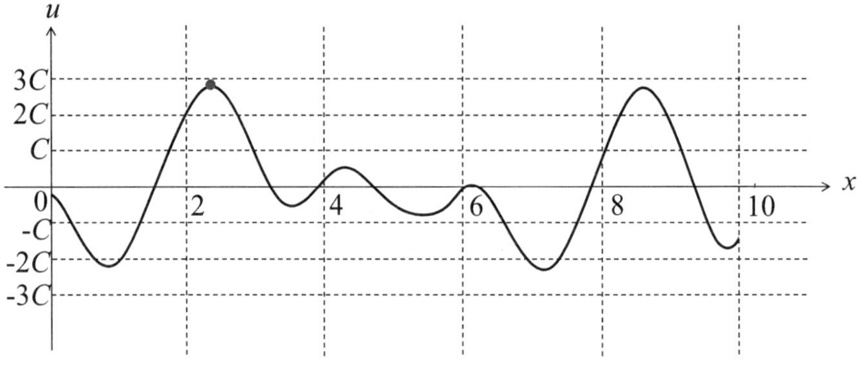

(ii) $t=2$일 때

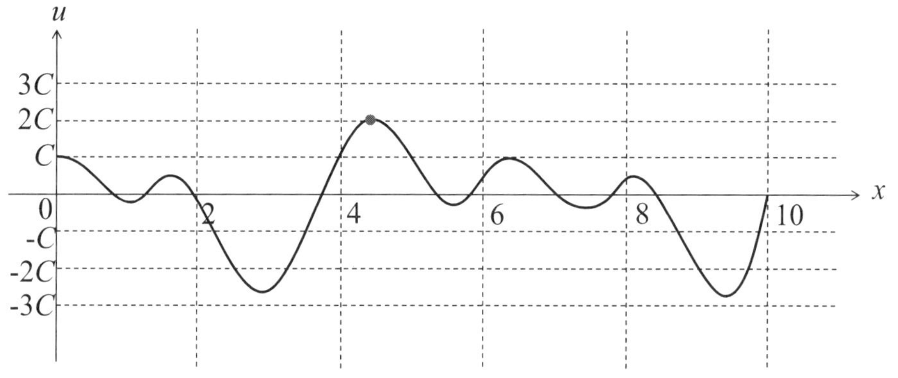

(iii) $t=4$일 때

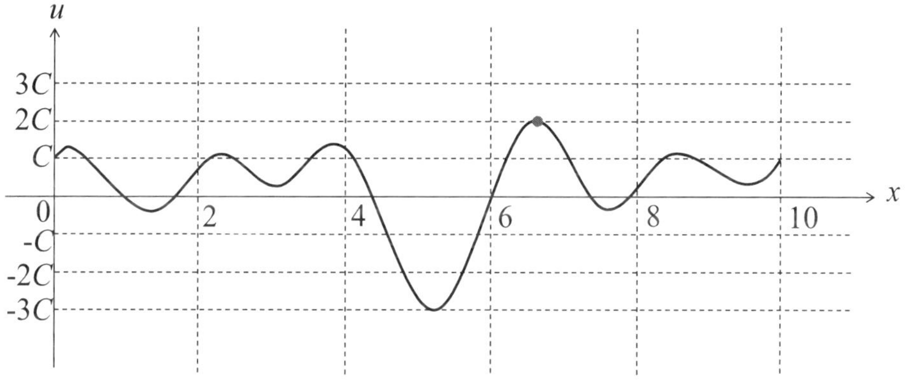

(iv) $t=6$일 때

§ 진행파의 반사

그럼, 지금부터, 현을 진행해 가는 파가 고정단 또는 자유단에서 어떻게 반사하는가에 대해 생각해 보자. 여기서는 1차원 파동 방정식

$$u_{tt}=v^2u_{xx}$$

의 일반해인 d´Alembert의 해

$$u(x, t) = f(x - vt) + g(x + vt) \quad (20)$$

를 이용한다. 여기서, $f(x-vt)$는 진행파, $g(x+vt)$는 반사파이다.

진행파의 반사를 생각할 때, (20)의 반사파 성분이 중요한 역할을 한다. 또 해설을 알기 쉽게 하기 위해서 그림 5에 나타내듯이, 처음 음의 시각 $t = t_{-1}(< 0)$에, 음의 좌표 $x = x_{-1}(< 0)$ 부근에 있던 진행파가 시각 $t = 0$에서 $x = 0$의 끝점에 이르러, 거기서 반사되어 다시 x축의 음의 방향으로 후퇴하는 모델을 생각해 보도록 하자.

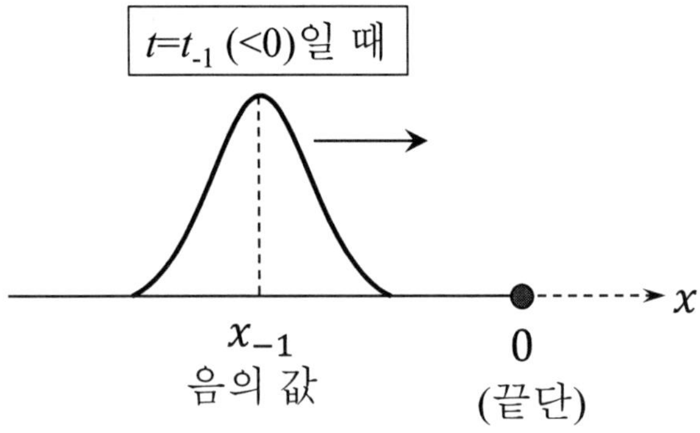

그림 5 진행파의 반사

그러면 진행파의 (i) 고정단에서의 반사와 (ii) 자유단에서의 반사를 각각 자세히 설명해 보자.

(I) 진행파의 고정단에서의 반사에 대하여 먼저, 파동 함수

$$u(x, t) = f(x - vt) + g(x + vt) \quad (x \leqq 0) \quad (20)$$

에 대하여 현은 $x < 0$에 존재하고 $x = 0$을 고정단으로 하기 때문에

$$u(0, t) = 0$$

이 된다. 따라서 (20)의 양변에 $x = 0$을 대입하면

$$u(0, t) = f(-vt) + g(vt) = 0 \text{으로부터,}$$
$$g(vt) = -f(-vt) \tag{21}$$

가 된다. 여기서 $g(vt)$의 vt는 새로운 변수 ζ로 둔다. 즉 $\zeta = vt$로 두면, (21)은

$$g(\zeta) = -f(-\zeta) \tag{22}$$

이 된다. 여기서 다시 한 번 $\zeta = x + vt$로 두면

$$g(x+vt) = -f(-x-vt) \tag{23}$$

이 되기 때문에, 이것을 (20)에 대입하면 고정단의 조건 $u(0,t) = 0$을 항상 만족하는 파동함수가 다음 식으로 나타나는 것을 알 수 있다.

$$u(x, t) = f(x-vt) - f(-x-vt) \quad (x \leqq 0) \tag{24}$$

여기서 $f(x-vt)$는 진행파, $-f(-x-vt)$는 반사파를 나타낸다.
여기에서 (24)의 2개의 파동 성분 각각에 대하여

$$x - vt \fallingdotseq 0 \text{의 경우} \tag{25}$$

(i) $t = t_{-1} (< 0)$일 때, $x = x_{-1}\ (< 0)$
(ii) $t \fallingdotseq 0$일 때, $x \fallingdotseq 0$
(iii) $t = t_1\ (> 0)$일 때, $x = x_1\ (> 0)$

$$-x - vt \fallingdotseq 0 \text{의 경우} \tag{26}$$

(i) $t = t_{-1} (< 0)$일 때, $x = x_1\ (= -x_{-1} > 0)$

(ii) $t \fallingdotseq 0$일 때, $x \fallingdotseq 0$

(iii) $t = t_1$ (>0)일 때, $x = x_{-1}$ $(=-x_1 < 0)$

부근의 파에 대하여 생각해 보는 것으로 하자. t를 음에서 양으로 움직여 가다 보면,

(i) $t = t_{-1}(<0)$일 때,

· 진행파 $f(x-vt)$는 $x = x_{-1}$ (<0)부근에 실제로 존재하고,

· 반사파 $g(x+vt) = -f(-x-vt)$는 $x = x_1$ $(=-x_{-1} > 0)$ 부근에 가상적으로 존재한다.

(그림 6 (i) 참조)

(ii) $t \fallingdotseq 0$일 때,

· 진행파 $f(x-vt)$는 $x=0$ 부근에 존재하고,

· 반사파 $g(x+vt) = -f(-x-vt)$도 $x=0$ 부근에 존재한다.

이 두 가지를 겹쳐 놓은 것 중 $x \leqq 0$ 부분만이 실제로 존재한다.

(그림 6 (ii) 참조))

(iii) $t = t_1$ (>0)일 때,

· 진행파 $f(x-vt)$는 $x = x_1(>0)$ 부근에 가상적으로 존재하고,

· 반사파 $g(x+vt) = -f(-x-vt)$는 $x = -x_1(<0)$ 부근에 존재한다.

(그림 6 (iii) 참조))

이상 (i) (ii) (iii)에서 $x=0$의 고정단에 의한 파의 반사의 모양은 (i) 처음 $t = t_{-1}(<0)$일 때, $x<0$ 쪽에서 진행되어 온 파가 (ii) $t \fallingdotseq 0$일 때, 반사파와 겹쳐 변형되어 (iii) $t > t_1$ (>0)일 때는, 반사파가 되어, x축의 음의 방향으로 이동해 가게 된다. 이것을, 그림 6 (i) (ii) (iii)으로 나타내었으므로, 정확한 반사의 이미지를 기억해 두자.

(i) $t=t_{-1}(<0)$일 때

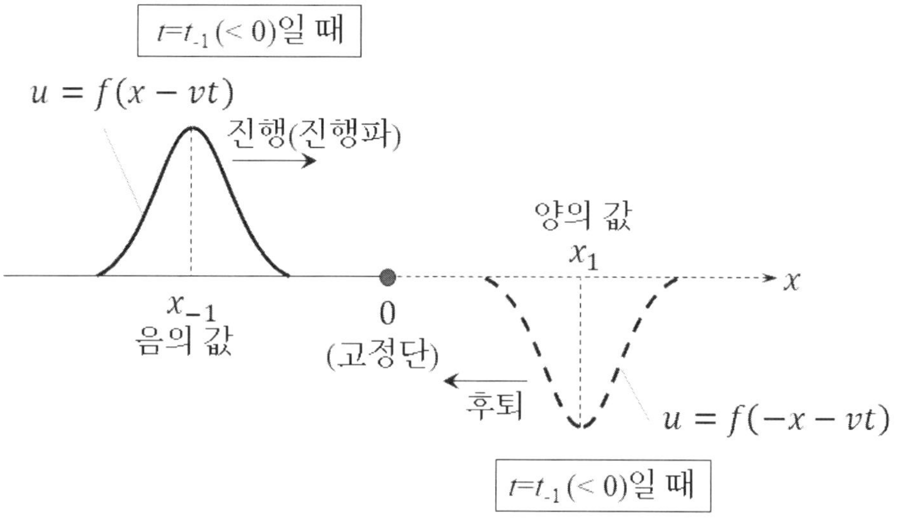

(ii) $t \fallingdotseq 0$일 때

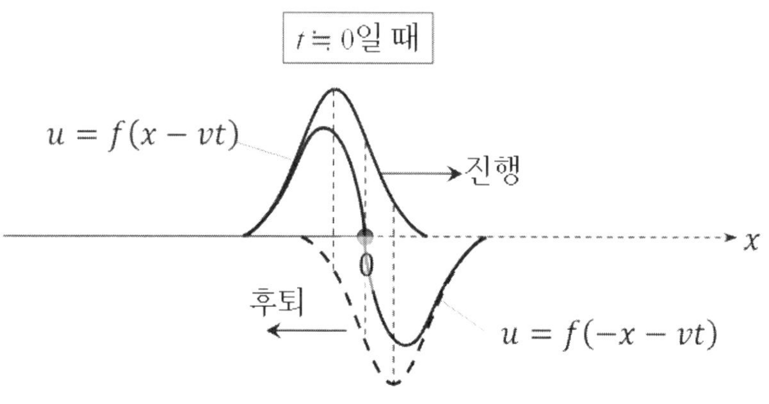

(iii) $t=t_1\ (>0)$일 때

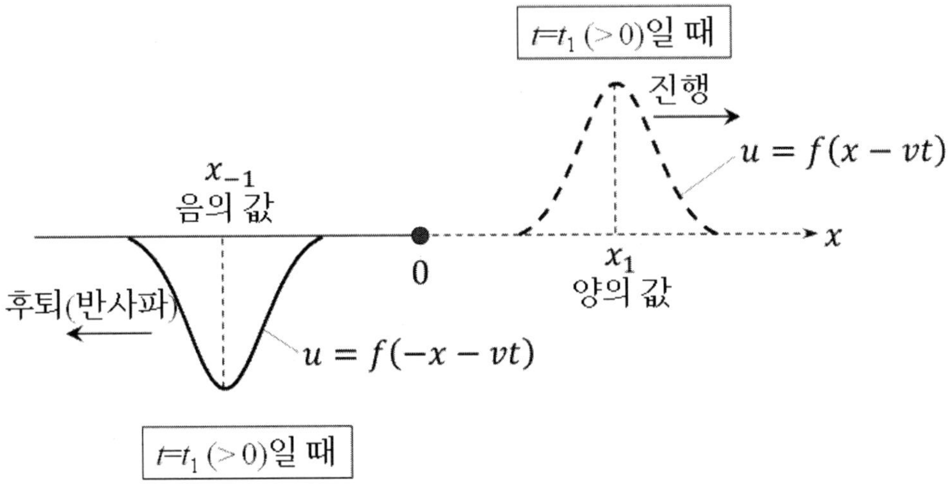

그림 6 고정단에 의한 파의 반사

(II) 진행파의 자유단에서의 반사에 대하여

먼저, 파동 함수

$$u(x,t)=f(x-vt)+g(x+vt)\quad (x \leqq 0) \tag{20}$$

에 대하여, 현은 $x<0$에 존재하고, $x=0$을 자유단으로 하기 때문에

$$u(0,t)=0$$

가 된다. 따라서 (20)의 양변을 x로 미분하여

$$u_x=\frac{\partial u}{\partial x}=f'(x-vt)+g'(x+vt)$$

가 된다. 이 양변에 $x=0$을 대입하여

$$u_x(0,t)=f'(-vt)+g'(vt)=0$$

여기서, vt를 새로운 변수 ζ로 둔다. 즉 $\zeta=vt$로 두고 f와 g도 ζ에서의 미분이라고 생각하면, $g'(\zeta)=-f'(-\zeta)$가 된다. 따라서 양변을 ζ로 적분하여

$$g(\zeta)=f(-\zeta)+C_1 \quad (C_1\text{: 상수})$$

이 된다. 여기서, $C_1=0$으로 두면

$$g(\zeta)=f(-\zeta) \tag{27}$$

이 된다. 또 $\zeta=x+vt$로 두면, (27)은

$$g(x+vt)=f(-x-vt) \quad (x \leqq 0) \tag{28}$$

이 된다. (28)을 (20)에 대입하면, 자유단의 조건 $u_x(0,t)=0$을 항상 만족하는 파동 함수가 다음 식으로 나타남을 알 수 있다.

$$u(x,t)=f(x-vt)+f(-x-vt) \quad (x \leqq 0) \tag{29}$$

여기서 $f(x-vt)$는 진행파, $f(-x-vt)$는 반사파를 나타낸다.
(24)를 x로 편미분하여, $x=0$을 대입하면

$$u_x(x,t)=f_x(x-vt)-f_x(-x-vt)$$
$$u_x(0,t)=f_x(-vt)-f_x(-vt)=0$$

가 되어 자유단의 조건이 이루어지고 있음을 확인할 수 있을 것이다.
여기서 2개의 파동 성분 각각에 대하여

$$x - vt \fallingdotseq 0 \text{의 경우} \tag{30}$$

(i) $t = t_{-1}(< 0)$일 때, $x = x_{-1}\ (< 0)$
(ii) $t \fallingdotseq 0$일 때, $x \fallingdotseq 0$
(iii) $t = t_1\ (> 0)$일 때, $x = x_1\ (> 0)$

$$-x - vt \fallingdotseq 0 \text{의 경우} \tag{31}$$

(i) $t = t_{-1}(< 0)$일 때, $x = x_1\ (= -x_{-1} > 0)$
(ii) $t \fallingdotseq 0$일 때, $x \fallingdotseq 0$
(iii) $t = t_1\ (> 0)$일 때, $x = x_{-1}\ (= -x_1 < 0)$
부근의 파에 대하여 생각해 보는 것으로 하자. t를 음에서 양으로 움직여 가다 보면,
(i) $t = t_{-1}(< 0)$일 때,
· 진행파 $f(x - vt)$는 $x = x_{-1}\ (< 0)$부근에 실제로 존재하고,
· 반사파 $g(x + vt) = -f(-x - vt)$는 $x = x_1\ (= -x_{-1} > 0)$부근에 가상적으로 존재한다.
(그림 7 (i) 참조)
(ii) $t \fallingdotseq 0$일 때,
· 진행파 $f(x - vt)$는 $x = 0$ 부근에 존재하고,
· 반사파 $g(x + vt) = f(-x - vt)$도 $x = 0$ 부근에 존재한다.
이 두 가지를 겹쳐 놓은 것 중 $x \leqq 0$ 부분에만 실제로 존재한다.
(그림 7 (ii) 참조))
(iii) $t = t_1\ (> 0)$일 때,
· 진행파 $f(x - vt)$는 $x = x_1(> 0)$ 부근에 가상적으로 존재하고,
· 반사파 $g(x + vt) = f(-x - vt)$는 $x = x_{-1} = -x_1(< 0)$ 부근에 존재한다.

(그림 7 (iii) 참조))

(i) $t = t_{-1}$ (< 0)일 때

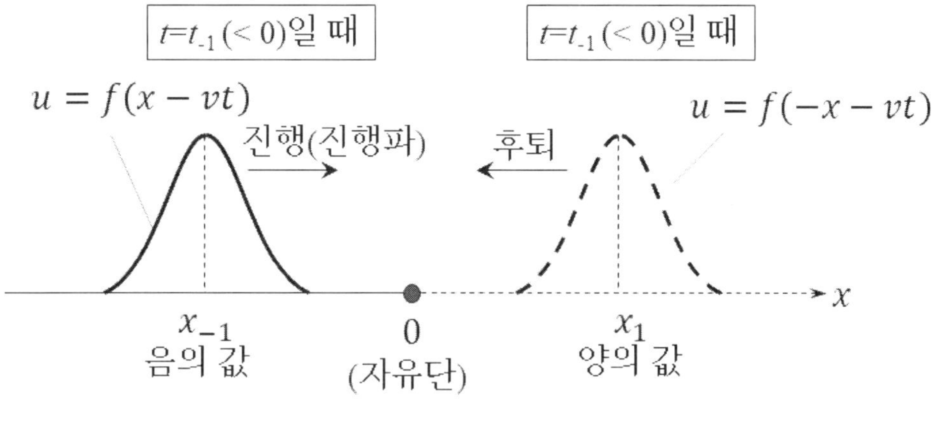

(ii) $t \fallingdotseq 0$일 때

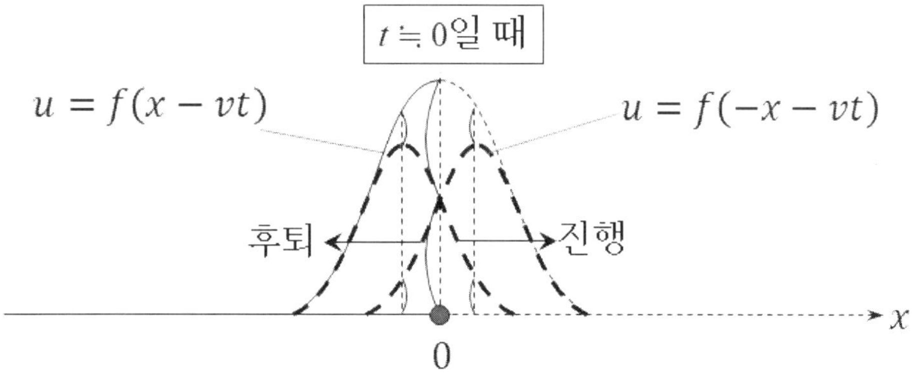

(iii) $t=t_1\,(>0)$일 때

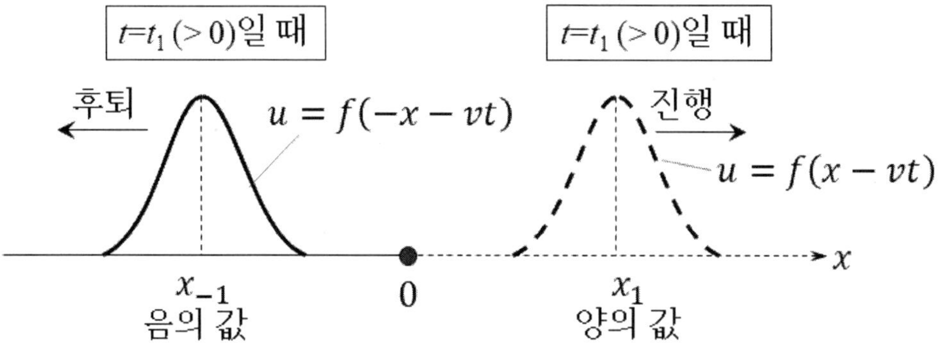

그림 7 자유단에 의한 파의 반사

이상 (i), (ii), (iii)에서 $x=0$의 자유단에 의한 파의 반사의 모양은 (i) 처음 $t=t_{-1}(<0)$일 때, $x<0$ 쪽에서 진행되어 온 파가 (ii) $t\fallingdotseq 0$일 때, 반사파와 겹쳐 변형되어 (iii) $t>t_1\ (>0)$일 때는 반사파가 되어 x축의 음의 방향으로 이동해 가게 된다. 이 모습을, 그림 7 (i,) (ii), (iii)으로 나타낸다.

이상으로, (i) 고정단에서의 파의 반사와 (ii) 자유단에서의 파의 반사 모습을 모두 나타내었다.

■ 연습 문제 9　　◎ 반사(고정단 · 자유단) ◎

그림과 같이 $x=0$을 끝점으로 $x<0$에 붙인 현을 $t<0$일 때, 끝점을 향해서 속도 v로 진행하는 파동(입사파)

$$f(x-vt)=\cos(x-vt)\quad(x<0,\ t<0)$$

이 있다고 한다.

(1) 끝점이 고정단일 때, $t\gg 0$에 있어서의 입사파와 반사파의 합성파를 구하라.

(2) 끝점이 자유단일 때, $t\gg 0$에 있어서의 입사파와 반사파의 합성파를 구하라.

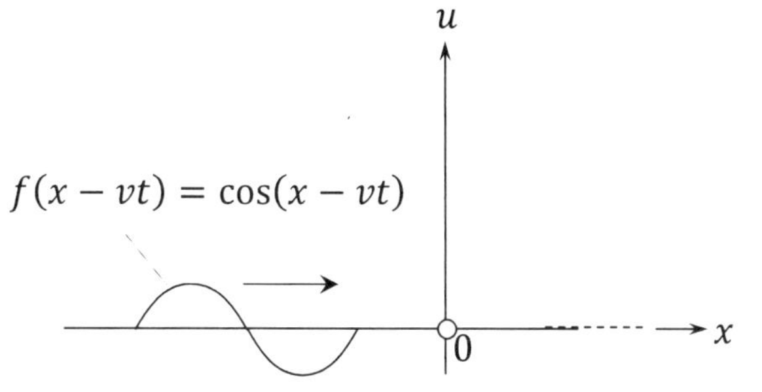

◇ 힌트

(1) $x=0$이 고정단일 때, 입사파 $f(x-vt)$에 대해 반사파는 $-f(-x-vt)$이며, 그 합성파를 $u(x,t)$라고 놓으면, $u(x,t)=f(x-vt)-f(-x-vt)$가 된다. 마찬가지로

(2) $x=0$이 자유단일 때는, 입사파와 반사파의 합성파는 $u(x,t)=f(x-vt)+f(-x-vt)$가 된다.

□ 해답 및 설명

(1) $t<0$일 때, $x<0$에 붙인 현을 고정단 $x=0$을 향해 진행하여 온 입사파가 $f(x-vt)=\cos(x-vt)$일 때, $t>0$에 대한 그 반사파는 $-f(-x-vt)=-\cos(x-vt)=-\cos(x+vt)$가 된다.

여기서, $\cos(x-vt)=\cos(x+vt)$ ($\because \cos(-\theta)=\cos\theta$)

따라서 시각 t가 충분히 경과한, 즉 $t\gg 0$에 대한, 이들 입사파와 반사파의 합성파의 파동을 $u(x,t)$라고 놓으면

$$\begin{aligned} u(x,t) &= f(x-vt)-f(-x-vt) \\ &= \cos(x-vt)-\cos(x+vt) \\ &= 2\sin x \sin vt \quad (32) \end{aligned}$$

여기서 $f(x-vt)=\cos(x-vt)$, $f(-x-vt)=\cos(x+vt)$이고, $\cos(x-vt)$는 진행파(입사파), $\cos(x+vt)$는 반사파를 나타내고 있다. 또한 $2\sin x$는 진폭 $A(x)$를 나타내는

부분이다.

(32)의 그래프를 다음에 나타낸다. 진행파(입사파)와 반사파의 합에 의해 만들어지는 그림은 다음 그림과 같은 정재파가 된다.

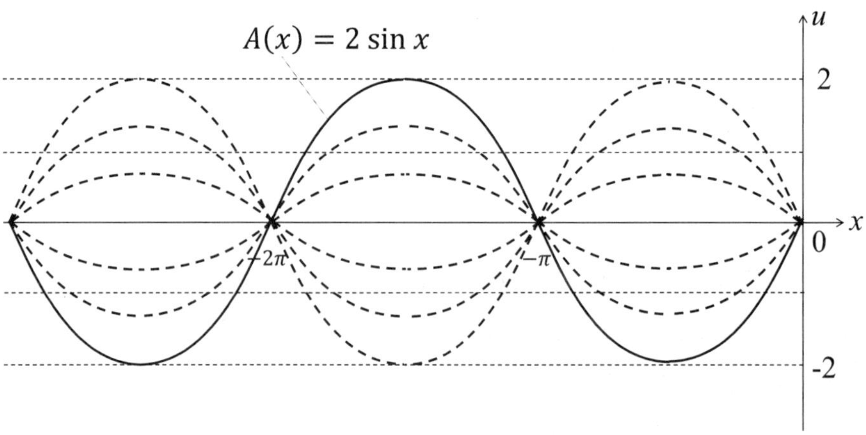

(2) $t<0$일 때, $x<0$에 붙인 현을 자유단 $x=0$을 향해 진행하여 온 입사파가 $f(x-vt)=\cos(x-vt)$일 때, $t>0$에 대한 그 반사파는 $f(-x-vt)=\cos(-x-vt)=\cos(x+vt)$가 된다. 따라서 시각 t가 충분히 경과한 즉 $t\gg 0$에 대한, 이들 입사파와 반사파의 합성파의 파동을 $u(x,t)$라고 놓으면

$$\begin{aligned} u(x,t) &= f(x-vt)+f(-x-vt) \\ &= \cos(x-vt)+\cos(x+vt) \\ &= 2\cos x\cos vt \end{aligned} \tag{32}$$

여기서 $f(x-vt)=\cos(x-vt)$, $f(-x-vt)=\cos(x+vt)$이고, $\cos(x-vt)$는 진행파(입사파), $\cos(x+vt)$는 반사파를 나타내고 있다. 또한 $2\cos x$는 진폭 $A(x)$를 나타내는 부분이다.

(33)의 그래프를 다음에 나타낸다. 진행파(입사파)와 반사파의 합에 의하여 만들어지는 파동은 아래 그림과 같은 정재파가 된다.

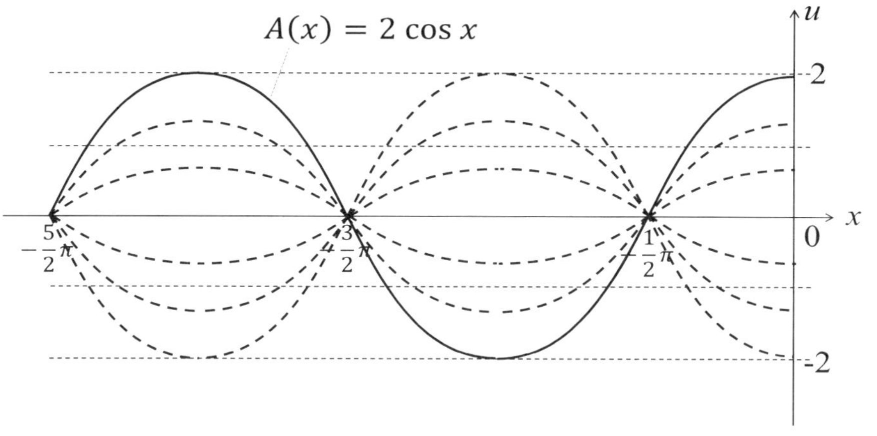

$A(x) = 2\cos x$
u
x
2
-2
0
$-\frac{5}{2}\pi$
$-\frac{3}{2}\pi$
$-\frac{1}{2}\pi$

제 5 장 ▲ 1차원의 파동(진행파 · 반사파)

1. 1차원의 파동 방정식의 d´Alembert의 해

$\dfrac{\partial^2 u}{\partial t^2}=v^2\dfrac{\partial^2 u}{\partial x^2}$ 의 일반해 (d´Alembert 의 공식)

$$u(x,t)=f(x-vt)+g(x+vt)$$

여기서 $f(x-vt)$는 진행파, $g(x+vt)$는 반사파 또는,
$u(x,t)=f(\kappa x-\omega t)+g(\kappa x+\omega t))$

2. 진폭 변조와 위상 속도 · 군속도

$$\begin{aligned} u(x,t)&=C\cos(\kappa_1 x-\omega_1 t)+C\cos(\kappa_2 x-\omega_2 t)\\ &=2C\cos(\Delta\kappa x-\Delta\omega t)\cos(\overline{\kappa}x-\overline{\omega}t)\end{aligned}$$

여기서 $2C\cos(\Delta\kappa x-\Delta\omega t)$는 변조 진폭의 항.

단, $\Delta\kappa=\dfrac{\kappa_2-\kappa_1}{2}$, $\Delta\omega=\dfrac{\omega_2-\omega_1}{2}$, $\overline{\kappa}=\dfrac{\kappa_1+\kappa_2}{2}$, $\overline{\omega}=\dfrac{\omega_1+\omega_2}{2}$.

위상 속도 $\overline{v}=\dfrac{\overline{\omega}}{\overline{\kappa}}$,

군속도 $v_g=\dfrac{\Delta\omega}{\Delta\kappa}\fallingdotseq\dfrac{d\omega}{d\kappa}$

3. 분산의 유무

(1) 분산이 없을 경우, $v_0=\dfrac{\omega}{\kappa}$ (v_0: 상수)

(2) 분산이 있을 경우, $v = \dfrac{\omega}{\kappa}$ (v: κ 혹은 ω의 함수)

(ex) $v = \sqrt{\dfrac{\omega_0^2}{\kappa^2} + v_0^2}$ (ω_0, v_0: 양의 상수)

4. 입사파와 반사파

(1) 고정단에 대한 반사

$$u(x,t) = f(x - vt) - f(-x - vt)$$

여기서 $f(x-vt)$는 진행파, $-f(-x-vt)$는 반사파.

(2) 자유단에 대한 반사

$$u(x,t) = f(x - vt) + f(-x - vt)$$

여기서 $f(x-vt)$는 진행파, $f(-x-vt)$는 반사파.

6장

푸리에 변환과 파속

\- 테마 -

◆ 푸리에 변환과 역변환

$$F(\kappa)=\int_{-\infty}^{\infty} f(x)e^{-i\kappa x}dx$$

$$f(x)=\frac{1}{2\pi}\int_{-\infty}^{\infty} F(\kappa)e^{i\kappa x}dx$$

◆ 파속과 파속의 이동

$$u(x,0)=\frac{1}{\pi}\frac{\sin\Delta\kappa x}{x}\cos\bar{\kappa}x$$

$$u(x,t)=\frac{1}{\pi}\frac{\sin\Delta\kappa(x-v_g t)}{x-v_g t}\cos(\bar{\kappa}x-\bar{\omega}t)$$

◆ 불확정성 관계

$$\Delta x\Delta\kappa=2\pi,\quad \Delta t\Delta\omega=2\pi$$

6.1 푸리에 변환과 푸리에 역변환

그럼, 지금부터 "**푸리에 변환**"과 "**푸리에 역변환**"을 설명한다. 4장에서는 주기 $2L$의 주기 함수 $f(x)$의 푸리에 급수에 대해 공부해 왔다. 그러나 여기서 $L\to\infty$라고 했을 때, $f(x)$는 더 이상 주기 함수라고 부를 수 없게 된다. 이 비주기 함수에 대해서는 지금까지 배운 푸리에 급수가 아니라, "**푸리에 변환**"과 "**푸리에 역변환**"이 유효하다. 그리고 이러한 방법이 "**파속**"(wave packet)의 분석에 도움이 된다.

여기에서는 이러한 응용으로서 "**푸리에·코사인 변환**"이나 "**푸리에·사인 변환**"에 대해서도 공부한다.

§ 푸리에 변환과 푸리에 역변환의 공식

이야기를 간단하게 하기 위해서, 우선 주기 $2L$의 부분적으로 연속적인 주기 함수 $f(x)$의 복소 푸리에 급수 전개의 공식부터 설명을 시작한다.

$$f(x)=\sum_{j=0,\pm 1}^{\pm\infty} c_j e^{i\frac{j\pi}{L}x} \tag{1}$$

$$c_j=\frac{1}{2L}\int_{-L}^{L} f(t)e^{-i\frac{j\pi}{L}t}dt \tag{2}$$

(2)식에서는 (1)식의 변수 x와 구별하기 위하여 복소 푸리에 계수를 구하는 적분의 변수를 t로 하였다. 주기 $2L$의 주기 함수 $f(x)$의 그래프의 이미지를 예로 들면 그림 1 (i)와 같다.

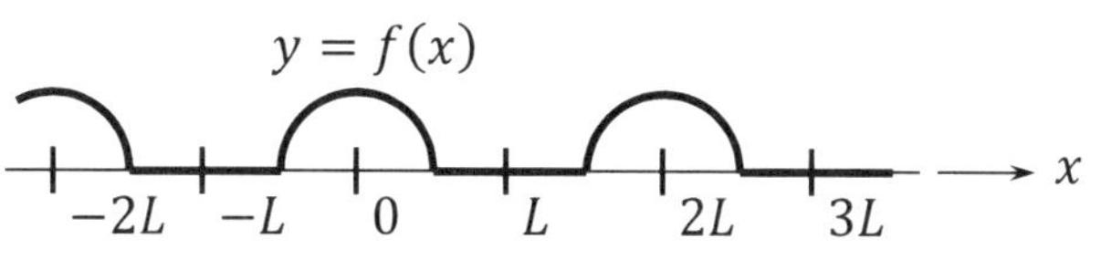

그림 1 푸리에 급수로부터 푸리에 변환

(i) 주기 $2L$의 주기 함수 $f(x)$

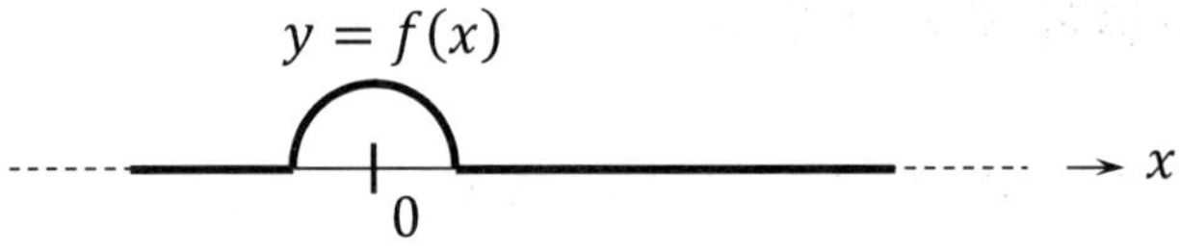

(ii) $L\to\infty$일 때, $f(x)$는 비주기 함수가 된다.

(2)를 (1)에 대입하여 정리하면 다음과 같다.

$$f(x)=\sum_{j=0,\pm 1}^{\pm\infty}\left\{\frac{1}{2L}\int_{-L}^{L}f(t)e^{-i\frac{j\pi}{L}t}dt\right\}e^{i\frac{j\pi}{L}x}$$

여기서 괄호 안을 계산하여 정리하면 다음과 같으므로

$$\left\{\frac{1}{2L}\int_{-L}^{L}f(t)e^{-i\frac{j\pi}{L}t}dt\right\}e^{i\frac{j\pi}{L}x}=\frac{1}{2\pi}\frac{\pi}{L}\int_{-L}^{L}f(t)e^{i\frac{j\pi}{L}(x-t)}dt$$

$f(x)$는 다음과 같이 된다.

$$f(x)=\frac{1}{2\pi}\sum_{j=0,\pm 1}^{\pm\infty}\frac{\pi}{L}\int_{-L}^{L}f(t)e^{i\frac{j\pi}{L}(x-t)}dt \tag{3}$$

이제 $L\to\infty$라고 했을 때, (3)의 우변이 어떻게 되는지 살펴보자.
이때의 $f(x)$의 그래프의 이미지는 그림 1 (ii)에 나타내는 것과 같으며, 더 이상 주기 함수가 아니라 비주기 함수가 된다.

(3)에서 π(원주율)는 상수, t는 적분 변수, L은 무한대로 커지는 변수, 그리고 이때 x는 상수로 취급함에 주의하자. 여기서 (3)의 복소 지수 함수의 지수 $\frac{j\pi}{L}$를 다음과 같이 두면

$$\frac{\pi}{L} = \Delta\kappa \tag{4}$$

$\Delta\kappa$는 π를 L 등분한 것이 되고

$$j\frac{\pi}{L} = j\Delta\kappa \tag{5}$$

가 된다. 이것은 $L \to \infty$가 되는 변수 L로부터 변수 κ를 새롭게 정의한 것이 된다. κ는 x에 관한 계수이므로 물리적으로는 **"파수"**를 나타내게 된다. 즉, 그림 2와 같이 κ축을 상정하면 κ축 원점에서 j번째 위치가 (5)의 $j\Delta\kappa$이며, 이것을 κ축 상의 변수 κ (파수)라고 하자.

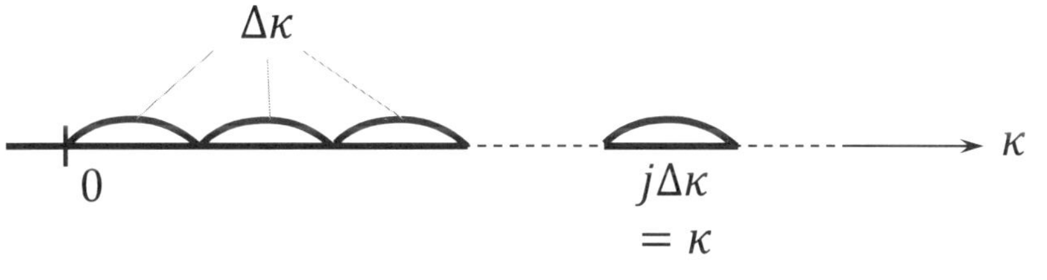

그림 2 변수 κ (파수)의 정의

그러면 $L \to \infty$일 때, (4), (5)는 다음과 같이 된다.

$$\lim_{L \to \infty} \frac{\pi}{L} = d\kappa \tag{6}$$

$$\lim_{L \to \infty} j\frac{\pi}{L} = \kappa \tag{7}$$

이 되고, 또한 (3)의 $\sum_{j=0,\pm 1}^{\pm\infty}$ 는 $\int_{-\infty}^{\infty}$ 로 바뀐다. 즉 $L \to \infty$로 두었을 때 (3)은 다음과

같이 된다.

$$f(x)=\lim_{L\to\infty}\frac{1}{2\pi}\sum_{j=0,\pm 1}^{\pm\infty}\frac{\pi}{L}\int_{-L}^{L}f(t)e^{i\frac{j\pi}{L}(x-t)}dt$$

위 식에서, $\sum_{j=0,\pm 1}^{\pm\infty}$는 $\int_{-\infty}^{\infty}$, $\frac{\pi}{L}$는 $d\kappa$, $\int_{-L}^{L}$에서 $L\to\infty$, $-L\to-\infty$, $e^{i\frac{j\pi}{L}(x-t)}$에서 $\frac{j\pi}{L}$는 κ로 변형하면

$$f(x)=\frac{1}{2\pi}\int_{-\infty}^{\infty}d\kappa\int_{-\infty}^{\infty}f(t)e^{i\kappa(x-t)}dt$$

$$\therefore f(x)=\frac{1}{2\pi}\int_{-\infty}^{\infty}e^{i\kappa x}\left\{\int_{-\infty}^{\infty}f(t)e^{-i\kappa t}dt\right\}d\kappa \qquad (8)$$

이 된다. 이 (8)식으로부터, 다음과 같은 **"푸리에 변환**(Fourier transformation)과 **"푸리에 역변환"**(Fourier inverse transformation)이 정의된다. 위 (8)식에서 괄호 안의 $\int_{-\infty}^{\infty}f(t)e^{-i\kappa t}dt$는 푸리에 변환 $F(\kappa)$이며 이것은 t의 함수 $f(t)e^{-i\kappa t}$를 t로 적분한 결과이다. t는 $\pm\infty$의 극한을 취하기 때문에, 최종적으로는 κ의 함수가 되므로 $F(\kappa)$로 둘 수 있다.

한편, (8)식에서 $\frac{1}{2\pi}\int_{-\infty}^{\infty}e^{i\kappa x}\left\{\int_{-\infty}^{\infty}f(t)e^{-i\kappa t}dt\right\}d\kappa$는 κ의 함수 $F(\kappa)e^{i\kappa x}$를 κ로 적분한 결과이며, κ는 $\pm\infty$의 극한을 취하기 때문에, 최종적으로는 x의 함수 $f(x)$가 되고, 푸리에 역변환 $f(x)$로 표현한다. (8)의 우변의 t에 관한 적분 부분을 **"푸리에 변환"** $F(\kappa)$로 정의한다. 단, 이 적분 변수는 무엇이든 상관없으므로 x로 두면, 푸리에 적분이 된다.

$$\text{푸리에 변환: } F(\kappa) = F[f(x)] = \int_{-\infty}^{\infty} f(x) e^{-i\kappa x} dx$$

여기서 $e^{-i\kappa x}$는 적분 변수를 t에서 x로 바꾸었다.

$F[f(x)]$는 **"$f(x)$를 푸리에 변환한 것"**이라는 의미로, 그 결과 이것은 κ의 함수가 되기 때문에, $F(\kappa)$로 표현해도 된다.

다음으로 푸리에 변환 $F(\kappa)$을 (8)에 대입한 것이 **"푸리에 역변환 $F^{-1}[F(\kappa)]$"**의 공식이고, 다음과 같이 푸리에 역변환을 정의한다.

$$\text{푸리에 역변환: } f(x) = F^{-1}[F(\kappa)] = \frac{1}{2\pi} \int_{-\infty}^{\infty} F(\kappa) e^{i\kappa x} d\kappa$$

위 식에서 $f(x) = F^{-1}[F(\kappa)]$는 "$F(\kappa)$를 푸리에 역변환한 것 $F^{-1}[F(\kappa)]$가 x의 함수 $f(x)$가 된다'라는 의미이다.

여기에서 푸리에 변환되는 함수 $f(x)$의 조건으로서, "부분적으로 연속적인" 또한 "연속" 이외에 **"적분 가능"**의 조건도 붙는다. $f(x)$가 적분 가능이라는 것은 $\int_{-\infty}^{\infty} |f| dx \leqq M$ (M: 유한한 양의 상수)을 만족한다. 이것으로부터 $\lim_{x \to \infty} f(x) = 0$의 조건이 나오지만, 거꾸로 $\lim_{x \to \infty} f(x) = 0$을 만족하여도 $f(x)$가 적분 가능이 된다고는 할 수 없다는 것에 주의하자.

그럼 이상의 것을 정리해 보자.

▶ 푸리에 변환과 푸리에 역변환

함수 $f(x)$가 $(-\infty, \infty)$에서, 부분적으로 연속적이면서 적분 가능일 때, $f(x)$의 푸리에 변환과 그 역변환은 다음과 같이 정의된다.

$$\text{(i) 푸리에 변환: } F(\kappa) = F[f(x)] = \int_{-\infty}^{\infty} f(x) e^{-i\kappa x} dx \quad (x\text{에서의 적분})$$

(ii) 푸리에 역변환: $f(x)=F^{-1}[F(\kappa)]=\dfrac{1}{2\pi}\displaystyle\int_{-\infty}^{\infty}F(\kappa)e^{i\kappa x}d\kappa$ (κ에서의 적분)

§ 푸리에 여현 변환과 푸리에 정현 변환

푸리에 변환된 함수 $f(x)$가 (i) 우함수일 경우, **"푸리에 여현 변환 (푸리에·코사인 변환)"**이 이용되고, (ii) 기함수일 경우에는, **"푸리에 정현 변환 (푸리에·사인 변환)"**이 이용된다. 구체적으로 설명해 보자.

(i) 푸리에·코사인 변환

실수 함수 $f(x)$가 우함수일 때, 푸리에 변환 $F(\kappa)$와 푸리에 역변환 $f(x)$는 각각 다음과 같다.

$$
\begin{aligned}
\cdot\ F(\kappa)=F[f(x)]&=\int_{-\infty}^{\infty}f(x)e^{-i\kappa x}dx\\
&=\int_{-\infty}^{\infty}f(x)(\cos\kappa x-i\sin\kappa x)dx\\
&=\int_{-\infty}^{\infty}f(x)\cos\kappa x dx\\
&=2\int_{0}^{\infty}f(x)\cos\kappa x dx
\end{aligned}
$$

여기서 $f(x)i\sin\kappa x$는 기함수이므로 적분값은 0이다. 또 $F(\kappa)$는 실수 함수임을 알 수 있다.

$$
\begin{aligned}
\cdot\ f(x)=F^{-1}[F(\kappa)]&=\frac{1}{2\pi}\int_{-\infty}^{\infty}F(\kappa)e^{i\kappa x}dx\\
&=\frac{1}{2\pi}\int_{-\infty}^{\infty}F(\kappa)(\cos\kappa x+i\sin\kappa x)d\kappa\\
&=\frac{1}{2\pi}\int_{-\infty}^{\infty}F(\kappa)\cos\kappa x d\kappa
\end{aligned}
$$

여기서 $F(\kappa)\cos\kappa x$는 실수 함수이고, $iF(\kappa)\sin\kappa x$는 허수 함수이므로 허수 함수는 무시하였다.

(ii) 푸리에·사인 변환

실수 함수 $f(x)$가 기함수일 경우, 푸리에 변환 $F(\kappa)$와 푸리에 역변환 $f(x)$는 각각 다음과 같다.

$$\begin{aligned} \cdot\ F(\kappa) = F[f(x)] &= \int_{-\infty}^{\infty} f(x) e^{-i\kappa x} dx \\ &= \int_{-\infty}^{\infty} f(x)(\cos\kappa x - i\sin\kappa x) dx \\ &= -i\int_{-\infty}^{\infty} f(x)\sin\kappa x dx \\ &= -2i\int_{0}^{\infty} f(x)\sin\kappa x dx \end{aligned}$$

여기서 $f(x)\cos\kappa x$는 기함수이므로 적분값은 0이다. 또한 $f(x)$가 실수 함수이므로 $-2i\int_{0}^{\infty} f(x)\sin\kappa x dx$는 순 허수 함수가 된다.

$$\begin{aligned} \cdot\ f(x) = F^{-1}[F(\kappa)] &= \frac{1}{2\pi}\int_{-\infty}^{\infty} F(\kappa) e^{i\kappa x} d\kappa \\ &= \frac{1}{2\pi}\int_{-\infty}^{\infty} F(\kappa)(\cos\kappa x + i\sin\kappa x) d\kappa \end{aligned}$$

$F(\kappa)$는 순허수 함수이므로 $iF(\kappa)\sin\kappa x$만이 실수 함수가 된다. 따라서

$$f(x) = \frac{i}{2\pi}\int_{-\infty}^{\infty} F(\kappa)\sin\kappa x d\kappa$$

▶ 푸리에·코사인 변환과 푸리에·사인 변환

$f(x)$는 실 공간의 함수이므로 $f(x)$는 실수 부분만이 유효하다.

(i) 푸리에·코사인 변환과 푸리에·코사인 역변환

$f(x)$가 우함수일 경우,

$$F(\kappa)=F[f(x)]=2\int_0^\infty f(x)\cos\kappa x dx$$

$$f(x)=F^{-1}[F(\kappa)]=\frac{1}{2\pi}\int_{-\infty}^\infty F(\kappa)\cos\kappa x d\kappa$$

(ii) 푸리에·사인 변환과 푸리에·사인 역변환

$f(x)$가 기함수일 경우

$$F(\kappa)=F[f(x)]=-2i\int_0^\infty f(x)\sin\kappa x dx$$

$$f(x)=F^{-1}[F(\kappa)]=\frac{i}{2\pi}\int_{-\infty}^\infty F(\kappa)\sin\kappa x d\kappa$$

§ 푸리에 변환의 문제

예제 23. 다음과 같이 정의된 함수에 대하여 질문에 답하라.

$$\text{함수 } f(x)=\begin{cases} b\ (-a\leqq x\leqq a) \\ 0\ (x<-a,\ a<x) \end{cases}$$

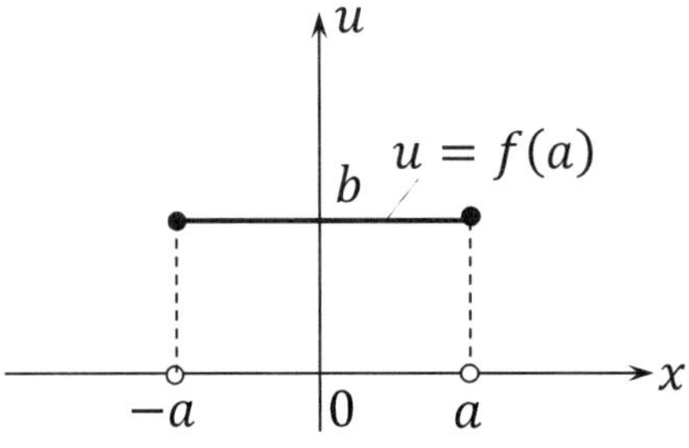

단, a, b는 양의 상수라고 한다.

위 함수의 푸리에 변환 $F(\kappa)$를 다음 2개의 공식을 사용하여 구하라.

(i) $F(\kappa)=\int_{-\infty}^{\infty} f(x)e^{-i\kappa x}dx$

(ii) $F(\kappa)=2\int_{0}^{\infty} f(x)\cos\kappa x dx$

해답: (i) 푸리에 변환의 공식으로부터

$$
\begin{aligned}
F(\kappa)&=\int_{-\infty}^{\infty} f(x)e^{-i\kappa x}dx \\
&=b\int_{-a}^{a} e^{-i\kappa x}dx \\
&=b\frac{1}{-i\kappa}\left[e^{-i\kappa x}\right]_{-a}^{a} \\
&=-\frac{b}{i\kappa}\left(e^{-i\kappa a}-e^{i\kappa a}\right) \\
&=\frac{2b}{\kappa}\frac{e^{i\kappa a}-e^{-i\kappa a}}{2i}
\end{aligned}
$$

$$\therefore F(\kappa)=2b\frac{\sin a\kappa}{\kappa} \tag{9}$$

(ii) $f(x)$는 우함수이기 때문에 푸리에·코사인 변환의 공식을 사용해도 똑같이 $F(\kappa)$를 구할 수 있다.

$$
\begin{aligned}
F(\kappa)&=2\int_{0}^{\infty} f(x)\cos\kappa x dx \\
&=2\int_{0}^{a} b\times\cos\kappa x dx+2\int_{a}^{\infty} 0\times\cos\kappa x dx
\end{aligned}
$$

$$= 2b\int_0^a \cos\kappa x dx$$

$$= 2b\frac{1}{k}\left[\sin\kappa x\right]_0^a$$

$$= 2b\frac{1}{\kappa}\sin\kappa a$$

가 되어, (i)과 같은 결과가 된다.

이 푸리에 변환에 의하여, 실수 x의 공간 $f(x)$로부터 파수 κ의 파동 공간 $F(\kappa)$로 변환되었다고 생각할 수 있다. 여기에서 파동 공간의 함수 $F(\kappa)$의 그래프를 조사해 보자.

(i) $F(-\kappa) = 2b\dfrac{\sin(-a\kappa)}{-\kappa} = 2b\dfrac{-\sin a\kappa}{-\kappa} = 2b\dfrac{\sin a\kappa}{\kappa} = F(\kappa)$로부터, $F(\kappa)$는 우함수이다.

(ii) $F(\kappa) = 2b\dfrac{\sin a\kappa}{\kappa} = 0$일 때, $a\kappa = n\pi$ $(n = \pm 1,\ \pm 2,\ \cdots)$이므로

$\therefore \kappa = \dfrac{n\pi}{a}$ $(n = \pm 1,\ \pm 2,\ \cdots)$일 때 $F(\kappa)$는 0이 된다.

(iii) $\kappa = 0$일 때, $F(\kappa)$는 정의되지 않지만, $\kappa \to 0$의 극한을 구하면 다음과 같이 된다.

$\lim\limits_{\kappa\to 0} F(\kappa) = \lim\limits_{\kappa\to 0} 2ab\dfrac{\sin a\kappa}{a\kappa} = 2ab \times 1 = 2ab$

(공식 $\lim\limits_{\theta\to 0}\dfrac{\sin\theta}{\theta} = 1$에 의하여, $\dfrac{\sin a\kappa}{a\kappa} = 1$)

가 되기 때문에, $F(0) = 2ab$로 정의되면, $F(\kappa)$는 $\kappa = 0$이라도 연속적인 함수가 된다.

이상 (i) (ii) (iii)으로부터, $F(\kappa)$의 그래프의 개략을 원래의 함수 $f(x)$와 함께 그림 1에 나타낸다. 그림 1 (i) 에 나타내듯이, 실수 공간에 대한 파동이 $-a \leqq x \leqq a$ 에만 존재하기 때문에 $f(x)$의 존재 영역을 Δx로 두면

$$\Delta x = 2a \tag{10}$$

가 된다. 이때 그림 1 (ii)에 보여 주듯이 $\kappa \geqq 0$ 영역에서 $F(\kappa)$의 그래프로 부터 $F(\kappa)$의 주요 부분이 존재하는 영역을 $\Delta\kappa$로 두면

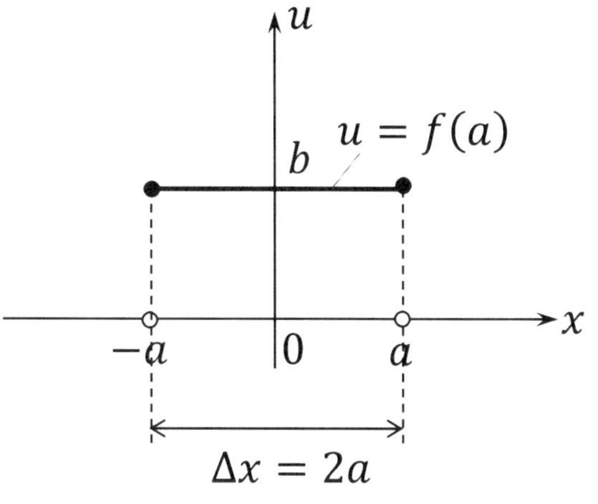

그림 1 $f(x)$와 푸리에 변환 $F(\kappa)$

(i) $f(x)$의 그래프(실수 공간)

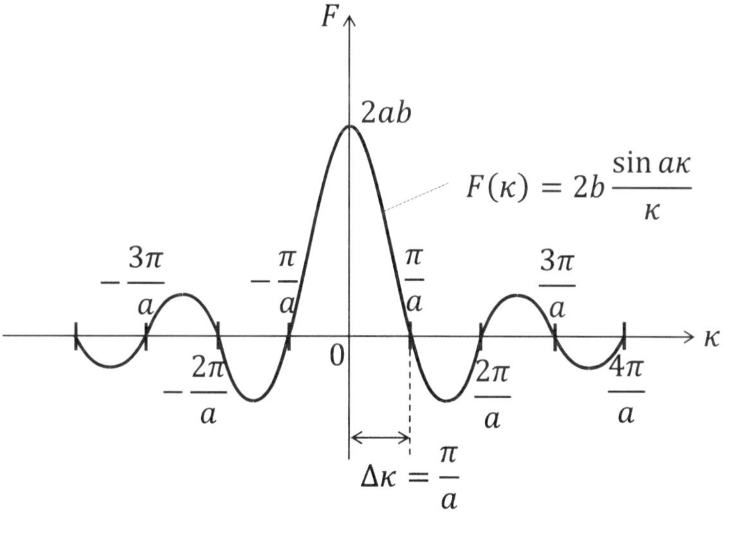

(ii) $F(\kappa)$의 그래프 (파동 공간)

$$\Delta\kappa = \frac{\pi}{a} \tag{11}$$

이 된다. 이 (10)과 (11)을 곱하면 다음과 같이 재미있는 결과가 나온다.

$$\Delta x \Delta \kappa = 2a \times \frac{\pi}{a} = 2\pi, \text{ 즉}$$

$$\Delta x \Delta \kappa = 2\pi \text{ (양의 상수)} \tag{12}$$

이것은 Δx와 $\Delta \kappa$ 사이의 **"불확정성 관계"** (uncertainty relation)로 불린다. (12)의 우변이 2π라고 하는 양의 상수이기 때문에

(i) $\Delta x \to 0$에 가까워지면, $\Delta \kappa \to \infty$로 되어 $\Delta \kappa$는 ∞에 발산하고, 또한

(ii) $\Delta \kappa \to 0$에 가까워지면, $\Delta x \to \infty$로 되어 Δx는 ∞에 발산한다.

(12)로부터 $\Delta x = 0$이면서 $\Delta \kappa = 0$으로 할 수는 없다. 즉 x와 κ를 어떤 한 점으로 확정할 수는 없기 때문에, 불확정성 관계라고 불린다.

이것은 양자역학에 대한 불확정성 원리 (uncertainty principle)의 식

$$\Delta x \Delta p = \frac{\hbar}{2} \text{ (x: 입자의 위치, p: 운동량, } \hbar = \frac{h}{2\pi} \text{ (h: 플랭크 상수))}$$

와 유사성이 있는 것도 염두에 두자.

■ 연습 문제 10　　◎ 델타 함수와 푸리에 변환 ◎

a를 양의 수로 하자. 이때 다음 문제에 답하시오.

$$\text{(1) 함수 } \delta_a(x) = \begin{cases} \dfrac{1}{2a} & (-a \leqq x \leqq a) \\ 0 & (x < -a, a < x) \end{cases} \tag{13}$$

의 푸리에 변환 $F[\delta_a(x)]$를 구하라.

(2) $\lim_{a \to +0} \delta_a(x) = \delta(x)$로 두면, $\delta(x)$는 디락의 델타 함수가 된다. $\delta(x)$의 푸리에 변환 $F[\delta_a(x)]$를 구하라. 또한, 이 결과를 불확정성 관계의 식 $\Delta x \Delta \kappa = 2\pi$로부터 구하라.

◇ 힌트

디락의 델타 함수 δx의 푸리에 변환의 문제이다. 이 함수는 여러 가지 물리 현상에 나타나는 중요한 함수로, 이 푸리에 변환은 $F[\delta_a(x)]=1$이 된다. 이 결과는 불확정성 관계의 식으로부터 당연히 얻어지는 결과이다.

□ 해답 및 설명

(1) (13)으로 정의되는 함수 $\delta_a(x)$를 아래 그림에 나타낸다. 이때, 함수 $\delta_a(x)$와 x축 사이의 도형의 면적 S는

$$S=2a\times\frac{1}{2a}=1 \tag{14}$$

가 되어 양의 수 a의 값에 의존하지 않고 일정하다.

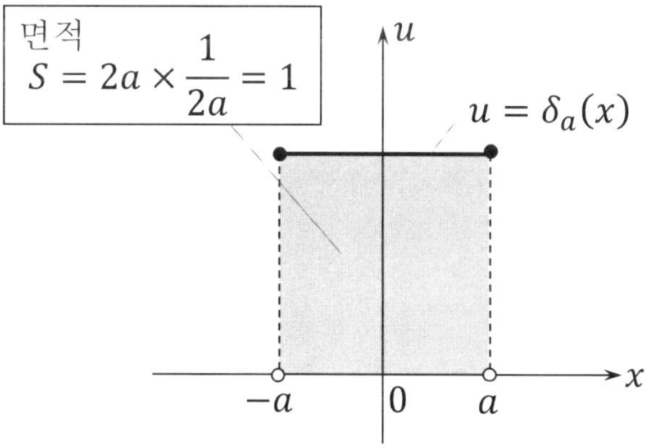

함수 $\delta_a(x)$는 우함수이기 때문에, 이 푸리에 변환 $F[\delta_a(x)]$는 푸리에·코사인 변환에 의하여 구할 수 있다.

$$F_a(\kappa)=F[\delta_a(x)]=2\int_0^\infty \delta_a(x)\cos\kappa x dx$$

$$=2\int_0^a \frac{1}{2a}\cos\kappa x dx+2\int_a^\infty 0\times\cos\kappa x dx$$

$$F_a(\kappa)=F[\delta_a(x)]=\frac{1}{a}\int_0^a \cos\kappa x dx=\frac{1}{a}\frac{1}{\kappa}[\sin\kappa x]_0^a$$

$$\therefore\ F_a(\kappa)=F[\delta_a(x)]=\frac{\sin a\kappa}{a\kappa}\ (a\text{: 양의 상수})\qquad \text{(답)}\qquad (15)$$

(2) 여기에서 $a\to+0$ 으로 하였을 경우, 함수 $\delta_a(x)$는 x축 사이의 면적 $S=1$(일정)을 유지하면서 다음 그림에 나타내듯이 $x=0$일 때만 ∞(무한대)가 되고, 그 이외에서는 전부 0의 값을 가지는 다음과 같은 함수 $\delta(x)$가 된다.

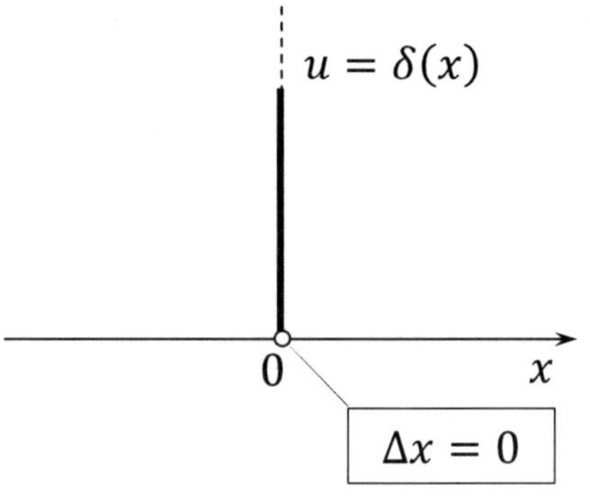

$$\delta(x)=\begin{cases}\infty\ (x=0)\\ 0\ (x\neq 0)\end{cases}\qquad (16)$$

이 $\delta(x)$를 디락의 델타 함수라고 부른다. 이 푸리에 변환 $F(\kappa)=F[\delta(x)]$는 (15)의 $F[\delta_a(x)]$를 $a\to+0$ 로 하였을 경우의 극한으로서 구할 수 있다.

$$\therefore F[\delta(x)]=\lim_{a\to+0}F[\delta_a(x)]=\lim_{a\to+0}\frac{\sin a\kappa}{a\kappa}$$

여기서 $\theta = a\kappa$로 두면, $a \to +0$ 일 때, $\theta \to +0$ 으로부터

$$\therefore F(\kappa) = F[\delta(x)] = \lim_{a \to +0} \frac{\sin a\kappa}{a\kappa} = \lim_{\theta \to +0} \frac{\sin\theta}{\theta} = 1 \qquad \text{(답)} \qquad (17)$$

$u = \delta(x)$는 $x = 0$에서만 ∞가 되기 때문에, $\Delta x = 0$이다.
여기서 불확정성 관계의 식 $\Delta x \Delta \kappa = 2\pi$로부터, $\Delta x = 0$, $\Delta \kappa = \infty$가 될 것이다.

$$F(\kappa) = F[\delta(x)] = 1 \text{ (상수 함수)} \qquad (17)$$

이 그래프는 아래 그림과 같이 된다. 따라서 $\Delta\kappa = \infty$가 되어 있음을 알 수 있다.

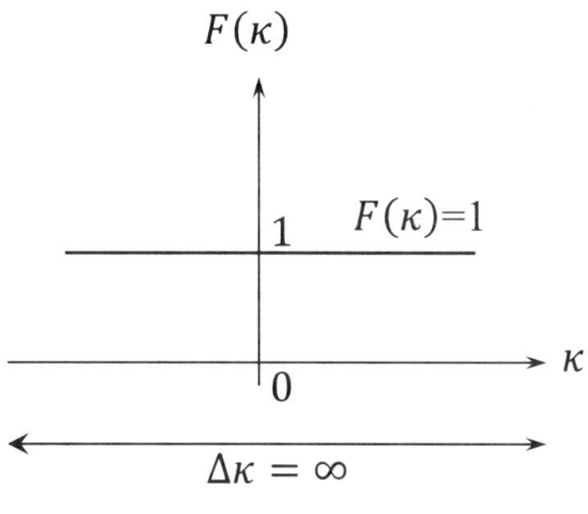

6.2 파속과 그 운동

앞에서 푸리에 변환과 푸리에 역변환을 배웠다. 이번에는 파수 공간에 대한 어떤 함수 $F(\kappa)$를 푸리에 역변환 하는 것으로부터 **"파속"**이 생기는 것을 생각해 보자. 그리고 파속을 나타내는 함수 $f(x)$를 파동 함수 $u(x, 0) = f(x)$로 생각하여 여기에 경시 변화, 즉 파속의 이동도 고려한 파동 함수 $u(x, t)$에 대해서도 상세하게 설명할 예정이다. 또한

역으로 $x=0$일 때, $u(0,t)$의 ω에 대한 푸리에 변환$F(\omega)=F[u(0,t)]$에 대해서도 설명하고, 나아가 또 다른 형식의 불확정성 관계가 도출되는 것도 설명한다.

§ 파속

파형이 어떤 시각에 공간상의 어떤 제한된 부분만을 중심으로 존재할 때, 이것을 **"파속"**(wave packet)이라고 한다.

그림 1에 나타내듯이 파수 공간에 있어서 다음과 같은 사각 분포 (1)이 주어졌다고 하자.

$$F(\kappa)=\begin{cases}1\ (\kappa_1 \leqq \kappa \leqq \kappa_2)\\0\ (0<\kappa<\kappa_1,\ \kappa_2<\kappa)\end{cases} \tag{1}$$

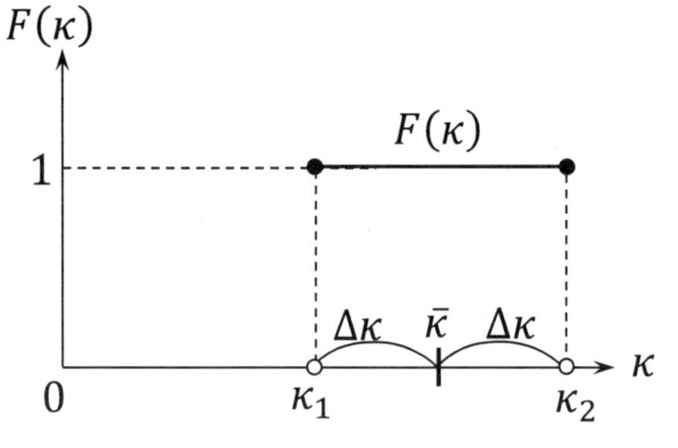

그림 1 파수 공간에 대한 사각 분포

이것에 대응하는 실수 공간에 대한 함수를 $f(x)$로 두면, $f(x)$는 (1)의 푸리에 역변환으로서 다음과 같이 구할 수 있다.

$$f(x)=\frac{1}{2\pi}\int_{-\infty}^{\infty}F(\kappa)e^{i\kappa x}dx$$

$$=\frac{1}{2\pi}\int_{-\infty}^{\kappa_1}0\times e^{i\kappa x}d\kappa+\frac{1}{2\pi}\int_{\kappa_1}^{\kappa_2}1\times e^{i\kappa x}d\kappa+\frac{1}{2\pi}\int_{\kappa_2}^{\infty}0\times e^{i\kappa x}d\kappa$$

$$= \frac{1}{2\pi}\int_{\kappa_1}^{\kappa_2} e^{i\kappa x} d\kappa \tag{2}$$

여기서, κ_1와 κ_2는 비교적 가까운 값으로서 그 산술 평균을 $\bar{\kappa}$, 그 차이를 $2\Delta\kappa$로 두면, $\bar{\kappa} = \frac{\kappa_1 + \kappa_2}{2}$, $\Delta\kappa = \frac{\kappa_2 - \kappa_1}{2}$ ($\kappa_1 = \bar{\kappa} - \Delta\kappa$, $\kappa_2 = \bar{\kappa} + \Delta\kappa$)가 된다. 따라서 (2)를 더욱 변형시키면 다음과 같다.

$$\begin{aligned} f(x) &= \frac{1}{2\pi}\int_{\bar{\kappa}-\Delta\kappa}^{\bar{\kappa}+\Delta\kappa} e^{i\kappa x} d\kappa \\ &= \frac{1}{2\pi}\frac{1}{ix}\left[e^{i\kappa x}\right]_{\bar{\kappa}-\Delta\kappa}^{\bar{\kappa}+\Delta\kappa} \\ &= \frac{1}{2i\pi x}\left(e^{i(\bar{\kappa}+\Delta\kappa)x} - e^{i(\bar{\kappa}-\Delta\kappa)x}\right) \\ &= \frac{1}{\pi x}\frac{e^{i\Delta\kappa x} - e^{-i\Delta\kappa x}}{2i} e^{i\bar{\kappa}x} \end{aligned}$$

$$\therefore f(x) = \frac{1}{\pi}\frac{\sin\Delta\kappa x}{x}\cos\bar{\kappa}x \tag{3}$$

여기서 $\frac{1}{\pi}\frac{\sin\Delta\kappa x}{x}$는 전체의 파속을 나타내는 파장이 긴 함수 $A(x)$가 되며 $\lim_{x\to 0} A(x) = \lim_{x\to 0}\frac{\Delta\kappa}{\pi}\frac{\sin\Delta\kappa}{\Delta\kappa x} = \frac{\Delta\kappa}{\pi}$이다. 또한 $\cos\bar{\kappa}x$는 파장이 짧은 파동 성분이다.

하나의 예로 $\Delta\kappa = 1$, $\bar{\kappa} = 10$ ($\kappa_1 = 9$, $\kappa_2 = 11$)인 경우, (3)의 그래프를 나타내면 그림 2와 같이 된다. 따라서 $-\pi \leqq x \leqq \pi$의 범위에 주요한 파, 즉 파속이 나타나는 것을 알 수 있다. 그리고 그림 2로부터 확실히 알 수 있듯이 이 경우 $\Delta\kappa = 1$로부터 불확정성 관계의 식 $\Delta x \Delta\kappa = 2\pi$이 성립되는 것을 알 수 있다.

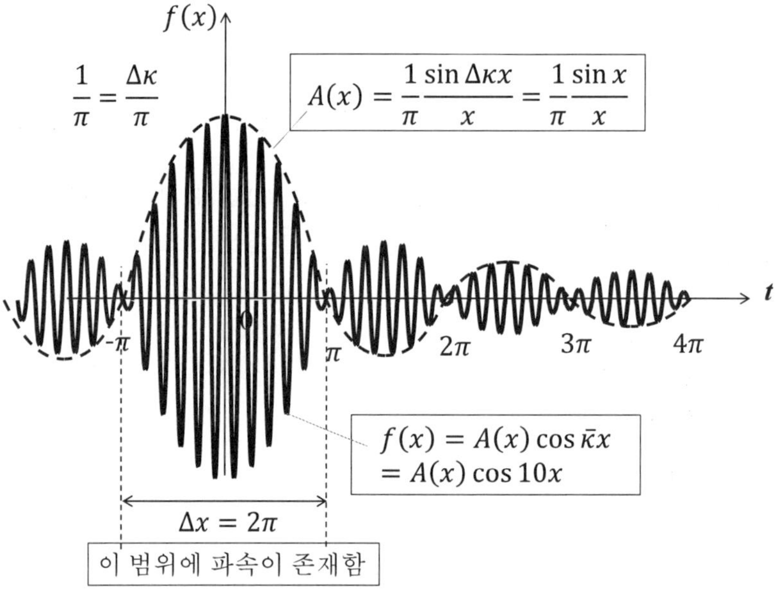

그림 2 파속의 예 ($\varDelta\kappa=1$, $\bar{\kappa}=10$)

§ 파속의 경시 변화

파속을 나타내는 함수

$$f(x)=\frac{1}{\pi}\frac{\sin\varDelta\kappa x}{x}\cos\bar{\kappa}x \tag{3}$$

에, 시각 t의 항은 포함되어 있지 않지만, 이것을 시각 $t=0$일 때의 파동 함수 $u(x,0)=f(x)$로 생각하기로 한다. 따라서 이것에 시각 t의 요소를 더한 파동 함수 $u(x,t)$를 만들면 이것에 의해 파속이 경시 변화, 즉 이동하게 되는 것이다.

일반적으로, 시각 t를 포함하지 않는 파동 함수 $f(\kappa x)$의 경시 변화를 보기 위해서는 κx 대신에 $\kappa x-\omega t$ $(=\kappa(x-vt))$를 적용하면 파동 함수 $f(\kappa x)$가 속도 $v(=\frac{\omega}{\kappa})$에서 x축의 양의 방향으로 진행(이동)하는 것이 된다.

그림 파수 κ가 $\bar{\kappa}-\varDelta\kappa\leqq\kappa\leqq\bar{\kappa}+\varDelta\kappa$의 범위에서 변화할 때, ω는 근사적으로 어떻게

나타날까를 생각해 보자.

그림 3에 나타나듯이, ω와 κ의 관계식은 분산이 있는 일반적인 경우로서, 곡선 $\omega = g(\kappa)$로 나타난다고 하자.

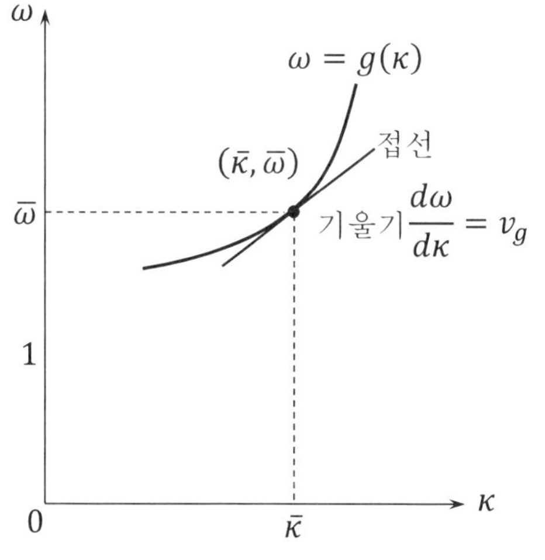

그림 3 κ와 ω의 관계

이 곡선상의 점 $(\bar{\kappa},\ \bar{\omega})$에 대한 접선을 생각하면, 이 접선의 기울기는 $\dfrac{d\omega}{d\kappa} = v_g$ (군속도)이다. 따라서 이 근사 접선은 점 $(\bar{\kappa},\ \bar{\omega})$을 지나고, 기울기 v_g의 직선이기 때문에

$$\omega = v_g(\kappa - \bar{\kappa}) + \bar{\omega} \tag{4}$$

가 된다. 따라서 (1)에서 나타낸 파수 공간에 대한 사각 분포 $F(\kappa) = 1$ $(\bar{\kappa} - \Delta\kappa \leqq \kappa \leqq \bar{\kappa} + \Delta\kappa)$의 푸리에 역변환의 경우에 (4)를 고려한 경시 변화를 나타내는 파동 함수 $u(x, t)$를 구하면 다음과 같이 된다.

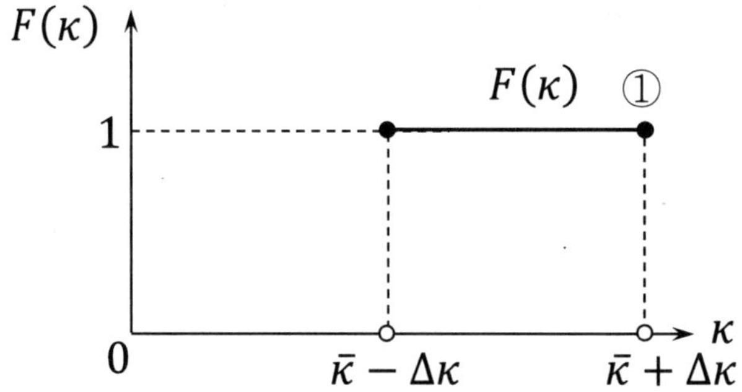

$$
\begin{aligned}
u(x,t) &= \frac{1}{2\pi}\int_{\bar{\kappa}-\Delta\kappa}^{\bar{\kappa}+\Delta\kappa} 1\times e^{i(\kappa x-\omega t)}d\kappa \\
&= \frac{1}{2\pi}\int_{\bar{\kappa}-\Delta\kappa}^{\bar{\kappa}+\Delta\kappa} e^{i\left\{\kappa x-\left(v_g\kappa-v_g\bar{\kappa}+\bar{\omega}\right\}t\right)}d\kappa \\
&= \frac{1}{2\pi}\int_{\bar{\kappa}-\Delta\kappa}^{\bar{\kappa}+\Delta\kappa} e^{i\left\{\kappa\left(x-v_gt\right)-\left(\bar{\omega}-v_g\bar{\kappa}\right)t\right\}}d\kappa \\
&= \frac{1}{2\pi}e^{-i\left(\bar{\omega}-v_g\bar{\kappa}\right)t}\int_{\bar{\kappa}-\Delta\kappa}^{\bar{\kappa}+\Delta\kappa} e^{i\left(x-v_gt\right)\kappa}d\kappa \\
&= \frac{1}{2\pi}e^{-i\left(\bar{\omega}-v_g\bar{\kappa}\right)t}\frac{1}{i\left(x-v_gt\right)}\left[e^{i\left(x-v_gt\right)\kappa}\right]_{\bar{\kappa}-\Delta\kappa}^{\bar{\kappa}+\Delta\kappa} \\
&= \frac{e^{-i\left(\bar{\omega}-v_g\bar{\kappa}\right)t}}{\pi\left(x-v_gt\right)}e^{i\left(x-v_gt\right)\bar{\kappa}}\frac{e^{i\left(x-v_gt\right)\Delta\kappa}-e^{-i\left(x-v_gt\right)\Delta\kappa}}{2i} \\
&= \frac{1}{\pi}\frac{\sin\Delta\kappa\left(x-v_gt\right)}{x-v_gt}e^{-i\left(\bar{\omega}t-v_g\bar{\kappa}t-\bar{\kappa}x+v_g\bar{\kappa}t\right)} \\
&= \frac{1}{\pi}\frac{\sin\Delta\kappa\left(x-v_gt\right)}{x-v_gt}e^{i\left(\bar{\kappa}x-\bar{\omega}t\right)}
\end{aligned}
$$

여기서 $u(x,t)$가 실수 함수이므로 $i\sin\left(\bar{\kappa}x-\bar{\omega}t\right)$ 항은 무시한다.

$$\therefore u(x,t)=\frac{1}{\pi}\frac{\sin\Delta\kappa(x-v_g t)}{x-v_g t}\cos(\bar{\kappa}x-\bar{\omega}t) \tag{5}$$

(5)식에서, $A(x,t)=\frac{1}{\pi}\frac{\sin\Delta\kappa(x-v_g t)}{x-v_g t}$ 로 두면, 이것은 파속을 나타내는 파장이 긴 함수로서, 이것은 군속도 $v_g(=\frac{d\omega}{d\kappa})$로 진행한다. 이것에 대하여, $\cos(\bar{\kappa}x-\bar{\omega}t)$의 부분은 파장이 짧은 파동 성분을 나타내고, 이것은 위상 속도 $\bar{v}=\frac{\bar{\omega}}{\bar{\kappa}}$로 진행하는 것이 된다. 그러면, 진행하는 파속에 대하여 다음 예제를 풀어 보자.

예제 24. 진행하는 파속의 파동 방정식이 다음과 같이 주어져 있다.

$$u(x,t)=\frac{1}{\pi}\frac{\sin\Delta\kappa(x-v_g t)}{x-v_g t}\cos(\bar{\kappa}x-\bar{\omega}t)\ \ (x\geqq 0,\ t\geqq 0) \tag{6}$$

여기서, $\bar{\kappa}=10$, $\Delta\kappa=1$로 주어져 있고, 또한 분산 함수의 식이 다음과 같다고 하자.

$$\omega=\sqrt{100+\kappa^2}\ \ (\text{단, } \kappa\text{: 파수, } \omega\text{: 각진동수}) \tag{7}$$

이때, $\bar{\omega}$, v_g를 구하고, (6) 식을 완성시키시오. 그리고 시각 $t=0$, 8, 16, 24(초)일 때의 (6)에 대한 파속의 그래프를 그려 보시오.

해답: $\bar{\kappa}=10$을 (7)에 대입하여 $\bar{\omega}$을 구하면

$$\bar{\omega}=\sqrt{100+10^2}=\sqrt{200}=10\sqrt{2} \tag{8}$$

가 된다. 다음으로, 군속도 $v_g(=\frac{d\omega}{d\kappa})$를 구해보자.

$$v_g = \frac{d}{d\kappa}\left\{(100+\kappa^2)^{\frac{1}{2}}\right\} = \frac{1}{2}(100+\kappa^2)^{-\frac{1}{2}}2\kappa = \frac{\kappa}{\sqrt{100+\kappa^2}}$$

그림 3에서 v_g는 접점 $\bar{\kappa}$, $\bar{\omega}$에서 접선의 기울기이므로 이것에 $\kappa = \bar{\kappa} = 10$을 대입하면,

$$v_g = \frac{10}{\sqrt{100+10^2}} = \frac{10}{\sqrt{200}} = \frac{10}{10\sqrt{2}} = \frac{1}{\sqrt{2}} \tag{9}$$

가 된다.

(8), (9)와 $\bar{\kappa} = 10$, $\Delta\kappa = 1$을 (6)의 파동 방정식에 대입하면 다음과 같다.

$$u(x,t) = \frac{1}{\pi}\frac{\sin\left(x-\frac{1}{\sqrt{2}}\right)t}{x-\frac{1}{\sqrt{2}}t}\cos\left(10x-10\sqrt{2}t\right) \quad (x \geqq 0,\ t \geqq 0) \tag{10}$$

여기서

$\frac{1}{\pi}\frac{\sin\left(x-\frac{1}{\sqrt{2}}\right)t}{x-\frac{1}{\sqrt{2}}t}$ 는 $v_g = \frac{1}{\sqrt{2}}$로 진행하는 파속을 나타내는 파장이 긴 함수 $A(x,t)$이고, $\cos\left(10x-10\sqrt{2}t\right)$는 $\bar{v} = \frac{\bar{\omega}}{\bar{\kappa}} = \frac{10\sqrt{2}}{10} = \sqrt{2}$로 진행하는 파장이 짧은 파동 성분이다.

(10)은 진행하는 파속의 운동 방정식이고, 시각 $t = 0,\ 8,\ 16,\ 24$ (초)일 때의 그래프를 아래의 그림 4 (i) (ii) (iii) (iv)에 나타낸다.

(i) t=0 일 때

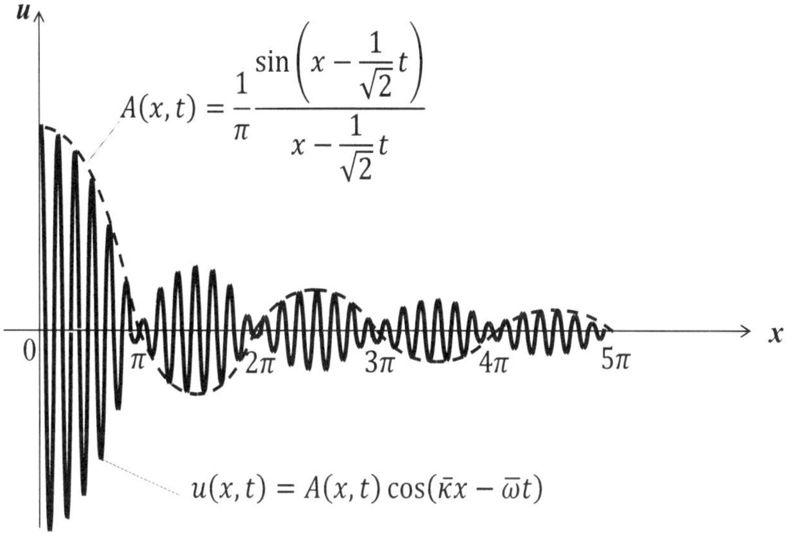

(ii) t=8 일 때

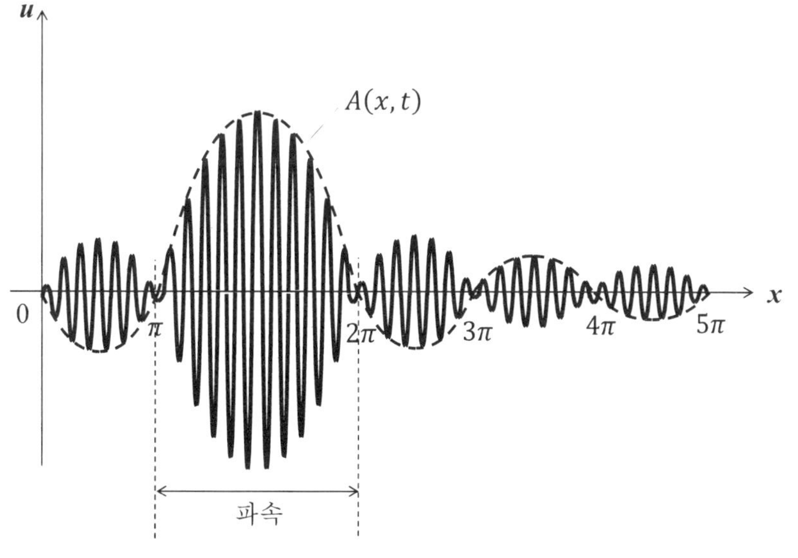

(iii) t=16 일 때

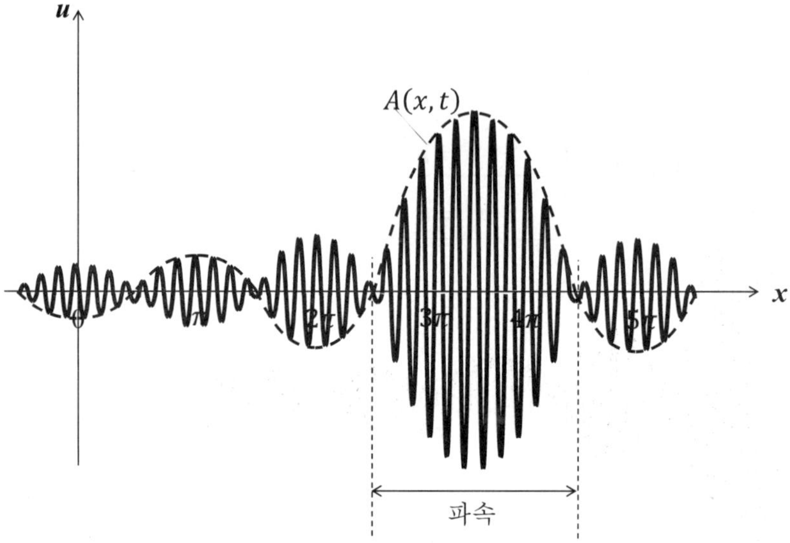

(iv) t=24 일 때

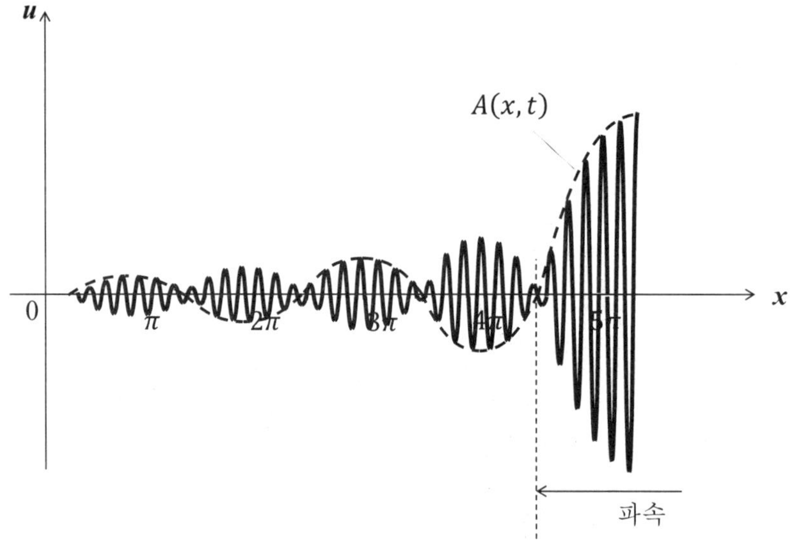

그림 145 진행하는 파속의 그래프

그림 4에서는 파속을 나타내는 파장이 긴 파동 성분 $A(x, t)$가 군속도 $v_g = \dfrac{1}{\sqrt{2}}$(m/초)로

천천히 이동해 가는 것을 알 수 있지만, 그 내부 파장의 짧은 파동 성분은 v_g의 2배의 위상 속도 $\overline{v}=\sqrt{2}$ (m/초)로 진행해 가기 때문에, 이 파속을 뚫고 나가면서 빠른 속도로 이동하는 것에 주의하자.

§ 또 다른 불확정성 관계

진행하는 파속의 방정식

$$u(x,t)=\frac{1}{\pi}\frac{\sin\Delta\kappa(x-v_g t)}{x-v_g t}\cos(\overline{\kappa}x-\overline{\omega}t)\ (x\geqq 0,\ t\geqq 0) \tag{11}$$

에 대하여, $x=0$을 대입하여, 위치 $x=0$을 시각 t의 경과와 함께 통과해 가는 파속을 조사해 보자. 먼저, (11)에 $x=0$을 대입하여

$$u(0,t)=\frac{1}{\pi}\frac{\sin\Delta\kappa(-v_g t)}{-v_g t}\cos(-\overline{\omega}t)$$

$$\left(\frac{\sin\Delta\kappa(-v_g t)}{-v_g t}\text{는 }\frac{-\sin\Delta\kappa v_g t}{-v_g t}=\frac{\sin\Delta\kappa v_g t}{v_g t},\ \cos(-\overline{\omega}t)=\cos\overline{\omega}t\right)$$

$$\therefore u(0,t)=\frac{1}{\pi}\frac{\sin\Delta\kappa v_g t}{v_g t}\cos\overline{\omega}t \tag{12}$$

가 된다. 여기서 예제 24에서 이용한 각 수치 $\Delta\kappa=1$, $v_g=\dfrac{1}{\sqrt{2}}$, $\overline{\omega}=10\sqrt{2}$를 (12)에 대입하면 다음과 같다.

$$u(0,t)=\frac{1}{\pi}\frac{\sin\frac{t}{\sqrt{2}}}{\frac{t}{\sqrt{2}}}\cos 10\sqrt{2}\,t=\frac{\sqrt{2}}{\pi}\frac{\sin\frac{t}{\sqrt{2}}}{t}\cos 10\sqrt{2}\,t$$

여기서 $\frac{\sqrt{2}}{\pi}\frac{\sin\frac{t}{\sqrt{2}}}{t}$ 는 파속을 나타내는 $A(t)$, $\cos 10\sqrt{2}t$는 각진동수가 큰 파동 성분이다.

이 그래프를 그림 5에 나타낸다. 이 그래프에서는 주요한 파속의 통과를 조사하고 있기 때문에 편의상 $t \geqq -\sqrt{2}\pi$로 그리고 있다.

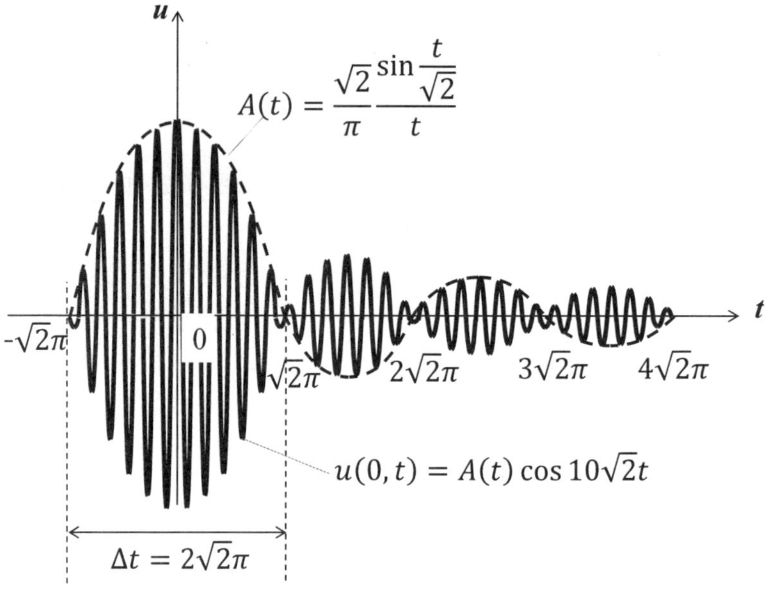

그림 5 $x=0$을 통과하는 파속의 예

그림 5의 그래프로부터, $\Delta\omega\Delta t$를 조사해 보면

$$\Delta\omega\Delta t = \Delta\kappa v_g \Delta t = 1 \times \frac{1}{\sqrt{2}} \times 2\sqrt{2}\pi = 2\pi \text{가 된다.}$$

$(d\omega = v_g d\kappa$에서 $\Delta\omega \fallingdotseq \Delta\kappa v_g)$

따라서 Δt와 $\Delta\omega$ 사이의 새로운 불확정성 관계의 식

$$\Delta t \Delta \omega = 2\pi \tag{13}$$

가 나온다. 이것으로부터,

· $\Delta t \to 0$이라고 하면, $\Delta \omega \to \infty$로 발산하고,

· $\Delta \omega \to 0$이라고 하면, $\Delta t \to \infty$로 발산하는 것이 된다.

이처럼 x와 κ의 불확정성 관계 $\Delta x \Delta \kappa = 2\pi$와 같이 (13)의 관계식이 나온다는 것은 x와 κ 사이의 푸리에 변환과 역변환의 관계인 t와 ω의 사이에도 다음과 같은 푸리에 변환과 역변환의 관계가 있다고 추측된다.

$$f(x) \underset{\leftarrow \text{푸리에 역변환}}{\overset{\rightarrow \text{푸리에 변환}}{\rightleftarrows}} F(\kappa)$$

$$g(t) \underset{\leftarrow \text{푸리에 역변환}}{\overset{\rightarrow \text{푸리에 변환}}{\rightleftarrows}} G(\omega)$$

그러면 실제 다음의 예제에서 $g(t)$를 푸리에 변환해 보자.

예제 25. 아래와 같이 정의된 함수의 푸리에 변환 $G(\omega)$를 구하라.

함수 $g(t) = \begin{cases} 1 \, (-a \leq t \leq a) \\ 0 \, (t < -a, a < t) \end{cases}$

단, a는 양의 상수가 된다.

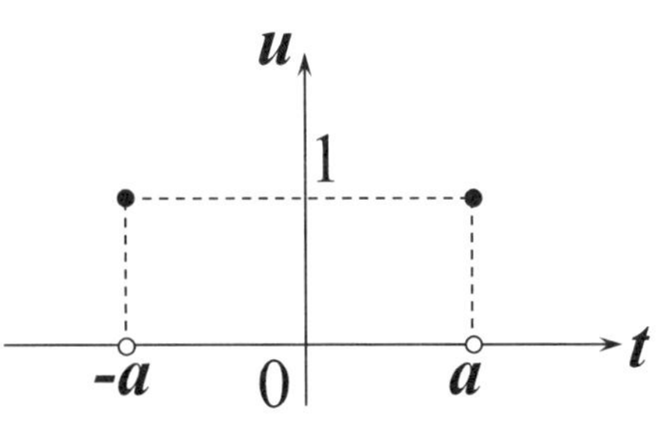

해답: ω에 의한 푸리에 변환 $G(\omega)$도, $F(\kappa)$와 같이 구하면

$$G(\omega)=\int_{-\infty}^{\infty} g(t)e^{-i\omega t}dt \quad (\text{공식 } F(\kappa)=\int_{-\infty}^{\infty} f(x)e^{-i\kappa x}dx)$$

$$=\int_{-a}^{a} 1\times e^{-i\omega t}dt$$

$$=-\frac{1}{i\omega}\left[e^{-i\omega t}\right]_{-a}^{a}=-\frac{1}{i\omega}\left(e^{-i\omega a}-e^{i\omega a}\right)$$

$$=\frac{2}{\omega}\frac{e^{i\omega a}-e^{-i\omega a}}{2i}=\frac{2}{\omega}\sin\omega a$$

따라서 $g(t)$의 푸리에 변환 $G(\omega)$는 $G(\omega)=\dfrac{2\sin a\omega}{\omega}$가 된다. 이 그래프를 다음에 나타낸다.

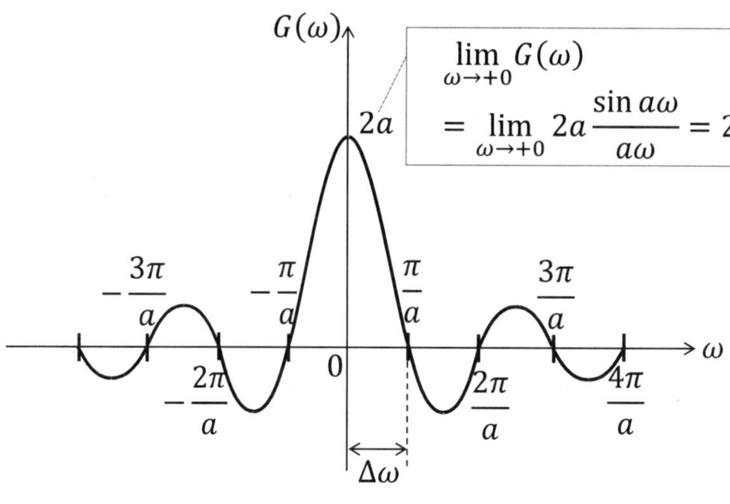

그림 (i) 푸리에 변환 $G(\omega)$의 예

일반적으로 ω는 $\omega>0$이기 때문에, 그림 (i)로부터 $\Delta\omega=\dfrac{\pi}{a}$로 생각할 수 있다.

또한, $g(t)$의 그래프로부터 $\Delta t=2a$이다.

이것으로부터 불확정성 관계가 도출된다.

$$\Delta\omega\Delta t = \frac{\pi}{a} \times 2a = 2\pi$$

그러면, 이번에는 $G(\omega)$가 주어졌을 때 이 푸리에 역변환을 실시하여 $G(\omega)$를 구하는 연습을 다음 예제로 풀어 보자.

예제 26. 아래와 같이 정의된 함수의 푸리에 역변환 $g(t)$을 구하라.

함수 $G(\omega) = \begin{cases} 1 \left(\omega_1 \leqq \omega \leqq \omega_2\right) \\ 0 \left(0 \leqq \omega < \omega_1, \omega_2 < \omega\right) \end{cases}$

단, $\overline{\omega} = \dfrac{\omega_1 + \omega_2}{2}$, $\Delta\omega = \dfrac{\omega_2 - \omega_1}{2}$, $\omega_2 > \omega_1 > 0$로 둔다.

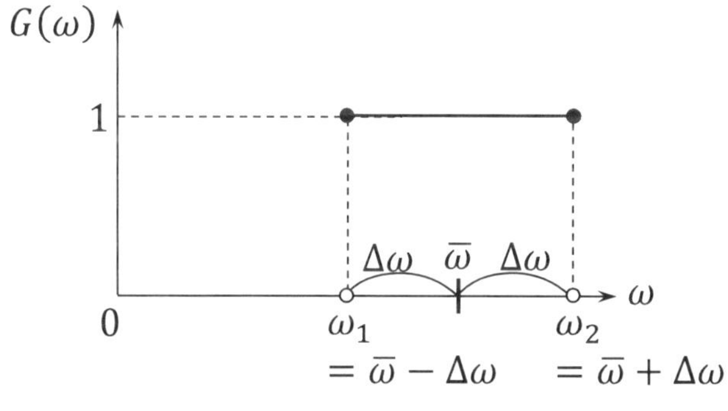

해답: t에 의한 푸리에 역변환 $g(t)$도, $f(x)$를 구할 때와 같이 계산할 수 있다.

$$g(t) = \frac{1}{2\pi}\int_{-\infty}^{\infty} G(\omega)e^{i\omega t}d\omega \quad (\text{공식 } f(x) = \frac{1}{2\pi}\int_{-\infty}^{\infty} F(\kappa)e^{i\kappa x}d\kappa \text{ 적용})$$

$$(\int_{-\infty}^{\infty} G(\omega)e^{i\omega t}d\omega = \int_{-\infty}^{\omega_1} 0 \times e^{i\omega t}d\omega + \int_{\omega_1}^{\omega_2} 1 \times e^{i\omega t}d\omega + \int_{\omega_2}^{\infty} 0 \times e^{i\omega t}d\omega)$$

$$= \frac{1}{2\pi}\int_{\bar{\omega}-\Delta\omega}^{\bar{\omega}+\Delta\omega} e^{i\omega t} d\omega$$

$$= \frac{1}{2\pi}\frac{1}{t}\left[e^{i\omega t}\right]_{\bar{\omega}-\Delta\omega}^{\bar{\omega}+\Delta\omega}$$

으로부터

$$g(t) = \frac{1}{\pi t}\frac{1}{2i}\left(e^{it(\bar{\omega}+\Delta\omega)} - e^{it(\bar{\omega}-\Delta\omega)}\right)$$

$$= \frac{1}{\pi t}\frac{e^{it\Delta\omega} - e^{-it\Delta\omega}}{2i} e^{it\bar{\omega}}$$

여기서 $i\sin\bar{\omega}$는 $g(t)$가 실함수이기 때문에 무시한다.

$$\therefore g(t) = \frac{1}{\pi}\frac{\sin\Delta\omega t}{t}\cos\bar{\omega}t \tag{14}$$

여기서 $\frac{1}{\pi}\frac{\sin\Delta\omega t}{t}$는 전체의 파속을 나타내는 파장이 긴 함수 $A(t)$,

$\lim_{t\to 0} A(t) = \lim_{t\to 0}\frac{\Delta\omega}{\pi}\frac{\sin\Delta\omega t}{\Delta\omega t} = \frac{\Delta\omega}{\pi} \quad (\frac{\sin\Delta\omega t}{\Delta\omega t} = 1)$,

$\cos\bar{\omega}t$는 파장이 짧은 파동 성분이다.

이 결과는 6.2절에서 구한 파속의 함수에서 x 대신에 t가, 또한 κ 대신에 ω가 대입된 완전히 같은 형태의 함수인 것을 알 수 있다.

제 6 장 ▲ 푸리에 변환과 파속

1. 푸리에 변환과 푸리에 역변환

(1) $f(x)$의 κ에 대한 푸리에 변환

$$F(\kappa)=F[f(x)]=\int_{-\infty}^{\infty}f(x)e^{-i\kappa x}dx$$

(2) $F(\kappa)$의 x에 대한 푸리에 역변환

$$f(x)=F^{-1}[F(\kappa)]=\frac{1}{2\pi}\int_{-\infty}^{\infty}F(\kappa)e^{i\kappa x}d\kappa$$

2. 푸리에·코사인 변환과 푸리에·사인 변환

(1) $f(x)$가 우함수일 때,

- 푸리에·코사인 변환 $F(\kappa)=2\int_{0}^{\infty}f(x)\cos\kappa x dx$
- 푸리에·코사인 역변환 $f(x)=\frac{1}{2\pi}\int_{-\infty}^{\infty}F(\kappa)\cos\kappa x d\kappa$

(2) $f(x)$가 기함수일 때,

- 푸리에·사인 변환 $F(\kappa)=-2i\int_{0}^{\infty}f(x)\sin\kappa x dx$
- 푸리에·사인 역변환 $f(x)=\frac{i}{2\pi}\int_{-\infty}^{\infty}F(\kappa)\sin\kappa x d\kappa$

3. 파속과 파속의 이동

(1) $u(x,0)=f(x)=\dfrac{1}{\pi}\dfrac{\sin\Delta\kappa x}{x}\cos\bar{\kappa}x$

(2) $u(0,t)=g(t)=\dfrac{1}{\pi}\dfrac{\sin\Delta\kappa v_g t}{v_g t}\cos\bar{\omega}t$

(3) $u(x,t)=\dfrac{1}{\pi}\dfrac{\sin\Delta\kappa(x-v_g t)}{x-v_g t}\cos(\bar{\kappa}x-\bar{\omega}t)$

4. 불확정성 관계

(1) $\Delta x\Delta\kappa=2\pi$

(2) $\Delta t\Delta\omega=2\pi$

7장

3차원의 파동과 여러 가지 파동

- 테마 -

◆ 평면파와 구면파

$$\frac{\partial^2(ru)}{\partial t^2}=v^2\frac{\partial^2(ru)}{\partial r^2},\quad \frac{\partial^2 u}{\partial t^2}=v^2\frac{\partial^2 u}{\partial g^2}$$

◆ 맥스웰의 방정식과 전자파

$$div\boldsymbol{E}=0,\ div\boldsymbol{H}=0$$

$$rot\boldsymbol{H}=\epsilon_0\frac{\partial \boldsymbol{E}}{\partial t},\ rot\boldsymbol{E}=-\mu_0\frac{\partial \boldsymbol{H}}{\partial t}$$

◆ 양자역학의 파동함수 Ψ

$$|\Psi|^2=2\left(1+\cos 2\pi\frac{d}{L\lambda}x\right)$$

7.1 구면파와 평면파

지금부터 3차원의 파동에 대해서도 설명해 보자. 3차원의 파동 방정식에서는 일반적으로 변위 u가 $u(x, y, z, t)$가 되어, 4개의 독립 변수 x, y, z, t의함수가 되지만 여기에서는 어떤 한 점의 **"파원"**으로부터 구 대칭적으로 발생한 **"구면파"**에 대하여 설명하자. 이 경우, 독립 변수는 $r(=\sqrt{x^2+y^2+z^2})$과 t의 2개만이 되어 간단한 파동 방정식으로 나타난다.

태양으로부터 지구로 쏟아지는 빛(전자파)처럼, 구면파에서도 파원으로부터의 거리 r이 굉장히 커지면 "평면파"가 된다. 이 평면파의 파동 방정식에 대해서도 알아보자.

§ 구면파의 파동 방정식

1차원의 파동 방정식

$$\frac{\partial^2 u}{\partial t^2}=v^2\frac{\partial^2 u}{\partial x^2} \tag{1}$$

을 확장하여 3차원의 파동 방정식을 도출하면 다음 식과 같이 된다.

$$\frac{\partial^2 u}{\partial t^2}=v^2\left(\frac{\partial^2 u}{\partial x^2}+\frac{\partial^2 u}{\partial y^2}+\frac{\partial^2 u}{\partial z^2}\right) \tag{2}$$

(2)식의 괄호 안의 $\frac{\partial^2 u}{\partial x^2}+\frac{\partial^2 u}{\partial y^2}+\frac{\partial^2 u}{\partial z^2}$는 $u_{xx}+u_{yy}+u_{zz}$로 표현해도 되며 벡터 해석의 표현을 이용하면, $div(grad u)$와 $\nabla(\nabla u)$, 또한 Δu등으로 표현해도 된다. 이러한 표기법에 대하여 다음 절에서 간단하게 설명한다. (2)식에 나타낸 3차원 파동 방정식의 변위 u는 $u(x, y, z, t)$가 되어, 4개의 독립 변수 x, y, z, t를 가진 함수가 된다. 그러나 여기에서는 그림 1에 나타내듯이 어떤 하나의 **"파원"**(wave source)으로부터 균질한 매질을 향해 모든 방향으로 전해지는 **"구면파"**(spherical wave)에 대해 생각해 보도록 하자. 이 경우에 파동의 변위 u는 시각 t와 파원으로부터의 거리 r만을 독립 변수로 갖는 함수가 된다.

파가 모든 방향에 등방적으로 전달되기 때문이다.

$$r = \sqrt{x^2 + y^2 + z^2} \tag{3}$$

을 이용하여, (2)의 파동 방정식의 우변을 고쳐 쓸 수 있다. 다음 예제에서 u_{xx}를 r에 대한 편미분 u_r과 u_{rr}로 표현해 보자.

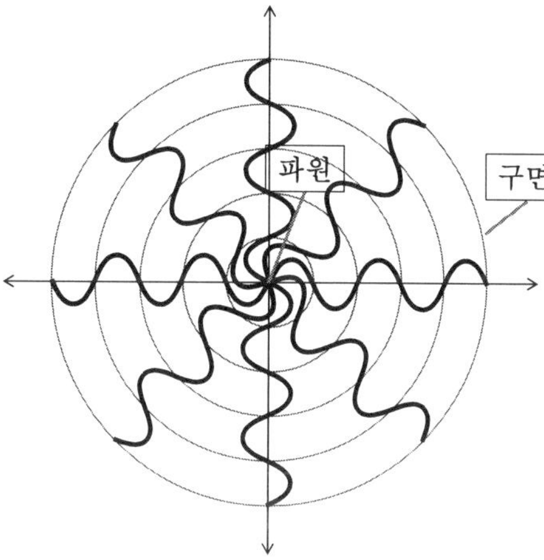

그림 1 구면파의 이미지

예제 27. $r = \sqrt{x^2 + y^2 + z^2}$ 일 때 다음을 각각 구하라.

(i) $r_x = \dfrac{\partial r}{\partial x}$, (ii) $u_x = \dfrac{\partial u}{\partial x} = \dfrac{\partial r}{\partial x}\dfrac{\partial u}{\partial r}$, (iii) $u_{xx} = \dfrac{\partial^2 u}{\partial x^2} = \dfrac{\partial}{\partial x}(u_x)$

해답: (i) $r = (x^2 + y^2 + z^2)^{\frac{1}{2}}$ 으로부터, r_x를 구하면 다음과 같다.

$$r_x = \frac{\partial r}{\partial x} = \frac{\partial}{\partial x}\left\{(x^2 + y^2 + z^2)^{\frac{1}{2}}\right\} \ (y^2,\ z^2\text{은 상수 취급})$$

$$= \frac{1}{2}(x^2 + y^2 + z^2)^{-\frac{1}{2}} 2x$$

$$= \frac{x}{\sqrt{x^2+y^2+z^2}}$$

$$\therefore r_x = \frac{x}{r} \tag{4}$$

(ii) u를 x로 1계 미분한 u_x를 구하면 다음과 같다.

$$u_x = \frac{\partial u}{\partial x} = \frac{\partial r}{\partial x}\frac{\partial u}{\partial r} = \frac{x}{r}u_r \text{ ((4)로부터)}$$

$$\therefore u_x = \frac{x}{r}u_r \tag{5}$$

(iii) u를 x로 2계 미분한 u_{xx}를 구하면 다음과 같다.

$$u_{xx} = \frac{\partial^2 u}{\partial x^2} = \frac{\partial}{\partial x}(u_x) = \frac{\partial}{\partial x}\left(\frac{x}{r}u_r\right) \text{ ((5)로부터)}$$

$$= \left\{\frac{\partial}{\partial x}\left(\frac{x}{r}\right)\right\}u_r + \frac{x}{r}\left(\frac{\partial}{\partial x}u_r\right)$$

여기서 $\frac{\partial}{\partial x}\left(\frac{x}{r}\right)$는 $\frac{1\times r - xr_x}{r^2} = \frac{r - x\frac{x}{r}}{r^2}$ ((4)로부터)

$$= \frac{r^2 - x^2}{r^3}$$

$$= \frac{y^2+z^2}{r^3} \quad (r^2 = x^2+y^2+z^2)$$

또한

$\frac{\partial}{\partial x}(u_r)$는 $\frac{\partial r}{\partial x}u_{rr} = \frac{x}{r}u_{rr}$ ((4)로부터)

따라서

$$\therefore u_{xx} = \frac{y^2 + z^2}{r^3} u_r + \frac{x^2}{r^2} u_{rr} \tag{6}$$

이 된다. 같은 방법으로 u_{yy}와 u_{zz}도 다음과 같이 된다.

$$u_{yy} = \frac{z^2 + x^2}{r^3} u_r + \frac{y^2}{r^2} u_{rr} \tag{7}$$

$$u_{zz} = \frac{x^2 + y^2}{r^3} u_r + \frac{z^2}{r^2} u_{rr} \tag{8}$$

(6)+(7)+(8)로부터

$$u_{xx} + u_{yy} + u_{zz} = \frac{2(x^2 + y^2 + z^2)}{r^3} u_r + \frac{x^2 + y^2 + z^2}{r^2} u_{rr}$$

$$\therefore u_{xx} + u_{yy} + u_{zz} = \frac{2}{r} u_r + u_{rr} \tag{9}$$

가 된다. (9)를 (2)에 대입하면, r과 t를 독립 변수로 하는 구면파의 파동 방정식

$$u_{tt} = v^2 \left(\frac{2}{r} u_r + u_{rr} \right) \tag{10}$$

이 나온다. 사실은 (10)의 우변의 ( )안의 식은 $\dfrac{1}{r} \dfrac{\partial^2 (ru)}{\partial r^2}$로 나타난다. 실제로 이것을 변형하면

$$\frac{1}{r}\frac{\partial^2(ru)}{\partial r^2}=\frac{1}{r}\frac{\partial}{\partial r}\left\{\frac{\partial(ru)}{\partial r}\right\}=\frac{1}{r}\frac{\partial}{\partial r}(1\times u+ru_r)=\frac{1}{r}(u_r+1\times u_r+r\times u_{rr})$$

$$=\frac{1}{r}(2u_r+ru_{rr})=\frac{2}{r}u_r+u_{rr}$$

이 되기 때문이다.

따라서 이것을 (10)의 우변에 대입하면

$$\frac{\partial^2 u}{\partial t^2}=v^2\frac{1}{r}\frac{\partial^2(ru)}{\partial r^2}$$

양변에 r을 곱하여

$$r\frac{\partial^2 u}{\partial t^2}=v^2\frac{\partial^2(ru)}{\partial r^2}$$

따라서 구면파의 파동 방정식은 최종적으로

$$\frac{\partial^2(ru)}{\partial t^2}=v^2\frac{\partial^2(ru)}{\partial r^2} \tag{11}$$

로 표현된다. 이 (11)은 $u(r,t)$가 아니라 $ru(r,t)$를 새로운 파동함수로 생각하면 1차원의 파동 방정식 그 자체이다. 따라서 이것의 일반해는 d'Alembert의 해로부터, $ru(r,t)=f(r-vt)+g(r+vt)$가 된다. 그러나 파원으로부터의 파동은 r의 양의 방향으로만 진행하기 때문에 반사파는 존재하지 않는다. 따라서 $g(r+vt)$를 소거하여 양변을 r로 나눔으로써 $u(r,t)$의 해가

$$u(r,t)=\frac{1}{r}f(r-vt) \tag{12}$$

가 되어 구해진다. 분산 함수 $\frac{\omega}{\kappa}=v$(일정)로부터,

$r-vt=r-\frac{\omega}{\kappa}t=\frac{1}{\kappa}(\kappa r-\omega t)$가 되기 때문에, $f(r-vt)$ 대신에 $\kappa r-\omega t$의 함수로서 $f(\kappa r-\omega t)$로 두면, (11)의 해는

$$u(r,t)=\frac{1}{r}f(\kappa r-\omega t) \tag{12}$$

로 표현할 수도 있다. 다음으로 3차원의 파동이지만 $r \gg 0$일 때의 구면파이기도한 평면파에 대하여 공부해 보자.

§ 평면파의 파동 방정식

그림 2 (i)에 나타나듯이, 어떤 하나의 파원으로부터 발생한 구면파도 파원으로부터의 거리가 멀어지면 곡면의 곡률이 작아져서 **"평면파"**(plane wave)가 된다.

그림 2 (ii)에 나타내듯이 파원 O으로부터 어떤 평면파의 파면까지의 거리를 $q(=OQ)$로 두고 $\overrightarrow{OQ}$와 같은 방향의 단위 벡터를

$$\hat{n}=[l, m, n] \tag{13}$$

로 두면 그 절대치는

$$|\hat{n}|=\sqrt{l^2+m^2+n^2}=1 \tag{14}$$

가 된다. 다시 말해서 $\hat{n}$은 이 파면의 단위법선 벡터가 된다.

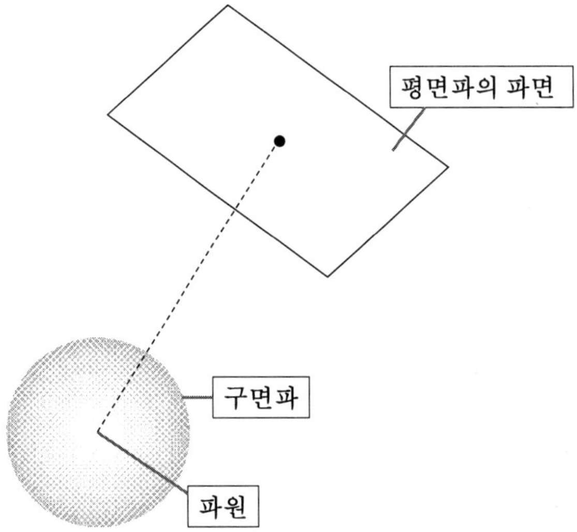

그림 2 (i) 평면파의 이미지

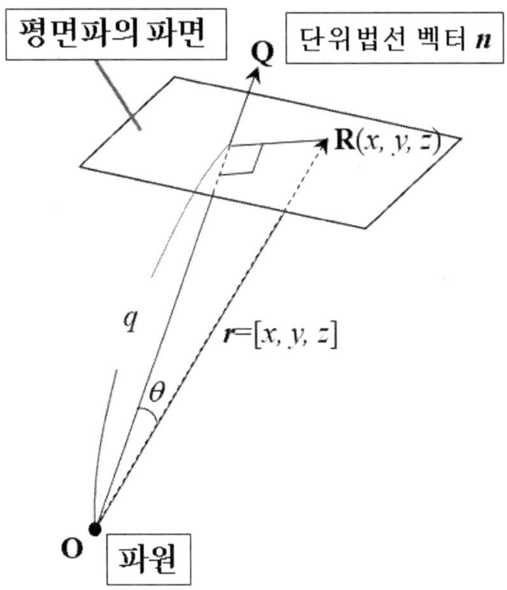

그림 2 (ii) 평면파

다음으로, 이 파면 상의 임의의 점을 $R(x, y, z)$로 두고, 이 위치 벡터 $\overrightarrow{OR}$을 $\boldsymbol{r}$로 두면

$$\boldsymbol{r} = [x, y, z] \tag{15}$$

가 된다.

이 평면파의 변위 $u(x, y, z, t)$는 3차원의 파동 방정식

$$u_{tt} = v^2(u_{xx} + u_{yy} + u_{zz}) \tag{16}$$

를 만족한다고 한다. 이때, 이 변위를 $u(q, t)$로 나타내고, (16)의 파동 방정식도 독립 변수 q와 t로 이루어진 파동 방정식으로 다시 쓸 수 있다.

그림 2 (ii)에서, $\triangle OQR$은 $\angle OQR = \dfrac{\pi}{2}$의 직각 삼각형으로, $\angle QOR = \theta$로 두면

$$q = |\boldsymbol{r}|\cos\theta \tag{17}$$

가 된다. 여기서, 평면파의 법선 벡터 $\hat{n}$을 이용하면 (17)은

$$q = |\hat{n}||\boldsymbol{r}|\cos\theta = \boldsymbol{n} \cdot \boldsymbol{r} = lx + my + nz \tag{18}$$

가 된다. (여기서, $|\hat{n}| = 1$, $\hat{n} = [l, m, n]$, $\boldsymbol{r} = [x, y, z]$)

이것으로부터 (16)의 u_{xx}, u_{yy}, u_{zz}를 u_{qq}로 표현할 수도 있다.

(i) u_{xx}에 대하여 먼저

$$u_x = \frac{\partial u}{\partial x} = \frac{\partial q}{\partial x}\frac{\partial u}{\partial q} = lu_q$$ 가 된다. ((18)로부터)

$$u_{xx}=\frac{\partial}{\partial x}(u_x)=\frac{\partial}{\partial x}(lu_q)=l\frac{\partial q}{\partial x}\frac{\partial u_q}{\partial q}=l^2u_{qq} \tag{19}$$

가 된다.

(ii) u_{yy}에 대해서도 같은 방법으로

$$u_{yy}=m^2u_{qq} \tag{20}$$

가 되고,

(iii) u_{zz}에 대해서도 같은 방법으로

$$u_{zz}=n^2u_{qq} \tag{21}$$

가 된다. 이상, (i) (ii) (iii)의 (19), (20), (21)을 3차원의 파동 방정식에 대입하면 다음과 같다.

$$\begin{aligned}u_{tt}&=v^2(l^2u_{qq}+m^2u_{qq}+n^2u_{qq})\\&=v^2(l^2+m^2+n^2)u_{qq}\\&=v^2u_{qq}\ (\text{여기서, }\ l^2+m^2+n^2=|n|^2=1^2=1\ )\end{aligned}$$

이상으로부터, 평면파의 변위 $u(q,t)$의 파동 방정식은

$$\frac{\partial^2u}{\partial t^2}=v^2\frac{\partial^2u}{\partial q^2} \tag{22}$$

이 되어, 이것도 구면파일 때와 같이 1차원의 파동 방정식이 된다.

따라서 이 (22)의 d'Alembert의 해는

$$u(q,t)=f(q-vt) \tag{23}$$

혹은

$$u(q,t)=f(\kappa q-\omega t) \tag{24}$$

가 된다.

(24)에서 $\kappa q=\kappa \boldsymbol{n}\cdot \boldsymbol{r}$로 둘 수 있기 때문에, 여기에서는 새롭게 파수 벡터 k를 $k=\kappa n$에 의하여 정의하면, $\kappa q=\boldsymbol{k}\cdot \boldsymbol{r}$이 된다. 이것을 (24)에 대입하여

$$u(q,t)=f(kr-\omega t) \tag{25}$$

로 표현할 수도 있다.

■ 연습 문제 11　　◎ 구면파 ◎

다음 그림에 나타나듯이, 원점 O를 중심으로 하는 반경 1인 구면상에 다음과 같은 파동의 변위

$$u=u_0\cos\omega t \ (u_0,\ \omega\text{: 양의 상수}) \tag{26}$$

를 발생시켰을 때, 이 파동이 반경 r의 방향으로 구면파로 전파된다고 한다. 이 파동의 변위 $u(r,t)$는 다음의 파동 방정식으로 나타난다고 한다.

$$\frac{\partial^2 u}{\partial t^2}=v^2\left(\frac{2}{r}\frac{\partial u}{\partial r}+\frac{\partial^2 u}{\partial r^2}\right)\ \left(v\text{: 상수, } v=\frac{\omega}{\kappa}\text{로 한다}\right) \tag{27}$$

이것을 풀어서, $u(r,t)$를 구하라.

단, $v\gg\omega\gg\kappa$로서, $\kappa-\omega t\fallingdotseq-\omega t$로 근사된다.

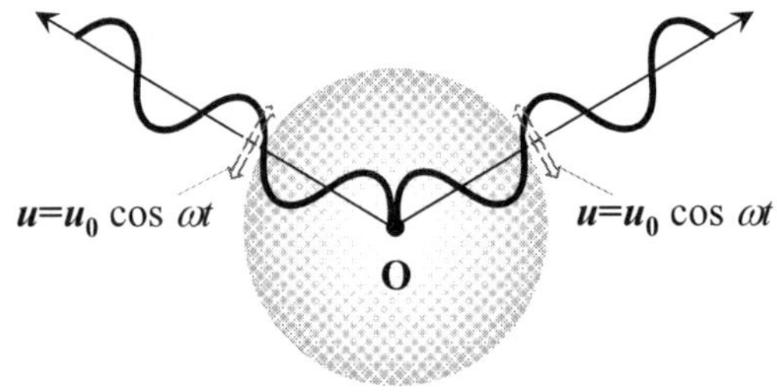

◇ 힌트

(2)를 변형하면 $\frac{\partial^2(ru)}{\partial t^2}=v^2\frac{\partial^2(ru)}{\partial t^2}$가 되기 때문에, 이것의 d'Alembert의 해가 $ru=f(\kappa r-\omega t)$ 이 되는 것은 알고 있다.

□ 해답 및 설명

$$\frac{1}{r}\frac{\partial^2(ru)}{\partial r^2}=\frac{1}{r}\frac{\partial}{\partial r}\left(\frac{\partial(ru)}{\partial r}\right)=\frac{1}{r}\frac{\partial}{\partial r}(1\times u+ru_r)$$

$$=\frac{1}{r}(u_r+1\times u_r+ru_{rr})=\frac{2}{r}u_r+u_{rr}$$

$$=\frac{2}{r}\frac{\partial u}{\partial r}+\frac{\partial^2 u}{\partial r^2} \tag{28}$$

가 되기 때문에, (28)을 (27)에 대입하면

$$\frac{\partial^2 u}{\partial t^2}=v^2\frac{1}{r}\frac{\partial^2(ru)}{\partial r^2}$$

$$\therefore \frac{\partial^2(ru)}{\partial t^2}=v^2\frac{\partial^2(ru)}{\partial r^2} \tag{29}$$

가 된다. 따라서 (29)로부터 ru는 1차원의 파동 방정식을 만족하기 때문에 이 해로서 d'Alembert의 해를 이용하여 진행파만 나타내면 다음과 같다.

$$ru = f(\kappa r - \omega t) \text{ (단, 분산 함수의 식 } \omega = v\kappa) \tag{30}$$

(30)으로부터, 일반해 $u(r,t)$는

$$u(r,t) = \frac{1}{r} f(\kappa r - \omega t) \tag{31}$$

이 된다. 여기서 경계조건으로서 (26)식이 주어져 있기 때문에 (31)의 r에 $r = 1$을 대입하여 (26)과 비교하면, $u(1,t) = \frac{1}{1} \times f(\kappa - \omega t) = u_0 \cos \omega t$ 즉,

$$f(\kappa - \omega t) = u_0 \cos \omega t \tag{32}$$

가 된다. 여기서 조건 $v \gg \omega \gg \kappa$로부터, $\kappa - \omega t \fallingdotseq -\omega t$로 근사하면, (32)는

$$f(-\omega t) = u_0 \cos \omega t \tag{33}$$

가 된다. $\zeta = -\omega t$로 두면, (33)은 $f(\zeta) = u_0 \cos(-\zeta) = u_0 \cos \zeta$가 된다. 따라서 여기에서 또 $\zeta = \kappa r - \omega t$로 두면

$$f(\kappa r - \omega t) = u_0 \cos(\kappa r - \omega t) \tag{34}$$

가 된다. (34)를 (31)에 대입함으로써 특이해 $u(r, t)$를 다음과 같이 구할 수 있다.

$$u(r,t) = \frac{1}{r} f(\kappa r - \omega t) = \frac{u_0}{r} \cos(\kappa r - \omega t) \tag{답}$$

7.2 전자파

전자파는 맥스웰의 4개 방정식에서 도출되는 1차원 파동 방정식의 해로서 수학적으로 유도할 수 있다. 그러나 이 맥스웰의 방정식은 $div\boldsymbol{D}=\rho$와 $rot\boldsymbol{H}=\boldsymbol{i}+\dfrac{\partial \boldsymbol{D}}{\partial t}$ 등, 벡터 해석의 기호를 사용하여 표현하기 때문에 먼저 이 표기법에 익숙해질 필요가 있다. 여기에서는 먼저 벡터 해석의 기본 설명을 한 후에 맥스웰의 방정식에서 전기장과 자기장의 파동 방정식을 풀어서 그 해를 구하고, 전자파가 진공 중을 전파해 가는 모습을 공부해 보자.

§ 벡터 해석의 기본

벡터 해석은, 벡터와 미적분을 융합시킨 수학의 한 분야로 3개의 표기법 (i) 기울기 벡터 $grad f$, (ii) 발산 $div\boldsymbol{f}$, (iii) 회전 $rot\boldsymbol{f}$를 이용하여 다양한 문제를 기술해 간다.

먼저 이러한 기호의 대상이 되는 공간 스칼라장 f와 공간 벡터장 $\boldsymbol{f}$에 대하여 설명한다. (i) 공간 스칼라장은 $f(x, y, z)$와 같이 x, y와 z의 함수로서 주어진다. 예를 들면, 점 $(x_{1,} y_{1,} z_1)$이 주어진다면 이것으로부터 $f(x_{1,} y_{1,} z_1)$의 값(스칼라)이 정해진다. 다시 말해서 공간상의 1점 1점 모든 것에 어떤 값(스칼라)이 붙었다고 생각하면 된다. 이것에 반하여 (ii) 공간 벡터장은 $\boldsymbol{f}(x, y, z)=[f_1(x, y, z), f_2(x, y, z), f_3(x, y, z)]$ 와 같이 벡터의 함수로 되어 있다. 따라서 점 $(x_{1,} y_{1,} z_1)$이 주어졌을 때 이것으로부터 $\boldsymbol{f}(x_1, y_1, z_1)=[f_1(x_1, y_1, z_1), f_2(x_1, y_1, z_1), f_3(x_1, y_1, z_1)]$ 이 되어, 1개의 벡터가 정해진다. 다시 말해서 공간상의 1점 1점 모두에 어떤 벡터가 붙어져 있다고 생각하면 된다.

그리고 (i) 기울기 벡터 $grad f$는 스칼라장 f에 작용하고, (ii) 발산 $div\boldsymbol{f}$과 (iii) 회전 $rot\boldsymbol{f}$는 모두 벡터장 $\boldsymbol{f}$에 작용한다는 것을 생각해 두자. 그러면 이러한 것에 대하여 순서대로 설명한다.

(i) 기울기 벡터(그래디언트, gradient)

공간 스칼라장 $f(x, y, z)$의 "기울기 벡터"(또는 "그래디언트")는 $grad f$로 나타내고, 이것은 다음과 같이 정의된다.

$$grad f=\left[\frac{\partial f}{\partial x}, \frac{\partial f}{\partial y}, \frac{\partial f}{\partial z}\right]=[f_x, f_y, f_z] \tag{1}$$

예제로 연습해 보자.

(ex) 공간 스칼라장 $f(x, y, z) = xy^2 - z^2$일 때, 기울기 벡터 $gradf$는

$$\begin{aligned} gradf &= \left[\frac{\partial f}{\partial x}, \frac{\partial f}{\partial y}, \frac{\partial f}{\partial z}\right] \\ &= \left[(xy^2 - z^2)_x, (xy^2 - z^2)_y, (xy^2 - z^2)_z\right] \\ &= \left[1 \times y^2, x2y, -2z\right] \\ &= \left[y^2, 2xy, -2z\right] \end{aligned}$$

가 된다.

f는 스칼라이지만, $gradf$는 벡터가 되는 것에 주의하자. 여기에서 벡터 해석에 잘 사용되는 연산자 ∇에 대해서도 설명한다.

이 ∇는 $\nabla = \left[\frac{\partial}{\partial x}, \frac{\partial}{\partial y}, \frac{\partial}{\partial z}\right]$로 정의된다. 이 ∇은 벡터의 형태를 하고 있지만, 이것만으로는 의미가 없다. 이것은 스칼라장 $f(x, y, z)$에 사용하여 $gradf$가 된다. 즉,

$$gradf = \nabla f = \left[\frac{\partial}{\partial x}, \frac{\partial}{\partial y}, \frac{\partial}{\partial z}\right] f = \left[\frac{\partial f}{\partial x}, \frac{\partial f}{\partial y}, \frac{\partial f}{\partial z}\right]$$

가 된다.

하지만, 왜 ∇등과 같은 연산자를 꺼낼 필요가 있는가? 그것은 이후에 등장하는 "발산" $div\boldsymbol{f}$과 "회전" $rot\boldsymbol{f}$도, 형식적으로는 이 ∇과 벡터장 $\boldsymbol{f}$와의 내적 및 외적의 형태로 통일적으로 표현되어 편리하기 때문이다.

(ii) 발산(다이버전스, divergence)

공간 벡터장 $\boldsymbol{f}(x, y, z) = \left[f_1(x, y, z), f_2(x, y, z), f_3(x, y, z)\right]$ 의 "발산" (혹은 "다이버전스") $div\boldsymbol{f}$는 다음과 같이 정의된다.

$$div\boldsymbol{f} = \left[\frac{\partial f_1}{\partial x} + \frac{\partial f_2}{\partial y} + \frac{\partial f_3}{\partial z}\right] \quad (div\ \boldsymbol{f} = \nabla \cdot \boldsymbol{f}\text{로 표현한다}) \tag{2}$$

발산은 벡터장에 작용하고 그 결과는 스칼라(한 개의 수 혹은 식)가 된다. 발산에 있어서도 ∇를 이용하면, 발산 $div\boldsymbol{f}$는 $div\ \boldsymbol{f}=\nabla \cdot \boldsymbol{f}$로 표현할 수 있다. 물론 원래의 내적은 「각 성분끼리의 곱의 합」이지만, 이것은 아래에 나타내는 것과 같이 「∇가 $\boldsymbol{f}$의 각 성분에 작용한 것의 합」인 것에 주의하자.

$$\nabla \cdot \boldsymbol{f}=\left[\frac{\partial}{\partial x}, \frac{\partial}{\partial y}, \frac{\partial}{\partial z}\right]\left[f_1, f_2, f_3\right]=\frac{\partial f_1}{\partial x}+\frac{\partial f_2}{\partial y}+\frac{\partial f_3}{\partial z}=div\boldsymbol{f}$$

그러면 몇 가지 예제를 풀어 보자.

(ex 1) $\boldsymbol{f}=[2x, 2y, -3z]$ 일 때, $div\boldsymbol{f}$는

$div\boldsymbol{f}=\nabla \cdot \boldsymbol{f}=(2x)_x+(2y)_y+(-3z)_z=2+2-3=1$ 이 된다.

(ex 2) $\boldsymbol{g}=\left[x^2, xy, zx\right]$일 때, $div\boldsymbol{g}$는

$div\boldsymbol{g}=\nabla \cdot \boldsymbol{g}=\left(x^2\right)_x+(xy)_y+(zx)_z=2x+x+x=4x$가 된다.

지금까지 설명한 기울기 벡터와 발산을 조합하여 새로운 연산자를 만들 수 있다. 스칼라장 $f(x,y,z)$의 기울기 벡터는

$$grad f=\left[\frac{\partial f}{\partial x}, \frac{\partial f}{\partial y}, \frac{\partial f}{\partial z}\right] \tag{3}$$

가 되어, 이것은 벡터장이 된다. 따라서 (3)의 div를 취할 수 있다. 즉 $div(grad f)$는

$$\begin{aligned}div(grad f)&=\nabla \cdot (\nabla f)\\&=\left[\frac{\partial}{\partial x}, \frac{\partial}{\partial y}, \frac{\partial}{\partial z}\right]\left[\frac{\partial f}{\partial x}, \frac{\partial f}{\partial y}, \frac{\partial f}{\partial z}\right]\\&=\frac{\partial}{\partial x}\left(\frac{\partial f}{\partial x}\right)+\frac{\partial}{\partial y}\left(\frac{\partial f}{\partial y}\right)+\frac{\partial}{\partial z}\left(\frac{\partial f}{\partial z}\right)\\&=\frac{\partial^2 f}{\partial x^2}+\frac{\partial^2 f}{\partial y^2}+\frac{\partial^2 f}{\partial z^2}\end{aligned} \tag{4}$$

가 된다.

여기서, $\nabla \cdot (\nabla f) = (\nabla \cdot \nabla) f = \nabla^2 f = \Delta f$로 두면,

$\Delta = \nabla^2 = \nabla \cdot \nabla = \dfrac{\partial^2}{\partial x^2} + \dfrac{\partial^2}{\partial y^2} + \dfrac{\partial^2}{\partial z^2}$가 된다. 이 Δ(델타)는 "라플라스의 연산자"로 불리는 새로운 연산자로 이것이 스칼라장 f에 작용하여

$$\Delta f = \frac{\partial^2 f}{\partial x^2} + \frac{\partial^2 f}{\partial y^2} + \frac{\partial^2 f}{\partial z^2}$$

이 된다. 따라서 3차원의 파동 방정식 $u_{tt} = v^2(u_{xx} + u_{yy} + u_{zz})$는 Δ를 이용하여 $u_{tt} = v^2 \Delta u$로 간단하게 표현할 수도 있다.

(iii) 회전(rotation)

공간 벡터장 $\boldsymbol{f}(x, y, z) = [f_1(x, y, z), f_2(x, y, z), f_3(x, y, z)]$의 "회전" $rot\,\boldsymbol{f}$는 다음과 같이 정의된다.

$$rot\,\boldsymbol{f} = \left[\frac{\partial f_3}{\partial y} - \frac{\partial f_2}{\partial z}, \frac{\partial f_1}{\partial z} - \frac{\partial f_3}{\partial x}, \frac{\partial f_2}{\partial x} - \frac{\partial f_1}{\partial y}\right] \tag{5}$$

회전의 경우, 벡터장에 작용하여 그 결과도 벡터가 된다. 이것도 벡터 연산자 $\nabla = \left[\dfrac{\partial}{\partial x}, \dfrac{\partial}{\partial y}, \dfrac{\partial}{\partial z}\right]$를 이용하면, 회전 $rot\,\boldsymbol{f}$는 $rot\,\boldsymbol{f} = \nabla \times \boldsymbol{f}$로 표현할 수도 있다.

다음에 $\nabla \times \boldsymbol{f}$의 구체적인 계산법을 보여준다.

$\nabla \times \boldsymbol{f}$의 계산

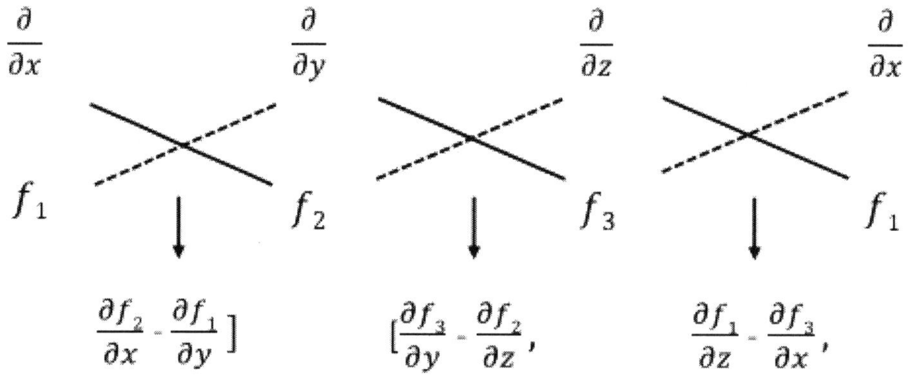

회전에 대해서도 예제로 몇 가지를 연습해 보자.

(ex 1) $\boldsymbol{f} = [x, y, z]$의 회전 $rot\boldsymbol{f}$는 $rot\boldsymbol{f} = [0, 0, 0]$이 된다.

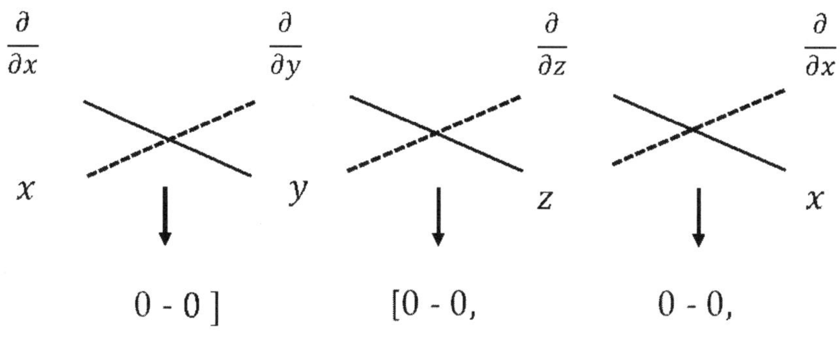

(ex 2) $\boldsymbol{g} = [x, zx, yz^2]$의 회전 $rot\boldsymbol{g}$는 $rot\boldsymbol{g} = [z^2 - x, 0, z]$가 된다.

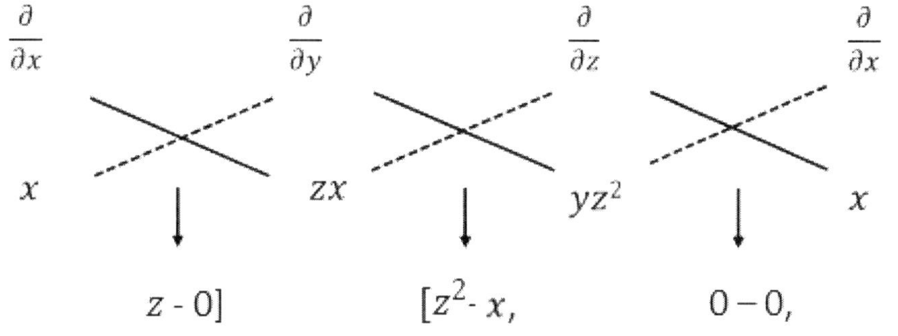

기울기 벡터 $grad f$, 발산 $div\boldsymbol{f}$, 회전 $rot\boldsymbol{f}$에는 모두 물리적으로 중요한 의미가 있지만 생략한다. 여기에서는 각각의 수학적인 정의와 구체적인 계산 방법을 알려 주었다. 또한 이것들은 ∇를 사용하여 $grad f = \nabla f$, $div\ \boldsymbol{f} = \nabla \cdot \boldsymbol{f}$, $rot\boldsymbol{f} = \nabla \times \boldsymbol{f}$, 여기에 $div\ (grad f) = \nabla \cdot \nabla f = \Delta f$ 로 표현되는 것도 배웠다.

$grad$와 div와 rot를 조합한 공식은 많이 있지만, 여기에서는 다음과 같은 중요한 공식을 소개한다. 벡터장 $\boldsymbol{f}$에 대하여

$$rot(rot\boldsymbol{f}) = grad(div\boldsymbol{f}) - \Delta\boldsymbol{f} \qquad (6)$$

이 공식 (6)의 증명은 벡터 3중 곱 $a \times (b \times c)$의 다음 공식

$$a \times (b \times c) = (ac)b - (ab)c \qquad (7)$$

와 형식적으로 같기 때문에 알기 쉽다.

$$\begin{aligned} rot(rot\,f) &= \nabla \times (\nabla \times \boldsymbol{f}) \\ &= \nabla(\nabla \cdot \boldsymbol{f}) - \nabla \cdot \nabla\boldsymbol{f} \\ &= grad(div\boldsymbol{f}) - \Delta\boldsymbol{f} \end{aligned}$$

가 된다.

여기서 (6)의 $\Delta \boldsymbol{f}$를 보고 의문을 가지는 사람도 있을 것이다. Δ는 스칼라장 f에 작용하는 것이 아니고, 벡터장 $\boldsymbol{f}=[f_1, f_2, f_3]$ 에 작용하기 때문이다. 이 경우, 다음과 같이 Δ는 $\boldsymbol{f}$의 각 성분에 작용하고 있다고 생각한다. 즉,

$$\Delta \boldsymbol{f} = \Delta[f_1, f_2, f_3] = [\Delta f_1, \Delta f_2, \Delta f_3]$$

이 된다. 여기서

$$\Delta f_1 = \frac{\partial^2 f_1}{\partial x^2} + \frac{\partial^2 f_1}{\partial y^2} + \frac{\partial^2 f_1}{\partial z^2} ,$$

$$\Delta f_2 = \frac{\partial^2 f_2}{\partial x^2} + \frac{\partial^2 f_2}{\partial y^2} + \frac{\partial^2 f_2}{\partial z^2} ,$$

$$\Delta f_3 = \frac{\partial^2 f_3}{\partial x^2} + \frac{\partial^2 f_3}{\partial y^2} + \frac{\partial^2 f_3}{\partial z^2}$$

예제를 하나 풀어 보자.

예제 28. 벡터장 $\boldsymbol{f}=[-x^2, xy, zx]$에 대하여 공식

$$rot(rot\,\boldsymbol{f}) = grad(div\boldsymbol{f}) - \Delta \boldsymbol{f} \tag{6}$$

를 이용하여, $rot(rot\,\boldsymbol{f})$를 구해 보자.

해답: $div\boldsymbol{f} = (-x^2)_x + (xy)_y + (zx)_z = -2x + x + x = 0$으로부터

$$grad(div\boldsymbol{f}) = grad0 = [0_x, 0_y, 0_z] = [0, 0, 0] \tag{8}$$

이 되어,

$$
\begin{aligned}
\Delta \boldsymbol{f} &= [\Delta(-x^2), \Delta(xy), \Delta zx] \\
&= \left[(-x^2)_{xx} + (-x^2)_{yy} + (-x^2)_{zz}, (xy)_{xx} + (xy)_{yy} + (xy)_{zz}, \right. \\
&\qquad \left. (zx)_{xx} + (zx)_{yy} + (zx)_{zz}\right] \\
&= [-2, 0, 0] \qquad (9)
\end{aligned}
$$

가 된다. 따라서 (8), (9)로부터, 구하는 $rot(rot\,\boldsymbol{f})$는 다음과 같다.

$$
rot(rot\,\boldsymbol{f}) = [0, 0, 0] - [-2, 0, 0] = [2, 0, 0]
$$

§ 맥스웰의 방정식

그러면, 전자기학의 기초 방정식인 맥스웰 방정식으로부터 전자파가 만족하는 파동 방정식을 풀어 보자.

먼저, 4개의 맥스웰 방정식과 그것이 나타내는 물리적인 의미의 이미지를 그림 1에 나타낸다.

▶ 4 개의 방정식

(i) $div\boldsymbol{D} = \rho$ (10)

(ii) $div\boldsymbol{B} = 0$ (11)

(iii) $rot\boldsymbol{H} = \boldsymbol{i} + \dfrac{\partial \boldsymbol{D}}{\partial t}$ (12)

(iv) $rot\,\boldsymbol{E} = -\dfrac{\partial \boldsymbol{B}}{\partial t}$ (13)

$\boldsymbol{D}$: 전속밀도 (C/m^2), ρ: 전하밀도 (C/m^3), $\boldsymbol{B}$: 자속밀도 (Wb/m^2)

$\boldsymbol{H}$: 자기장 (A/m), $\boldsymbol{i}$: 전류밀도 (A/m^2), $\boldsymbol{E}$: 전기장 (N/C)

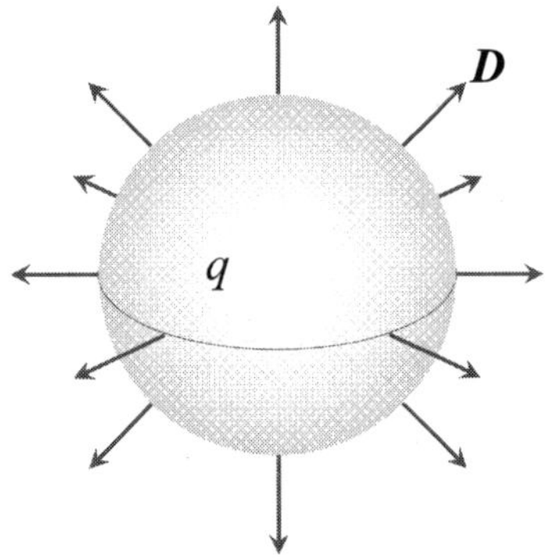

(i) $divD = \rho$

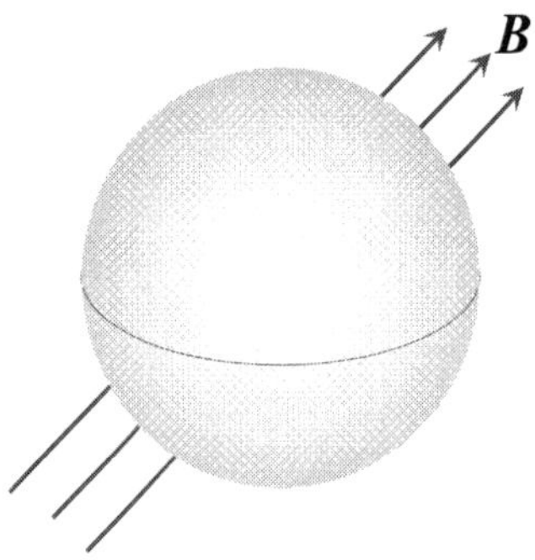

(ii) $divB = 0$

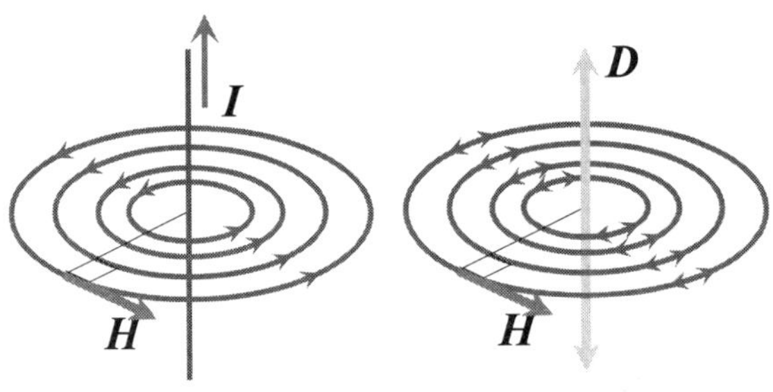

(iii) $rotH = i + \frac{\partial D}{\partial t}$

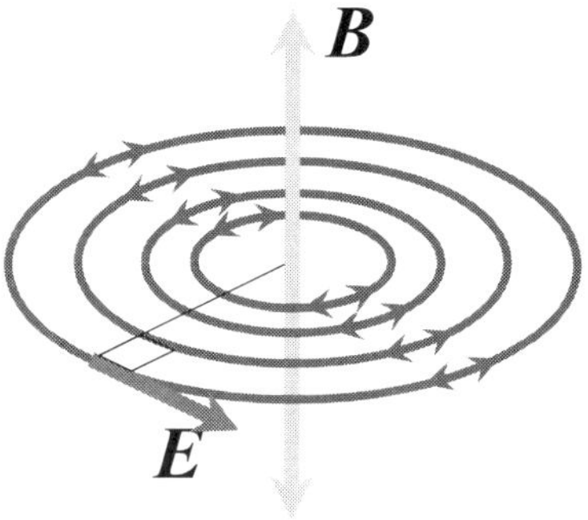

(iv) $rot E = -\frac{\partial B}{\partial t}$

그림 1. 시간 변화하는 전자장에 대한
맥스웰의 방정식

여기서 전속밀도 $\boldsymbol{D}$와 전기장 $\boldsymbol{E}$에는 $\boldsymbol{D}=\epsilon_0\boldsymbol{E}$ (ϵ_0: 진공의 유전율)의 관계가 있고, 자속밀도 $\boldsymbol{B}$와 자기장 $\boldsymbol{H}$에는 $\boldsymbol{B}=\mu_0\boldsymbol{H}$ (μ_0: 진공의 투자율)의 관계가 있다. 또한 ϵ_0와 μ_0에는 $\epsilon_0\mu_0 = \frac{1}{c^2}$ (c: 광속, $c = 2.998 \times 10^8$(m/s))의 관계가 있다는 것도 염두에 두자.

$$\text{(i) } div\boldsymbol{D}=\rho \tag{10}$$

는 쿨롱의 법칙 $f = k\frac{g_1 g_2}{r^2}$ 로부터 나오고

$$\text{(ii) } div\boldsymbol{B}=0 \tag{11}$$

은 단일자극은 존재하지 않는 것으로부터 나온다. 전하에는 "+" 혹은 "-" 만의 전하가 존재하지만, 자석은 아무리 작아도 반드시 N극과 S극이 존재하여, 단일자극으로서는 존재하지 않는다.

(iii) $rot\boldsymbol{H}=\boldsymbol{i}+\frac{\partial \boldsymbol{D}}{\partial t}$ (12)

는 암페어의 법칙 $H=\frac{I}{2\pi r}$ (I: 전류)로부터 나온다. 마지막으로,

(iv) $rot\,\boldsymbol{E}=-\frac{\partial \boldsymbol{B}}{\partial t}$ (13)

는 패러데이의 전자 유도의 법칙 $V=-\frac{d\phi}{dt}$ (ϕ: 자속)로부터 나온다.

그리고 (12)와 (13)으로부터, 「시간 변화하는 전기장 $\boldsymbol{E}$의 주위에 시간 변화하는 자기장 $\boldsymbol{H}$가 생겨」 또한 「시간 변화하는 자기장 $\boldsymbol{H}$의 주위에 시간 변화하는 전기장 $\boldsymbol{E}$가 생긴다」를 알 수 있다. 따라서 진공 중을 전파하는 전자파의 이미지로서는 그림 2와 같이 된다.

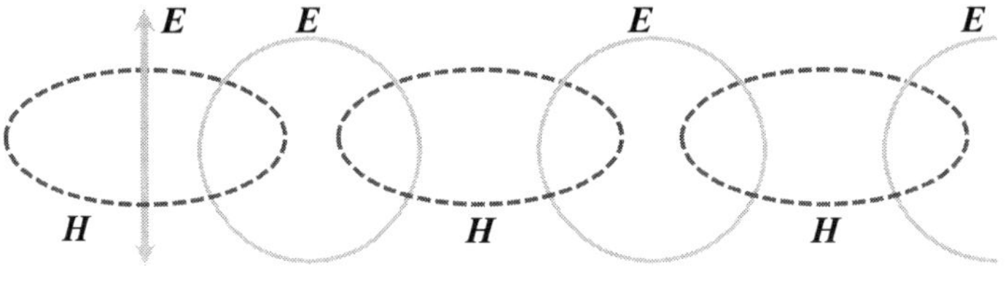

그림 2. 전자파의 이미지

따라서 여기에서는 진공 속을 전파하면서 시간 변화하는 전기장과 자기장의 관계를 알기 위하여, 4개의 맥스웰의 방정식 중에서 물질적인 요소인 **"전하밀도"** ρ와 **"전류밀도"** $\boldsymbol{i}$를 소거하고, 다음 4개의 방정식을 기초로 생각해 보기로 하자. 이 전자파를 구하는 맥스웰의 방정식에서는 ρ와 $\boldsymbol{i}$를 소거했지만, 이것은 「(운동하는)전하와 (변동하는)전류가 어디에도 없다」라는 것은 아니다. (운동하는)전하와 (변동하는)전류는 어딘가에는 존재하며 그들에 의해 전자파가 전파되어 가는 공간에는 전하나 전류는 존재하지 않는다는 의미이다. 다시 말해서, 여기에서 대상으로 하고 있는 것은 전자파가 진행하고 있는,

전하도 전류도 없는 진공인 것에 주의하자. 그러면, $\rho=0$, $\boldsymbol{i}=0$로서 맥스웰의 방정식을 다시 쓰면 다음과 같다.

(i) $div\boldsymbol{D}=0$ ($\rho=0$일 경우)

$$(div(\epsilon_0\boldsymbol{E})=0 \rightarrow \epsilon_0 div\boldsymbol{E}=0 \quad \therefore\ div\boldsymbol{E}=0)$$

(ii) $div\boldsymbol{B}=0$

$$(div(\mu_0\boldsymbol{H})=0 \rightarrow \mu_0 div\boldsymbol{H}=0 \quad \therefore\ div\boldsymbol{H}=0)$$

(iii) $rot\boldsymbol{H}=\frac{\partial \boldsymbol{D}}{\partial t}$ ($i=0$일 경우)

$$(rot\boldsymbol{H}=\frac{\partial(\epsilon_0\boldsymbol{E})}{\partial t} \rightarrow rot\boldsymbol{H}=\epsilon_0\frac{\partial \boldsymbol{E}}{\partial t})$$

(iv) $rot\boldsymbol{E}=-\frac{\partial \boldsymbol{B}}{\partial t}$

$$(rot\,\boldsymbol{E}=-\frac{\partial(\mu_0\boldsymbol{H})}{\partial t} \rightarrow rot\,\boldsymbol{E}=-\mu_0\frac{\partial \boldsymbol{H}}{\partial t})$$

여기서 $\boldsymbol{D}=\epsilon_0\boldsymbol{E}$, $\boldsymbol{B}=\mu_0\boldsymbol{H}$ (ϵ_0: 진공의 유전율, μ_0: 진공의 투자율)를 사용하여, 모두 전기장 $\boldsymbol{E}$와 자기장 $\boldsymbol{H}$의 식으로 고쳐 쓰면, 전자파를 구하기 위한 맥스웰의 4 개의 방정식은

(i) $div\boldsymbol{E}=0$ (14)

(ii) $div\boldsymbol{H}=0$ (15)

(iii) $rot\boldsymbol{H}=\epsilon_0\frac{\partial \boldsymbol{E}}{\partial t}$ (16)

(iv) $rot\,\boldsymbol{E}=-\mu_0\frac{\partial \boldsymbol{H}}{\partial t}$ (17)

가 된다.

§ 전기장 $\boldsymbol{E}$와 자기장 $\boldsymbol{H}$의 파동 방정식

전기장 $\boldsymbol{E}$는 벡터장이기 때문에 $\boldsymbol{E}=[E_1, E_2, E_3]$으로 둔다. 이 파동 방정식을 맥스웰의 방정식 (14), (16), (17)로부터 도출해 보자.

먼저, (17)의 양변에 회전을 취하면

$$rot(rot\boldsymbol{E})=rot\left(-\mu_0\frac{\partial \boldsymbol{H}}{\partial t}\right)$$

여기서 공식 $rot(rot\boldsymbol{f})=grad(div\boldsymbol{f})-\Delta\boldsymbol{f}$ 를 사용하고, (14)로부터 $(div\boldsymbol{E})=0$이므로 우변은 $rot(rot\boldsymbol{E})=grad(div\boldsymbol{E})-\Delta\boldsymbol{E}=-\Delta\boldsymbol{E}$이 된다.

좌변의 $rot\left(-\mu_0\frac{\partial \boldsymbol{H}}{\partial t}\right)$는

$$-\mu_0 rot\left(\frac{\partial \boldsymbol{H}}{\partial t}\right)=-\mu_0\frac{\partial}{\partial t}(rot\boldsymbol{H})=-\mu_0\epsilon_0\frac{\partial^2 \boldsymbol{E}}{\partial t^2}$$

여기서 (16)의 $rot\boldsymbol{H}=\epsilon_0\frac{\partial \boldsymbol{E}}{\partial t}$를 사용하였다. 따라서 $-\Delta\boldsymbol{E}=-\mu_0\epsilon_0\frac{\partial^2 \boldsymbol{E}}{\partial t^2}$ 양변에 -1을 곱하여 $\epsilon_0\mu_0=\frac{1}{c^2}$을 대입하면, $\Delta\boldsymbol{E}=\frac{1}{c^2}\frac{\partial^2 \boldsymbol{E}}{\partial t^2}$으로부터 $\boldsymbol{E}$의 파동 방정식

$$\frac{\partial^2 \boldsymbol{E}}{\partial t^2}=c^2\Delta\boldsymbol{E} \tag{18}$$

가 나온다. 여기에서 $\boldsymbol{E}=[E_1, E_2, E_3]$이기 때문에, (18)은

$$\left[\frac{\partial^2 E_1}{\partial t^2}, \frac{\partial^2 E_2}{\partial t^2}, \frac{\partial^2 E_3}{\partial t^2}\right]=c^2[\Delta E_1, \Delta E_2, \Delta E_3]$$

이 되기 때문에 이것은 3개의 전기장의 성분 E_1, E_2, E_3 각각의 3차원 파동 방정식

$$\frac{\partial^2 E_1}{\partial t^2} = c^2 \Delta E_1 = c^2\left(\frac{\partial^2 E_1}{\partial x^2} + \frac{\partial^2 E_1}{\partial y^2} + \frac{\partial^2 E_1}{\partial z^2}\right) \tag{19}$$

$$\frac{\partial^2 E_2}{\partial t^2} = c^2 \Delta E_2 = c^2\left(\frac{\partial^2 E_2}{\partial x^2} + \frac{\partial^2 E_2}{\partial y^2} + \frac{\partial^2 E_2}{\partial z^2}\right) \tag{20}$$

$$\frac{\partial^2 E_3}{\partial t^2} = c^2 \Delta E_3 = c^2\left(\frac{\partial^2 E_3}{\partial x^2} + \frac{\partial^2 E_3}{\partial y^2} + \frac{\partial^2 E_3}{\partial z^2}\right) \tag{21}$$

을 나타낸다. 같은 방법으로

$$\text{(ii)}\ \ div\boldsymbol{H} = 0 \tag{15}$$

$$\text{(iii)}\ \ rot\boldsymbol{H} = \epsilon_0 \frac{\partial \boldsymbol{E}}{\partial t} \tag{16}$$

$$\text{(iv)}\ \ rot\,\boldsymbol{E} = -\mu_0 \frac{\partial \boldsymbol{H}}{\partial t} \tag{17}$$

를 사용하여, 자기장 $\boldsymbol{H}$의 파동 방정식을 구하면

$$\frac{\partial^2 \boldsymbol{H}}{\partial t^2} = c^2 \Delta \boldsymbol{H} \tag{22}$$

이 나온다. (이것은 연습문제 12에서 풀어 본다) 이것도 3개의 자기장의 성분 H_1, H_2, H_3에 대하여 다음과 같이 3개의 파동 방정식

$$\frac{\partial^2 H_1}{\partial t^2} = c^2 \Delta H_1 = c^2\left(\frac{\partial^2 H_1}{\partial x^2} + \frac{\partial^2 H_1}{\partial y^2} + \frac{\partial^2 H_1}{\partial z^2}\right) \tag{23}$$

$$\frac{\partial^2 H_2}{\partial t^2} = c^2 \Delta H_2 = c^2 \left(\frac{\partial^2 H_2}{\partial x^2} + \frac{\partial^2 H_2}{\partial y^2} + \frac{\partial^2 H_2}{\partial z^2} \right) \tag{24}$$

$$\frac{\partial^2 H_3}{\partial t^2} = c^2 \Delta H_3 = c^2 \left(\frac{\partial^2 H_3}{\partial x^2} + \frac{\partial^2 H_3}{\partial y^2} + \frac{\partial^2 H_3}{\partial z^2} \right) \tag{25}$$

을 나타내고 있다. 여기서 전기장 $\boldsymbol{E}$와 자기장 $\boldsymbol{H}$를 $\boldsymbol{E}(x,t)$, $\boldsymbol{H}(x,t)$의 2 변수 함수로 단순화시키자. 이후의 과정은 복잡하므로 그 결과만을 나타내면,
$E_1 = E_3 = 0$, $H_1 = H_2 = 0$이 되기 때문에,

$$\boldsymbol{E}(x,t) = \left[0, E_2(x,t), 0\right]$$

$$\boldsymbol{H}(x,t) = \left[0, 0, H_3(x,t)\right]$$

가 되고, 더욱이 E_2와 H_3의 파동 방정식은 각각 다음과 같이 1차원 파동 방정식으로 귀착된다.

$$\frac{\partial^2 E_2}{\partial t^2} = c^2 \frac{\partial^2 E_2}{\partial x^2} \tag{26}$$

$$\frac{\partial^2 H_3}{\partial t^2} = c^2 \frac{\partial^2 H_3}{\partial x^2} \tag{27}$$

여기서 분산 함수를 $\omega = c\kappa$ (ω: 각진동수, κ: 파수)로 두고, (26), (27)과 함께 진행파만을 생각하면, 각각의 해는 d'Alembert의 해로서 (26) 및 (27)로부터 각각
$E_2(x,t) = f_2(\kappa x - \omega t)$, $H_3(x,t) = f_3(\kappa x - \omega t)$가 된다.

여기서 $E_2 = E_0 \sin(\kappa x - \omega t)$로 정현파의 진행파라고 하면 H_3는 $H_3 = \sqrt{\dfrac{\epsilon_0}{\mu_0}} E_2$, 즉

$H_3 = \sqrt{\dfrac{\epsilon_0}{\mu_0}} E_0 \sin(\kappa x - \omega t)$가 된다. $\boldsymbol{E} \perp \boldsymbol{H}$이고, 이러한 전자파가 전파되어가는 이미지를 그림 3에 나타낸다. 이것으로 그림 2보다도 좀 더 정확하게 전자파가 전파되어 가는

모습을 알 수 있다.

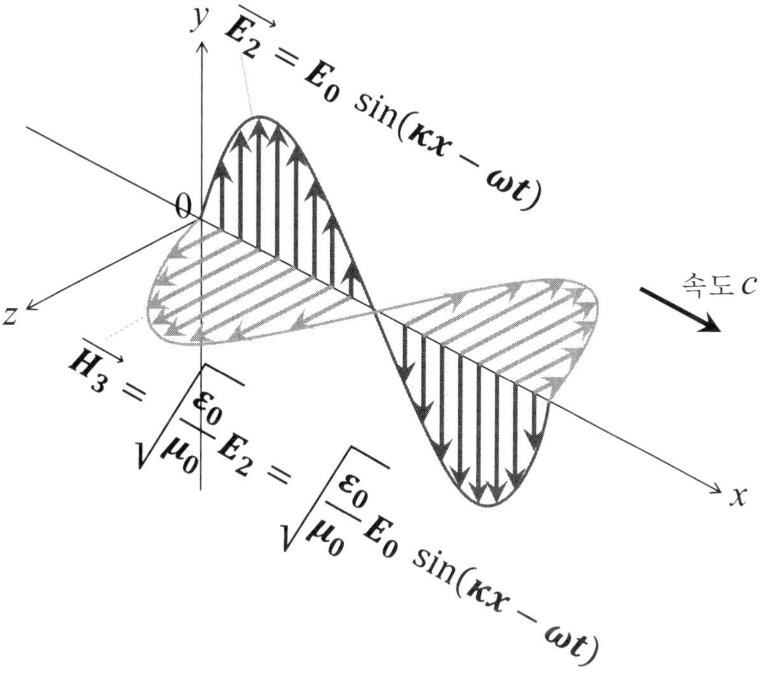

그림 3. 전자파 E_2와 H_3의 이미지

7.3 굴절과 간섭

앞의 장에서 전자파(빛)에 대하여 설명하였기 때문에 이번에는 빛의 **"굴절"**에 대하여 설명한다. 빛의 굴절이나 "회절", **"간섭"**에 대해서는 고등학교의 물리에서 이미 자세히 배웠다고 생각하므로 여기에서는 복습도 겸하여 굴절로 이야기를 좁혀서 **"스넬의 법칙"**을 이끌어 볼 생각이다.

그리고 빛의 **"간섭"**에 대해서는 유명한 **"영의 간섭 실험"**에 의해 스크린상에 명암의 줄무늬가 나타나는 것은 알고 있을 것으로 생각한다. 하지만, 이와 같은 결과가 전자총과

2중 슬릿의 실험에서도 얻어진다. 실은 이것이 입자의 파동성이라고 불리는 **"양자역학"**의 기본 성질의 기반이 되는 것이다. 따라서 이 장의 마지막 주제로서 이 전자총의 문제를 설명한다. 앞으로 양자역학에서 이용되는 **"파동함수"** ψ의 절대치의 제곱이 전자(입자)가 존재하는 **"확률밀도"**와 같아지는 것도 설명한다. 즉 마지막 장은 양자역학의 입문 편이다.

§ 빛의 굴절에서 변화하지 않는 것은 ω와 ν

진공 중을 나아가는 빛의 속도 c는 $\epsilon_0\mu_0 = \dfrac{1}{c^2}$ (ϵ_0: 진공의 유전율, μ_0: 진공의 투자율)으로부터 $c = \dfrac{1}{\sqrt{\epsilon_0\mu_0}}$ $(= 2.998 \times 10^8\,(\mathrm{m/s}))$가 될 것임은 이미 나타내었다. 그러나 빛이 진공이 아닌 균질한 등방성의 물질 1을 지나갈 때, ϵ_0는 ϵ_1으로, μ_0는 μ_1으로 각각 그 매질의 유전율과 투자율로 변화하기 때문에, 빛의 속도도 c로부터 $c_1 = \dfrac{1}{\sqrt{\epsilon_1\mu_1}}$으로 변화한다. 따라서 c와 c_1의 사이에 다음의 관계식이 성립되어,

$$c = n_1 c_1 \quad (c_1\text{: 매질 1에서의 빛의 속도, } n_1\text{: 매질 1의 절대 굴절율}) \qquad (1)$$

여기서 n_1을 **"절대 굴절율"**(absolute refrative index)이라고 부른다.

일반적으로 사람의 눈이 느끼는 가시광선의 파장은 3.80×10^{-7} (m)(자외) ~ 7.70×10^{-7} (m)(적외)이고, 그 중의 파장 5.89×10^{-7} (m)의 빛에 대한 절대 굴절율은 공기에서 1.000292(0°C, 1 atm), 물에서 1.3330 (20°C), 그리고 유리에서 1.47~1.92 (20°C)이다. 그러면 2개의 물질 1, 2에 대한 빛의 속도를 각각 c_1, c_2로, 굴절율을 n_1, n_2로 두면 (1)식으로부터 다음 식이 성립한다.

$$n_1 c_1 = n_2 c_2 \qquad (2)$$

따라서 (2)로부터,

$$\frac{c_1}{c_2} = \frac{n_2}{n_1} \tag{3}$$

이 된다. 여기서 그림 1에 나타나듯이, 물질 1로부터 입사각 θ_1로 들어온 빛이 물질 2에서는 굴절각이 θ_2로 굴절할 경우를 생각해 보자.(당연하지만, 반사각은 입사각 θ_1과 같다) 이때 광속이 변화해도 변화하지 않는 양이 있다. 즉 이 경우의 불변 양, 다시 말해서 상수가 되는 것은 각진동수 ω와 진동수 $\nu(=\frac{\omega}{2\pi})$이다. 따라서

$$c_1 = \nu\lambda_1 \tag{4}$$

$$c_2 = \nu\lambda_2 \tag{5}$$

가 되기 때문에,

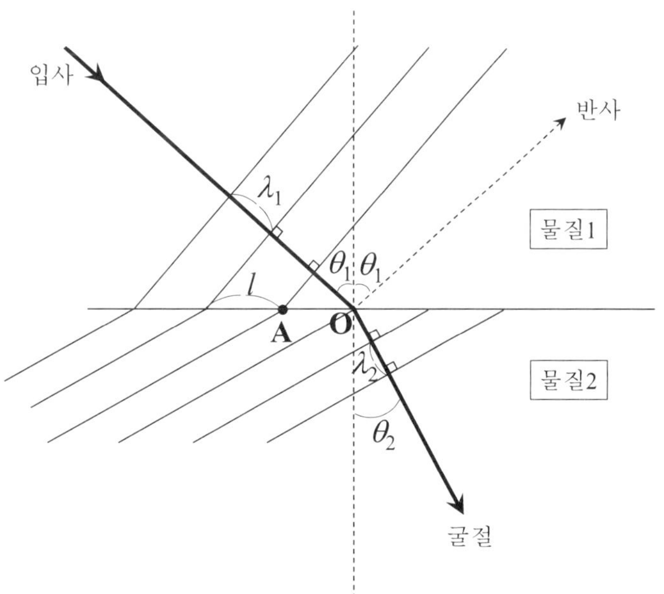

그림 1. 빛의 굴절

(4) ÷ (5)로부터

$$\frac{c_1}{c_2}=\frac{\nu\lambda_1}{\nu\lambda_2}=\frac{\lambda_1}{\lambda_2}\ (\lambda_1,\ \lambda_2\text{: 물질 1, 2에서의 파장}) \tag{6}$$

또한,

$$\omega=c_1\kappa_1 \tag{7}$$

$$\omega=c_2\kappa_2 \tag{8}$$

로부터, ω를 소거하여 $c_1\kappa_1=c_2\kappa_2$이 된다. 따라서

$$\frac{c_1}{c_2}=\frac{\kappa_2}{\kappa_1}\ (\kappa_1,\ \kappa_2\text{: 물질 1, 2에서의 파수}) \tag{9}$$

이상 (3), (6), (9)로부터

$$\frac{n_2}{n_1}=\frac{c_1}{c_2}=\frac{\lambda_1}{\lambda_2}=\frac{\kappa_2}{\kappa_1} \tag{10}$$

이 성립한다. 여기서 다음 그림과 같이 선분 OA의 길이를 l로 두면, 입사각 θ_1과 굴절각 θ_2를 각각 가지는 2개의 직각 삼각형으로부터

$$\frac{\lambda_1}{l}=\sin\theta_1 \tag{11}$$

$$\frac{\lambda_2}{l}=\sin\theta_2 \tag{12}$$

가 성립한다.

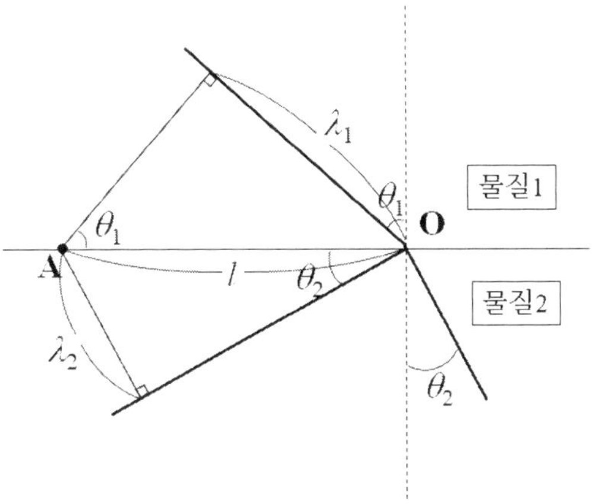

따라서 (11) ÷ (12)로부터

$$\frac{\frac{\lambda_1}{l}}{\frac{\lambda_2}{l}}=\frac{\sin\theta_1}{\sin\theta_2}$$

$$\therefore \frac{\lambda_1}{\lambda_2}=\frac{\sin\theta_1}{\sin\theta_2} \tag{13}$$

이 된다. 따라서 (13)과 (10)으로부터, **"스넬의 법칙"** (Snell's law)

$$\frac{n_2}{n_1}=\frac{\sin\theta_1}{\sin\theta_2} \tag{14}$$

이 도출된다. 여기서 $\frac{n_2}{n_1}=n_{12}$로 두면, n_{12}는 **"상대 굴절율"**(relative refractive index)이라는 것도 암기해 두자. 이와 같이 입사각 θ_1과 굴절각 θ_2의 정현의 비로부터, (14)에 의한 상대 굴절율이 구해지지만 실은 (10)을 그대로 사용하면

$$\frac{n_2}{n_1}=\frac{c_1}{c_2}=\frac{\lambda_1}{\lambda_2}=\frac{\kappa_2}{\kappa_1}=\frac{\sin\theta_1}{\sin\theta_2} \tag{15}$$

가 되기 때문에 c_1과 c_2, λ_1과 λ_2, 그리고 κ_2와 κ_1의 비율도 전부 구할 수 있다.

§ 전자총과 2개의 슬릿의 문제

먼저, **"영의 간섭 실험"**(Young's interference experiment)의 개략도를 그림 2에 나타낸다. 점 광원으로부터 방사된 단색광은 광원으로부터 같은 거리에 놓인 2개의 슬릿 S_1과 S_2 (S_1과 S_2 사이의 거리를 d로 둔다)를 통과한 후에 서로 간섭하여 슬릿의 판으로부터 L만큼 떨어진 스크린 상에 명·암의 줄무늬를 그린다. 이것을 영의 간섭 줄무늬라고 한다. 여기서 $0 < d \ll L$로 둔다.

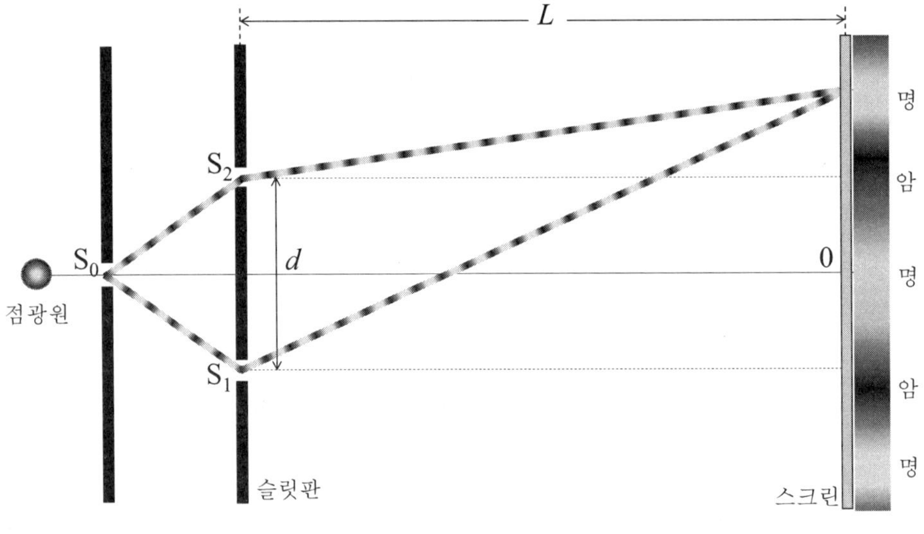

그림 2. 영의 간섭 실험

그리고 이것과 같은 결과가 전자총과 2개의 슬릿의 실험으로부터도 얻어진다. 그림 3에 나타나듯이, 영의 간섭 실험의 경우와 같이 간격이 d인 2개의 슬릿이 있는 판과 그것으로부터 $L(\gg d)$만큼 떨어진 위치에 판과 평행으로 전자를 검출할 수 있는 스크린을 놓고,

이번에는 점 광원 대신에 전자를 한 개씩 발사하는 전자총을 설치한다. 그리고 전자총에서 발사된 전자는 2개의 슬릿 S_1과 S_2를 어떻게 통과할까? 잘 모르겠지만 그림 3에 나타내듯이 전자는 스크린 상의 어떤 위치에서 확실히 검출된다.

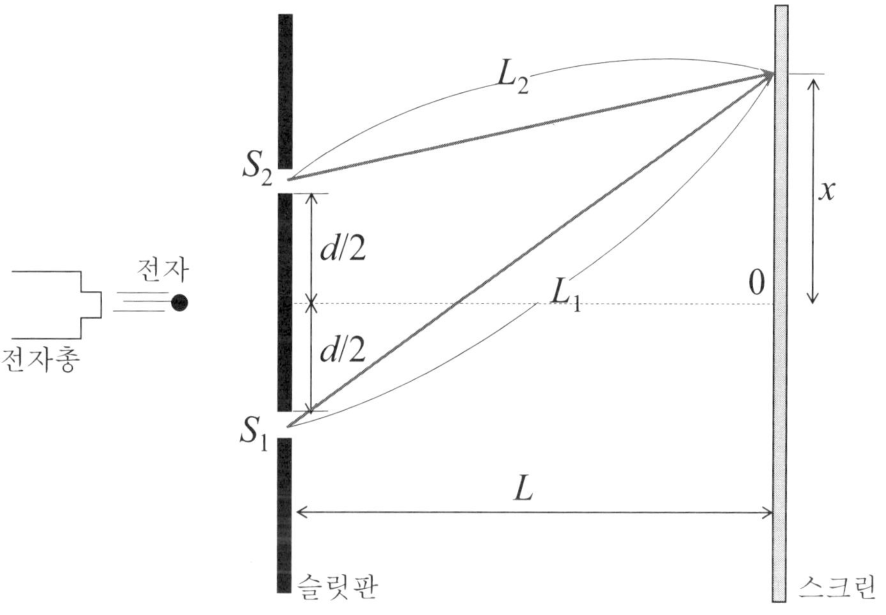

그림 3. 전자의 파동성의 실험

발사된 전자의 수가 작을 경우에는 스크린 상에서 검출된 전자의 위치는 불규칙하고, 어떤 규칙성은 찾을 수 없다. 그러나 전자의 수를 1,000개, 5,000개, 10,000개, …로 증가시키면 이들 검출된 전자에 의해 스크린 상에 영의 간섭 줄무늬와 같은 줄무늬가 나타나게 되는 것이다.

이 현상을 수학적으로 알아보기 위해서 **"양자역학"** (quantum mechanics)에서 사용하는 복소 지수 함수에 의한 **"파동함수"** ψ (wave function)를 이용한다.

그러나 그 전에 먼저 여기에서는 스크린에 그림 3과 같이 x축(원점 0는 S_1과 S_2로부터 같은 거리의 위치를 잡는다)을 설정하고, x의 위치에서 검출된 전자와 2개의 슬릿과의 거리를 L_1, L_2로 둔다. 이때 이 차이 $L_1 - L_2$를 x와 d와 L을 이용하여 근사적으로 나타내 보자.

그림 3으로부터 다음과 같은 2개의 직각 삼각형이 얻어진다.

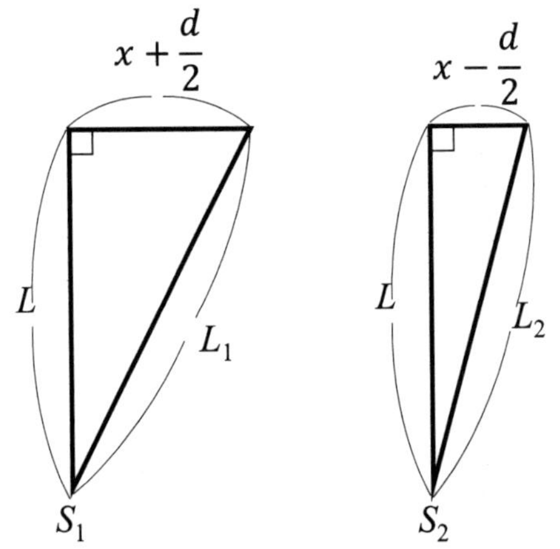

$$\cdot\ L_1 = \sqrt{L^2+\left(x+\frac{d}{2}\right)^2}$$

$$= L\left\{1+\left(\frac{x+\frac{d}{2}}{L}\right)^2\right\}^{\frac{1}{2}}$$

[위 식에서 $\left(\frac{x+\frac{d}{2}}{L}\right)^2$는 $d \ll L$, $x \fallingdotseq 0$,

이것은 1과 비교하여 충분히 작다]

$$\fallingdotseq L\left\{1+\frac{1}{2}\left(\frac{x+\frac{d}{2}}{L}\right)^2\right\}$$ (근사 공식 : $\alpha \fallingdotseq 0$일 때, $(1+\alpha)^n = 1+n\alpha$)

$$\cdot\ L_2 = \sqrt{L^2+\left(x-\frac{d}{2}\right)^2}$$

$$= L\left\{1+\left(\frac{x-\frac{d}{2}}{L}\right)^2\right\}^{\frac{1}{2}} \fallingdotseq L\left\{1+\frac{1}{2}\left(\frac{x-\frac{d}{2}}{L}\right)^2\right\}$$

(근사 공식 : $\alpha \fallingdotseq 0$일 때, $(1+\alpha)^n = 1+n\alpha$)

따라서

$$L_1 - L_2 \fallingdotseq L\left\{1+\frac{1}{2}\left(\frac{x+\frac{d}{2}}{L}\right)^2\right\} - L\left\{1+\frac{1}{2}\left(\frac{x-\frac{d}{2}}{L}\right)^2\right\}$$

$$= \frac{1}{2L}\left\{\left(x+\frac{d}{2}\right)^2 - \left(x-\frac{d}{2}\right)^2\right\} = \frac{xd}{L}$$

$$\therefore L_1 - L_2 \fallingdotseq \frac{xd}{L} \qquad (16)$$

가 나온다.

다음으로 양자역학에서는 실 공간에서의 파동함수 u 대신에 복소 지수 함수 $e^{i\theta}$를 이용한 파동함수 ψ를 이용한다. 여기에서는 2개의 슬릿 S_1과 S_2로부터 스크린(x축) 상의 좌표 x에 대한 파동함수를 각각 ψ_1, ψ_2로 두고, 다음과 같이 나타낸다.

$$\psi_1 = e^{i\theta_1} = \cos\theta_1 + i\sin\theta_1 \qquad (17)$$

$$\psi_2 = e^{i\theta_2} = \cos\theta_2 + i\sin\theta_2 \ \text{(오일러 공식 } e^{i\theta} = \cos\theta + i\sin\theta\text{)} \qquad (18)$$

여기에서 ψ_1, ψ_2는 모두 진행파로 생각할 수 있기 때문에

$$\theta_1 = \kappa L_1 - \omega t = \frac{2\pi}{\lambda}L_1 - 2\pi\nu t = 2\pi\left(\frac{L_1}{\lambda} - \nu t\right)$$

$$\theta_2 = \kappa L_2 - \omega t = \frac{2\pi}{\lambda}L_2 - 2\pi\nu t = 2\pi\left(\frac{L_2}{\lambda} - \nu t\right) \ \left(\because \kappa = \frac{2\pi}{\lambda},\ \omega = 2\pi\nu\right)$$

이것들을 (17), (18)에 대입하면

$$\psi_1 = e^{2\pi i\left(\frac{L_1}{\lambda} - \nu t\right)} \tag{19}$$

$$\psi_2 = e^{2\pi i\left(\frac{L_2}{\lambda} - \nu t\right)} \tag{20}$$

이 된다.

스크린 상의 점 x에 대한 파동함수 ψ는 (17)과 (18)의 중첩에 의해 구해지므로

$$\psi = \psi_1 + \psi_2 = e^{i\theta_1} + e^{i\theta_2} \tag{21}$$

$$\left(\theta_1 = 2\pi\left(\frac{L_1}{\lambda} - \nu t\right),\ \theta_2 = 2\pi\left(\frac{L_2}{\lambda} - \nu t\right)\right)$$

가 된다. 여기에서 빛의 세기는 진폭의 제곱으로 구해진다. 이것과 똑같이 파동함수 ψ는 복소함수이기 때문에 그 절대치의 제곱 $|\psi|^2$ 을 이용하여 이것을 빛의 세기와 같은 지표로 하자. (실은 $|\psi|^2$ 가 입자(전자)의 존재 확률밀도가 된다) 여기서 복소 지수 함수의 절대치 제곱을 포함한 계산 방법을 간단하게 제시해 둔다.

(i) $e^{i\theta_1} e^{i\theta_2} = e^{i(\theta_1 + \theta_2)}$

(ii) $\cos\theta = \dfrac{e^{i\theta} + e^{-i\theta}}{2}$

(iii) $|e^{i\theta}|^2 = 1 \qquad (|\cos\theta + i\sin\theta|^2 = \sqrt{\cos^2\theta + \sin^2\theta} = 1\ )$

(iv) $\left(e^{i\theta}\right)^* = e^{-i\theta}$ ($*$는 공액 복소수)

$e^{i\theta} = \cos\theta + i\sin\theta,\ e^{-i\theta} = \cos(-\theta) + i\sin(-\theta) = \cos\theta - i\sin\theta,$

$\therefore \left(e^{i\theta}\right)^* = e^{-i\theta}$가 된다.

(v) $|\alpha|^2 = \alpha\alpha^*$

그러면 위 공식들을 이용하여 $|\psi|^2$ 를 구해보자.

$$|\psi|^2 = \psi\psi^* = (\psi_1 + \psi_2)(\psi_1 + \psi_2)^*$$
$$= (\psi_1 + \psi_2)(\psi_1^* + \psi_2^*)$$

여기서 2개의 복소수 α, β에 대하여, 다음의 공식이 성립한다.

· $(\alpha \pm \beta)^* = \alpha^* \pm \beta^*$,

· $(\alpha\beta)^* = \alpha^* \beta^*$,

· $\left(\dfrac{\beta}{\alpha}\right)^* = \dfrac{\beta^*}{\alpha^*}$.

$$|\psi|^2 = \psi_1\psi_1^* + \psi_2\psi_2^* + \psi_1\psi_2^* + \psi_1^*\psi_2$$

여기서 $\psi_1\psi_1^* = |\psi_1|^2 = 1$, $\psi_2\psi_2^* = |\psi_2|^2 = 1$, $\psi_1\psi_2^* = e^{i\theta_1}e^{-i\theta_2}$, $\psi_1^*\psi_2 = e^{-i\theta_1}e^{i\theta_2}$,

일반적으로

$|e^{i\theta}|^2 = |\cos\theta + i\sin\theta|^2 = \cos^2\theta + \sin^2\theta = 1$ 이 된다.

혹은

$|e^{i\theta}|^2 = e^{i\theta}(e^{i\theta})^* = e^{i\theta}e^{-i\theta} = e^0 = 1$ 로 해도 된다.

따라서

$$|\psi|^2 = 2 + e^{i(\theta_1 - \theta_2)} + e^{-i(\theta_1 - \theta_2)}$$

(공식 $e^{i\theta} + e^{-i\theta} = 2\cos\theta$로부터, $e^{i(\theta_1 - \theta_2)} + e^{-i(\theta_1 - \theta_2)} = 2\cos(\theta_1 - \theta_2)$)

$$= 2 + 2\cos(\theta_1 - \theta_2)$$
$$= 2 + 2\cos\left\{2\pi\left(\frac{L_1}{\lambda} - \nu t\right) - 2\pi\left(\frac{L_2}{\lambda} - \nu t\right)\right\}$$

$$= 2 + 2\cos 2\pi \frac{L_1 - L_2}{\lambda}$$

여기서,

$$L_1 - L_2 \fallingdotseq \frac{d}{L} x \tag{16}$$

을 대입하여

$$|\psi(x)|^2 = 2\left(1 + \cos 2\pi \frac{d}{L\lambda} x\right) \tag{22}$$

가 나온다.

(22)로부터 $|\psi|^2$ 의 그래프를 그림 4에 나타낸다.

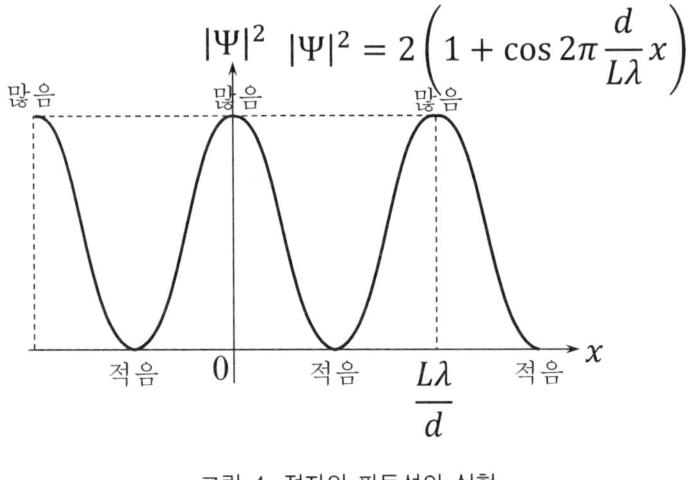

그림 4. 전자의 파동성의 실험

그러면 이 $|\psi|^2$ 은 도대체 무엇을 의미하고 있을까? 스크린에 도달한 전자에 의하여 줄무늬가 그려진다는 것은 이 $|\psi|^2$ 은 스크린에 도달한 전자의 개수가 많다, 적다, 많다, 적다, …를 나타내는 것이 된다. 그러나 스크린 상의 각 위치 x에 도달하는 전자의 개수 그 자체는 전자총으로부터 발사된 전자의 총수에 의존하게 되는 것이므로 결국 $|\psi|^2$ 은 연속형의 확률밀도(probability density)로 생각해야 한다. 수학적으로, $|\psi|^2$ 이 확률밀도가 되기 위해서는 x의 전 구간 $a \leqq x \leqq b$에 대한 적분이

$$\int_a^b |\Psi(x)|^2 dx = 1 \quad (\text{전 확률}) \tag{23}$$

의 조건을 만족하지 않으면 안 된다. (a, b는 $-\infty$와 $+\infty$여도 상관없다) (23)의 적분식을 "규격화" 혹은 "정규화"라고도 한다. 따라서 이 경우, 정확하게는 어떤 계수 C를 이용하여 $C|\Psi|^2$ 이 확률밀도라고 해야 되는데, 양자역학에서는 계수의 배수만큼 다른 파동함수는 어차피 (23)의 조건을 충족시키듯이 규격화하는 것이므로 같은 파동함수로 간주한다. 다시 말해서 ψ, 2ψ, $-\dfrac{1}{2}\psi$와 $-\psi$는 전부 같은 파동함수라고 한다. 즉 스크린(x축) 상의 $[x, x+dx]$ 작은 구간에 전자가 도달(존재)하는 확률이 $|\Psi(x)|^2 dx$ 라는 것이다. 따라서 미리 확률밀도 $|\Psi|^2$ 로 나타나는 연속형의 확률 분포가 있고, 전자는 이 분포에 따라서 스크린 상에 나타나게 된다. 그러므로 전자의 개수가 작은 경우에는 불규칙하게 나타나는 것처럼 보이지만, 개수가 증가할수록 이 $|\Psi|^2$ 의 확률밀도의 분포에 따라서 명확한 줄무늬가 그려지게 된다.

제 7 장 ▲ 3차원의 파동과 여러 가지 파동

1. 구면파의 파동 방정식과 해

$$\frac{\partial^2(ru)}{\partial t^2}=v^2\frac{\partial^2(ru)}{\partial r^2} \text{ 해 } u(r,t)=\frac{1}{r}f(r-vt)$$

2. 평면파의 파동 방정식과 해

$$\frac{\partial^2 u}{\partial t^2}=v^2\frac{\partial^2 u}{\partial q^2} \text{ 해 } u(q,t)=f(q-vt)$$

3. 벡터 해석의 기본

(1) $grad f=\left[\frac{\partial f}{\partial x},\frac{\partial f}{\partial y},\frac{\partial f}{\partial z}\right]$

(2) $div\boldsymbol{f}=\left[\frac{\partial f_1}{\partial x}+\frac{\partial f_2}{\partial y}+\frac{\partial f_3}{\partial z}\right]$

(3) $rot\boldsymbol{f}=\left[\frac{\partial f_3}{\partial y}-\frac{\partial f_2}{\partial z},\frac{\partial f_1}{\partial z}-\frac{\partial f_3}{\partial x},\frac{\partial f_2}{\partial x}-\frac{\partial f_1}{\partial y}\right]$

(단, $\boldsymbol{f}=[f_1,f_2,f_3]$ 로 한다)

4. 맥스웰의 방정식

(i) $div\boldsymbol{D}=\rho$

(ii) $div\boldsymbol{B}=0$

(iii) $rot\boldsymbol{H}=\boldsymbol{i}+\frac{\partial \boldsymbol{D}}{\partial t}$

(iv) $rot\boldsymbol{E}=-\frac{\partial \boldsymbol{B}}{\partial t}$

($\boldsymbol{D}$: 전속밀도, ρ: 전하밀도, $\boldsymbol{B}$: 자속밀도, $\boldsymbol{H}$: 자기장 등)

5. 전기장과 자기장의 파동 방정식

(1) 전기장의 파동 방정식 $\dfrac{\partial^2 \boldsymbol{E}}{\partial t^2} = c^2 \Delta \boldsymbol{E}$

(2) 자기장의 파동 방정식 $\dfrac{\partial^2 \boldsymbol{H}}{\partial t^2} = c^2 \Delta \boldsymbol{H}$ $(c^2 = \dfrac{1}{\epsilon_0 \mu_0})$

6. 스넬의 법칙

$$\frac{n_2}{n_1} = \frac{\sin\theta_1}{\sin\theta_2} \left[= \frac{c_1}{c_2} = \frac{\lambda_1}{\lambda_2} = \frac{\kappa_2}{\kappa_1} \right]$$

7. 양자역학의 파동함수 ψ의 절대치의 제곱 (2중 슬릿의 문제)

$$|\psi|^2 = 2\left(1 + \cos 2\pi \frac{d}{L\lambda} x\right)$$

(d: 슬릿간의 거리, L: 판과 스크린의 거리, λ: 파장)

파동 물리학의 기초

초판 인쇄 | 2023년 11월 05일
초판 발행 | 2023년 11월 10일

지은이 | 김 무 준·손 진 영
펴낸이 | 조 승 식
펴낸곳 | (주)도서출판 북스힐

등 록 | 1998년 7월 28일 제22-457호
주 소 | 서울시 강북구 한천로 153길 17
전 화 | (02) 994-0071
팩 스 | (02) 994-0073

홈페이지 | www.bookshill.com
이메일 | bookshill@bookshill.com

정가 25,000원

ISBN 979-11-5971-516-7

이 저서는 부경대학교 자율창의학술연구비(2023년)에 의하여 연구되었음.